高等学校计算机科学与技术 项目驱动案例实践 规划教材

Java程序设计与项目案例教程

梁立新　何欢　编著

U0168131

清华大学出版社

北京

内 容 简 介

本书是学习 Java 语言的经典入门教材,遵循项目驱动教学模式,通过完整的项目案例系统地介绍使用 Java 语言进行程序设计的方法和技术。全书共 12 章,分为 Java 概述篇、Java 核心篇和 Java 高级篇三部分,分别介绍面向对象程序设计的基本概念、Java 程序设计基础(包括标识符、关键字及数据类型,运算符与表达式,程序流程控制,数组)、Java 类和对象、Java 面向对象高级特性、Java 实用类及接口、Java 异常处理、图形用户界面设计、输入与输出、多线程编程、Java 网络编程、JDBC 数据库应用开发技术等内容。

本书注重理论与实践相结合,内容详尽,与时俱进。使用最新的 JDK 版本及 Eclipse 开发工具,提供了大量实例,突出应用能力的培养,并将一个实际项目的知识点分解在各章作为案例讲解,是一本实用性突出的教材。本书可作为普通高等学校计算机类专业程序设计课程的教材,也可供程序设计人员学习参考。

本书封面贴有清华大学出版社防伪标签,无标签者不得销售。

版权所有,侵权必究。举报:010-62782989,beiqinquan@tup.tsinghua.edu.cn。

图书在版编目(CIP)数据

Java 程序设计与项目案例教程/梁立新,何欢编著.—北京:清华大学出版社,2020.2 (2021.12 重印)
高等学校计算机科学与技术项目驱动案例实践规划教材
ISBN 978-7-302-54823-2

Ⅰ.①J… Ⅱ.①梁…②何… Ⅲ.①JAVA 语言－程序设计－高等学校－教材 Ⅳ.①TP312.8

中国版本图书馆 CIP 数据核字(2020)第 006123 号

责任编辑:张瑞庆
封面设计:常雪影
责任校对:李建庄
责任印制:宋 林

出版发行:清华大学出版社
  网 址: http://www.tup.com.cn, http://www.wqbook.com
  地 址: 北京清华大学学研大厦 A 座   **邮 编:** 100084
  社 总 机: 010-62770175   **邮 购:** 010-83470235
  投稿与读者服务: 010-62776969, c-service@tup.tsinghua.edu.cn
  质量反馈: 010-62772015, zhiliang@tup.tsinghua.edu.cn
  课件下载: http://www.tup.com.cn,010-83470236

印 装 者: 北京鑫海金澳胶印有限公司
经 销: 全国新华书店
开 本: 185mm×260mm   **印 张:** 22.5   **字 数:** 545 千字
版 次: 2020 年 5 月第 1 版   **印 次:** 2021 年 12 月第 3 次印刷
定 价: 59.80 元

产品编号:084851-01

序　言

　　作为教育部高等学校计算机科学与技术教学指导委员会的工作内容之一，自从 2003 年参与清华大学出版社的"21 世纪大学本科计算机专业系列教材"的组织工作以来，陆续参加或见证了多个出版社的多套教材的出版，但是现在读者看到的这一套"高等学校计算机科学与技术项目驱动案例实践规划教材"有着特殊的意义。

　　这个特殊性在于其内容。这是第一套我所涉及的以项目驱动教学为特色，实践性极强的规划教材。如何培养符合国家信息产业发展要求的计算机专业人才，一直是这些年人们十分关心的问题。加强学生的实践能力的培养，是人们达成的重要共识之一。为此，教育部高等学校计算机科学与技术教学指导委员会专门编写了《高等学校计算机科学与技术专业实践教学体系与规范》（清华大学出版社出版）。但是，如何加强学生的实践能力培养，在现实中依然遇到种种困难。困难之一，就是合适教材的缺乏。以往的系列教材，大都比较"传统"，没有跳出固有的框框。而这一套教材，在设计上采用软件行业中卓有成效的项目驱动教学思想，突出"做中学"的理念，突出案例（而不是"练习作业"）的作用，为高校计算机专业教材的繁荣带来了一股新风。

　　这个特殊性在于其作者。本套教材目前规划了 10 余本，其主要编写人不是我们常见的知名大学教授，而是知名软件人才培训机构或者企业的骨干人员，以及在该机构或者企业得到过培训的并且在高校教学一线有多年教学经验的大学教师。我以为这样一种作者组合很有意义，他们既对发展中的软件行业有具体的认识，对实践中的软件技术有深刻的理解，对大型软件系统的开发有丰富的经验，也有在大学教书的经历和体会，他们能在一起合作编写教材本身就是一件了不起的事情，没有这样的作者组合是难以想象这种教材的规划编写的。我一直感到中国的大学计算机教材尽管繁荣，但也比较"单一"，作者群的同质化是这种风格单一的主要原因。对比国外英文教材，除了 Addison Wesley 和 Morgan Kaufmann 等出版的经典教材长盛不衰外，我们也看到 O'Reilly"动物教材"等的异军突起——这些教材的作者，大都是实战经验丰富的资深专业人士。

　　这个特殊性还在于其产生的背景。也许是由于我自己在计算机技术方面的动手能力相对比较弱，其实也不太懂如何教学生提高动手能力，因此一直希望有一个机会实际地了解所谓"实训"到底是怎么回事，也希望能有一种安排让

FOREWORD

现在教学岗位的一些青年教师得到相关的培训和体会。于是作为 2006—2010 年教育部高等学校计算机科学与技术教学指导委员会的一项工作,我们和教育部软件工程专业大学生实习实训基地(亚思晟)合作,举办了 6 期"高等学校青年教师软件工程设计开发高级研修班",每期时间虽然只是短短的 1～2 周,但是对于大多数参加研修的青年教师来说都是很有收获的一段时光,在对他们的结业问卷中充分反映了这一点。从这种研修班得到的认识之一,就是目前市场上缺乏相应的教材。于是,这套"高等学校计算机科学与技术项目驱动案例实践规划教材"应运而生。

当然,这样一套教材,由于"新",难免有风险。从内容程度的把握、知识点的提炼与铺陈,到与其他教学内容的结合,都需要在实践中逐步磨合。同时,这样一套教材对我们的高校教师也是一种挑战,只能按传统方式讲软件课程的人可能会觉得有些障碍。相信清华大学出版社今后将和作者以及高等学校计算机科学与技术教学指导委员会一起,举办一些相应的培训活动。总之,我认为编写这样的教材本身就是一种很有意义的实践,祝愿成功。也希望看到更多业界资深技术人员加入到大学教材编写的行列中来,和高校一线教师密切合作,将学科、行业的新知识、新技术、新成果写入教材,开发适用性和实践性强的优秀教材,共同为提高高等教育教学质量和人才培养质量做出贡献。

原教育部高等学校计算机科学与技术教学指导委员会副主任、北京大学教授

前　言

　　21世纪,什么技术将影响人类的生活? 什么产业将决定国家的发展? 信息技术与信息产业是首选的答案。高等学校学生是后备军,教育部在高等学校中普及信息技术与软件工程教育,经过多所高校的实践,信息技术与软件工程教育受到学生的普遍欢迎,取得了很好的教学效果。然而,也存在一些不容忽视的共性问题,其中突出的是教材问题。

　　从近两年信息技术与软件工程教育研究来看,许多任课教师提出目前许多教材不适合教学。具体体现在:第一,来自信息技术与软件工程的专业术语很多,对于没有这些知识背景的学生学习起来具有一定的难度;第二,书中案例比较匮乏,与企业的实际情况相差甚远,致使案例可参考性差;第三,缺乏具体的课程实践指导和真实项目。因此,针对高校信息技术与软件工程课程教学特点与需求,编写适用的规范化教材刻不容缓。

　　本书就是针对以上问题编写的,作者希望推广一种最有效的学习与培训的捷径,即 Project-Driven Training,也就是用项目实践来带动理论的学习(或者称为"做中学")。基于此,作者围绕一个真实项目案例来贯穿 Java 程序设计各个模块的理论讲解,包括面向对象程序设计的基本概念、Java 程序设计基础(包括运算符与表达式、程序流控制、数组)、Java 类和对象、Java 面向对象高级特性、Java 实用类及接口、Java 异常处理、图形用户界面设计、输入与输出、多线程编程、Java 网络编程、JDBC 数据库应用开发技术等。通过项目实践,可以对技术应用有明确的目的性(为什么学),可以对技术原理更好地融会贯通(学什么),也可以更好地检验学习效果(学得怎样)。

　　本书主要特色如下:

　　(1) 重项目实践。作者多年项目开发经验的体会是"IT 是做出来的,不是想出来的",理论虽然重要,但一定要为实践服务。以项目为主线,带动理论的学习是最好、最快、最有效的方法。通过此书,作者希望读者对 Java 程序设计技术和流程有整体了解,减少对项目的盲目感和神秘感,能够根据本书的体系循序渐进地动手做出自己的真实项目来。

　　(2) 重理论要点。本书以项目实践为主线,着重介绍 Java 程序开发理论中最重要、最精华的部分以及它们之间的融会贯通,而不是面面俱到,没有重点和特色。读者首先通过项目把握整体概貌,再深入局部细节,系统地学习理论;然后不断优化和扩展细节,完善整体框架和改进项目。既有整体框架,又有重点

PREFACE

理论和技术。一书在手,思路清晰,项目无忧。

为了便于教学,本教材配有教学课件,读者可以从清华大学出版社的官网(www.tup.com.cn)下载。

本书第一作者梁立新的工作单位为深圳技术大学。本书获得深圳技术大学的大力支持和教材出版资助,在此表示感谢。

鉴于编者的水平有限,书中难免有不足之处,敬请广大读者批评指正。

梁立新

2019 年 11 月于深圳

C O N T E N T S

目 录

第一篇　Java 概述篇

C O N T E N T S

第二篇　Java核心篇

CONTENTS

C O N T E N T S

C O N T E N T S

第三篇　Java 高级篇

CONTENTS

CONTENTS

C O N T E N T S

第一篇　Java 概述篇

本章学习目的与要求

学习 Java 语言首先要了解 Java 语言。通过本章的学习,将能够了解 Java 语言的发展及特点,了解 Java 语言是纯面向对象的程序设计语言,了解其技术体系,熟悉其开发环境,学会简单 Java 程序的设计与运行。

本章主要内容

本章主要介绍以下内容:
- Java 语言的历史现状及发展。
- Java 语言的特点。
- 面向对象的概念。
- Java 的核心技术体系。
- Java 的开发环境。
- 简单 Java 程序的设计、运行。

Java 是由 Sun Microsystems 公司于 1995 年 5 月推出的 Java 程序设计语言和 Java 平台的总称。用 Java 实现的 HotJava 浏览器(支持 Java Applet)显示了 Java 的魅力:跨平台、动态的 Web、Internet 计算,Java 因此被广泛接受并推动了 Web 的迅速发展。Java 是面向对象、安全、跨平台、强大稳健、流行的程序设计语言,目前由 Java Community Process 管控。Java 语言风格较为接近 C++ 与 C♯ 语言风格,特别是它的跨平台性受到越来越多的程序设计人员的喜爱,在计算机的各种平台、操作系统以及手机、移动设备、智能卡、消费家电等领域均得到了广泛的应用。

1.1 Java 的历史现状及发展

1.1.1 Java 语言简介

Java 由 Sun Microsystems 公司注册,是 Sun Microsystems 公司最著名的商标,也是 IT 行业最著名的商标之一。

1991 年 4 月,Sun Microsystems 公司启动由 James Gosling 等发起的名为 Green 的研究项目,最初的目的是创建一种与平台无关的、可用于交互手持式家庭设备控制器(如用于控制嵌入在有线电视交换盒)的语言,以实现一些家庭娱乐设备和家用电器的控制功能。James Gosling 称这种新语言为 Oak,后更名为 Java,应用于网络,并沿用至今。然而,Green 项目遇到了困难,市场前景并不乐观。

1994 年,Internet 开始在全球盛行,从此计算机世界发生了重大的变革。Internet 是世界上最大的客户机/服务器系统,它拥有千万种不同类型的客户机。显然,Web 设计者无法做到对可能访问其页面的每一台计算机编写不同的程序,而 Java 技术正是独立于平台而设计的,这使得 Green 项目组的成员意识到,Java 完全符合在 Internet 上编写、发送和使用应用程序的方式。

1995 年,Sun Microsystems 公司正式发布 Java 语言,Microsoft、IBM、NETSCAPE、Novell Apple、DEC、SGI 等公司纷纷购买 Java 语言的使用权。

1996 年,Sun Microsystems 公司正式发布了 Java 语言的第一个非试用版本。

1999 年 11 月启用 Java 2。

2004 年 9 月 30 日,J2SE 1.5 的发布是 Java 语言发展史上的又一里程碑事件。为了表示这个版本的重要性,J2SE 1.5 更名为 J2SE 5.0。

2005 年 6 月,JavaOne 大会召开,Sun Microsystems 公司发布 Java SE 6。此时,Java 的各种版本已经更名以取消其中的数字 2:J2EE 更名为 Java EE,J2SE 更名为 Java SE,J2ME 更名为 Java ME。

2009 年 4 月 20 日,Oracle(甲骨文)公司宣布收购 Sun Microsystems 公司。

2011 年 7 月 28 日,Oracle 公司发布 Java 7.0 的正式版本。

2014—2018 年期间,Oracle 公司陆续发布 Java SE 8、Java SE 9、Java SE 10、Java SE 11。现在平均六个月就会发布一个新的 Java 版本。

2018 年 9 月 26 日,Oracle 公司官方宣布 Java 11 正式发布。这是 Java 大版本周期变化后的第一个长期支持版本,即 LTS(Long-Term-Support)版本,持续支持到 2026 年 9 月。

2019 年 3 月 20 日,Java SE 12 正式发布,也是目前最新的版本。

迄今为止,Java 技术已经非常成熟,同时也不再使用 Java 2 的称呼方法,而直接称为 Java。在计算机发展史上,Java 语言的发展速度是空前的。

Java 的官方网站是 https://www.oracle.com/technetwork/java/index.html。Java 分为 Java 的运行环境(JRE)和开发环境(JDK),均可以在其官方网站下载。

1.1.2 Java 应用开发体系

Java 平台由 Java 虚拟机(Java Virtual Machine)和 Java 的应用编程接口(Application

Programming Interface，API)构成。Java 应用编程接口为 Java 应用提供了一个独立于操作系统的标准接口，可分为基本部分和扩展部分。在硬件或操作系统平台上安装一个 Java 平台之后，Java 应用程序就可以运行。现在 Java 平台已经嵌入了几乎所有的操作系统。这样，Java 程序可以只编译一次就可以在各种系统中运行。

Java 分为 3 个体系 Java SE(Java platform Standard Edition，Java 平台标准版)、Java EE(Java platform Enterprise Edition，Java 平台企业版)、Java ME(Java platform Micro Edition，Java 平台微型版)。

(1) Java SE 体系：Java SE 之前称为 J2SE。它允许开发和部署在桌面、服务器、嵌入式环境和实时环境中使用的 Java 应用程序。Java SE 包含了支持 Java Web 服务开发的类，并为 Java EE 提供基础。

(2) Java EE 体系：Java EE 之前称为 J2EE。企业版本帮助开发和部署可移植、健壮、可伸缩且安全的服务器端 Java 应用程序。Java EE 是在 Java SE 的基础上构建的，它提供 Web 服务、组件模型、管理和通信 API，可以用来实现企业级的面向服务体系结构(Service-Oriented Architecture，SOA)和 Web 6.0 应用程序。

(3) Java ME 体系：Java ME 之前称为 J2ME。Java ME 为在移动设备和嵌入式设备(如手机、PDA、电视机顶盒和打印机)上运行的应用程序提供一个健壮且灵活的环境。Java ME 包括灵活的用户界面、健壮的安全模型、内置的网络协议以及对可以动态下载的联网和离线应用程序的丰富支持。基于 Java ME 规范的应用程序只需编写一次就可以用于许多设备，而且可以利用每个设备的本机功能。

1.2 Java 语言的特点

Java 程序设计语言是新一代语言的代表，它强调了面向对象的特性，可以用来开发不同种类的软件，它具有支持图形化的用户界面、支持网络以及数据库连接等复杂的功能。Java 语言主要有以下特点。

1. 简单且易于学习

Java 语言很简单。Java 语言的简单性主要体现在以下 3 个方面：①Java 的风格类似于 C++，因为它的语法和 C++ 非常相似，因而 C++ 程序员非常熟悉。从某种意义上讲，Java 语言是 C 及 C++ 语言的一个变种，因此 C++ 程序员可以很快地掌握 Java 编程技术。②Java 摒弃了 C++ 中许多低级、困难、容易混淆、容易出错或不经常使用的功能，例如运算符重载、指针运算、程序的预处理、结构、多重继承以及其他一系列内容，并且通过实现自动垃圾收集大大简化了程序设计者的内存管理工作，这样有利于 Java 初学者的学习。③Java 提供了丰富的类库。

2. 面向对象

面向对象可以说是 Java 最重要的特性。Java 语言的设计完全是面向对象的，它不是类似 C 语言面向过程的程序设计技术。Java 语言的设计集中于对象及其接口，它提供了简单的类机制以及动态的接口模型。对象中封装了它的状态变量以及相应的方法，实现了模块化和信息隐藏；而类则提供了一种对象的原型，并且通过继承机制，子类可以使用父类所提供的方法,实现了代码的复用。

3. 分布式

Java 语言支持 Internet 应用的开发,在基本的 Java 应用编程接口中有一个网络应用编程接口(java.net 包),它提供了用于网络应用编程的类库,包括 URL、URLConnection、Socket、ServerSocket 等。Java 的 RMI(远程方法激活)机制也是开发分布式应用的重要手段。

4. 高性能

用 Java 语言编辑的源程序的执行方法是采用先经过编译器编译、再利用解释器解释的方式来运行的。它综合了解释性语言与编译性语言的众多优点,使其执行效率较以往的程序设计语言有了大幅度的提高。如果解释器速度不慢,Java 可以在运行时直接将目标代码翻译成机器指令。Java 用直接解释器每秒钟内可调用 300 000 个过程。翻译目标代码的速度与 C/C++ 的性能没什么区别。

5. 安全性

Java 通常被用在网络环境中,为此 Java 提供了一个安全机制以防止恶意代码的攻击。除了 Java 语言具有的许多安全特性以外,Java 对通过网络下载的类具有一个安全防范机制(类 ClassLoader),例如分配不同的名字空间以防替代本地的同名类、字节代码检查,并提供安全管理机制(类 SecurityManager)让 Java 应用设置安全哨兵。

6. 多线程

Java 的多线程机制使应用程序中的线程能够并发执行,且其同步机制保证了对共享数据的正确操作。通过使用多线程,程序设计者可以分别用不同的线程完成特定的行为,而不需要采用全局的事件循环机制,这样就很容易在网络上实现实时交互行为。Java 的多线程功能使得在一个程序里可同时执行多个小任务。线程有时也称小进程,是一个大进程里分出来的小的独立的进程。在 Java 语言中,线程是一种特殊的对象,它必须由 Thread 类或其子(孙)类来创建。通常有两种方法来创建线程:一是使用 Thread(Runnable) 的构造方法将一个实现了 Runnable 接口的对象包装成一个线程;二是从 Thread 类派生出子类并重写 run 方法,使用该子类创建的对象即为线程。值得注意的是,Thread 类已经实现了 Runnable 接口,因此任何一个线程均有它的 run 方法,而 run 方法中包含了线程所要运行的代码。线程的活动由一组方法来控制。Java 语言支持多个线程的同时执行,并提供多线程之间的同步机制(关键字为 synchronized)。

7. 可移植性(与平台无关性)

Java 源程序经过编译器编译,会被转换成一种称为字节码(byte-codes)的目标程序。"字节码"的最大特点便是可以跨平台运行,即程序设计人员常说的"编写一次,到处运行",正是这一特性成为 Java 得以迅速普及的重要原因。与平台无关的特性,使 Java 程序可以方便地被移植到网络上的不同机器。同时,Java 的类库中也实现了与不同平台的接口,使这些类库可以移植。另外,Java 编译器是由 Java 语言实现的,Java 运行时系统由标准 C 实现,这使得 Java 系统本身也具有可移植性。

8. 动态

Java 的动态特性是其面向对象设计方法的扩展。它允许程序动态地装入运行过程中所需要的类,这是 C++ 语言进行面向对象程序设计无法实现的。在 C++ 程序设计过程中,每当在类中增加一个实例变量或一种成员方法后,引用该类的所有子类都必须重新编译,否则将导致程序崩溃。

Java 采用如下措施来解决这个问题。

Java 编译器不是将对实例变量和成员方法的引用编译为数值引用,而是将符号引用信息在字节码中保存并传递给解释器,再由解释器来完成动态连接,然后将符号引用信息转换为数值偏移量。这样,一个在存储器生成的对象不在编译过程中决定,而是延迟到运行时由解释器确定。因此,对类中的变量和方法进行更新时就不会影响现存的代码。解释执行字节码时,这种符号信息的查找和转换过程仅在一个新的名字出现时才进行一次,随后代码便可以全速执行。在运行时确定引用的好处是可以使用已被更新的类,而不必担心会影响原有的代码。如果程序连接了网络中另一系统中的某一类,该类的所有者也可以自由地对该类进行更新,而不会使任何引用该类的程序崩溃。

Java 还简化了使用一个升级的或全新的协议的方法。如果用户的系统运行 Java 程序时遇到了不知怎样处理的程序,Java 能自动下载用户所需要的功能程序。

1.3　面向对象程序设计的基本概念

1.3.1　面向对象方法

面向对象(Object-Oriented,OO)方法是一种把面向对象的思想应用于软件开发过程中并指导开发活动的系统方法,是建立在“对象”概念基础上的方法学。对象是由数据和允许的操作组成的封装体,与客观实体有直接的对应关系,一个对象类定义了具有相似性质的一组对象。而继承性是对具有层次关系的类的属性和操作进行共享的一种方式。所谓面向对象就是基于对象概念,以对象为中心,以类和继承为构造机制,来认识、理解、刻画客观世界和设计、构建相应的软件系统。

1967 年,挪威计算中心的 Kristen Nygaard 和 Ole-Johan Dahl 开发了 Simula67 语言,它提供了比子程序更高一级的抽象和封装,引入了数据抽象和类的概念,它被认为是第一个面向对象语言。

20 世纪 70 年代初,Palo Alto 研究中心的 Alan Kay 所在的研究小组开发出 Smalltalk 语言,之后又开发出 Smalltalk-80,Smalltalk-80 被认为是最纯正的面向对象语言,它对后来出现的面向对象语言,如 Object-C、C++、Self、Eiffel 都产生了深远的影响。随着面向对象语言的出现,面向对象程序设计也就应运而生,并且得到迅速发展。之后,面向对象不断向其他阶段渗透,1980 年 Grady Booch 提出了面向对象设计的概念,之后又开始面向对象分析。1985 年,第一个商用面向对象数据库问世。1990 年以来,面向对象分析、测试、度量和管理等研究都得到了长足发展。实际上,“对象”和“对象的属性”这样的概念可以追溯到 20 世纪 50 年代初,它们首先出现于关于人工智能的早期著作中。但是出现了面向对象语言之后,面向对象思想才得以迅速发展。过去的几十年中,程序设计语言对抽象机制的支持程度不断提高：从机器语言到汇编语言，再到结构化程序设计语言（高级语言），直到面向对象程序设计语言，如图 1-1 所示。汇编语言出现后，程序员就避免了直接使用 0 和 1 编码，而是利用符号来表示机器指令，从而更方便地编写程序；当程序规模继续增长的时候，出现了 FORTRAN、C、Pascal 等高级语言，这些高级语言使得编写复杂的程序变得容易，程序员可以更好地对付日益增加的复杂性。但是，如果软件系统达到一定规模，即使应用结构化程序设计方法，局势仍将变得不可控制。作为一种降低复杂性的工具，面向对象语言产生了，面向对象程序设计也随之产生。

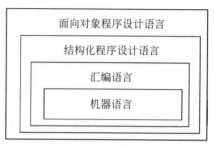

图 1-1 语言的发展

1.3.2 面向对象的基本概念与特征

面向对象的概念可以使得按照人们通常的思维方式来建立问题域的模型，设计出尽可能自然地表现求解方法的软件。早期提出的"面向对象"，是专指在程序设计中采用封装、继承、抽象等设计方法。实际上，面向对象的思想已经涉及软件开发的各个方面，例如面向对象的分析（Object Oriented Analysis，OOA）、面向对象的设计（Object Oriented Design，OOD）以及面向对象的编程实现（Object Oriented Programming，OOP）。

1. 对象

对象是要研究的任何事物。从一本书到一家图书馆，从单个整数到整数列庞大的数据库，以及极其复杂的自动化工厂、航天飞机，都可看作对象，对象不仅能表示有形的实体，也能表示无形的（抽象的）规则、计划或事件，对象由数据（描述事物的属性）和作用于数据的操作（体现事物的行为）构成一个独立整体。从程序设计者角度来看，对象是一个程序模块；从用户角度来看，对象为他们提供所希望的行为，这些操作通常称为方法。

2. 类

类是对象的模板。也就是说，类是对一组有相同数据和相同操作的对象的定义，一个类所包含的数据和方法描述一组对象的共同属性和行为。类是在对象之上的抽象；对象则是类的具体化，是类的实例。类可有其子类，也可有其他类，形成类层次结构。

3. 消息

消息是对象之间进行通信的一种规格说明。一般它由 3 个部分组成：接收消息的对象、消息名及实际变元。

4. 面向对象主要特征

1）封装性

封装是一种信息隐蔽技术，它体现于类的说明，使数据更安全，是对象的重要特性。封装使数据和加工该数据的方法（函数）封装为一个整体，以实现独立性很强的模块，使得用户只能见到对象的外特性（对象能接收哪些消息，具有哪些处理能力），而对象的内特性（保存内部状态的私有数据和实现加工能力的算法）对用户是隐蔽的。封装的目的在于把对象的设计者和使用者分开,对象的使用者不必知晓行为实现的细节,只须用对象的设计者提供的消息来访问该对象。

2）继承性

继承性是子类自动共享父类之间数据和方法的机制。它由类的派生功能体现。一个类直接继承其他类的全部描述,同时可修改和扩充。继承具有传递性和单根性,如果 B 类继承了 A 类,而 C 类又继承了 B 类,则可以说,C 类在继承了 B 类的同时也继承了 A 类,C 类中的对象可以实现 A 类中的方法。一个类,只能够同时继承另外一个类,而不能同时继承多个类,通常所说的多继承是指一个类在继承其父类的同时,实现其他接口。类的对象是各自封闭的,如果没有继承性机制,则类对象中数据、方法就会出现大量重复。继承支持系统的可重用性,从而达到减少代码量的作用,而且还促进系统的可扩充性。

3）多态性

对象根据所接收的消息而做出动作。同一消息为不同的对象接收时可产生完全不同的行动,这种现象称为多态性。利用多态性用户可发送一个通用的信息,而将所有的实现细节都留给接收消息的对象自行决定,如果是,则同一消息即可调用不同的方法。多态性的实现受到继承性的支持,利用类继承的层次关系,把具有通用功能的协议存放在类层次中尽可能高的地方,而将实现这一功能的不同方法置于较低层次,这样在这些低层次上生成的对象就能给通用消息以不同的响应。在 OOP 中可以通过在派生类中重定义基类函数（定义为虚函数）来实现多态性。

综上可知,在面向对象方法中,对象和传递消息分别表示事物及事物间相互联系的概念。类和继承只是适应人们一般思维方式的描述范式。方法是允许作用于该类对象上的各种操作。这种对象、类、消息和方法的程序设计范式的基本点,在于对象的封装性和类的继承性。通过封装能将对象的定义和对象的实现分开,通过继承能体现类与类之间的关系,以及由此带来的动态联编和实体的多态性,从而构成面向对象的基本特征。面向对象是当前计算机界关心的重点,它是 20 世纪 90 年代软件开发方法的主流。面向对象的概念和应用已经超越了程序设计和软件开发,扩展到很宽的范围。例如,数据库系统、交互式界面、应用结构、应用平台、分布式系统、网络管理结构、CAD 技术、人工智能等领域。这里介绍了面向对象的简单概念,Java 语言是典型的面向对象语言,关于面向对象的一些内容将在后面的章节中详细介绍。

1.4   Java 核心技术体系

Java 核心技术体系结构包括两部分：Java 核心技术基础部分和 Java 核心技术应用部分,如图 1-2 所示。

1.4.1   Java 核心技术基础部分

学习 Java 开发的第一步是搭建 Java 开发环境,包括熟悉 Java 开发环境的配置和 JDK 开发工具;然后了解 Java 的核心特性,包括 Java 虚拟机、垃圾回收器、Java 代码安全检查等;在此基础上掌握 Java 应用程序开发的基本结构,以及学习如何编辑、编译和运行 Java

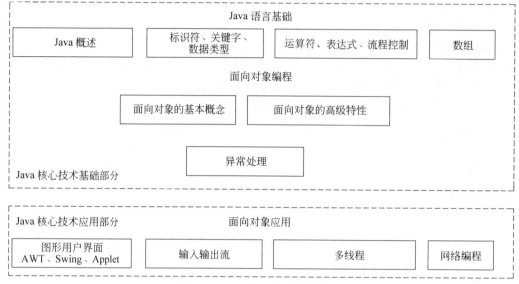

图 1-2　Java 核心技术体系结构

应用程序。

　　任何程序设计语言都是由语言规范和一系列开发库组成的,我们需要掌握 Java 语言的基础语法。首先介绍标识符、关键字、变量和常量这些基本元素,以及 Java 的数据类型,包括基本类型和引用类型;之后继续介绍 Java 基础语法:Java 运算符、表达式(包括运算符的优先次序和数据类型转换)和流程控制(包括顺序流程、选择流程和循环控制流程)。

　　数组也是 Java 语言中的一个重要组成部分。需要了解数组的声明、生成和初始化,数组的使用,以及多维数组的基本原理。

　　在此基础之上进行 Java 最重要的面向对象的基本概念的学习。这里要熟悉面向对象的核心语法,封装:Java 中的类、方法和变量,以及构造方法、方法重载;继承:继承概念和方法重写(覆盖);多态:多态概念和多态实现。

　　接着介绍面向对象的一些高级特性,包括:静态变量、方法和初始化程序块,最终类、变量、方法,访问规则,抽象类和方法,接口,基本类型包装器,集合,内部类,枚举、注解以及 Lambda 表达式等。

　　最后介绍异常的处理。

　　了解上述 Java 核心技术基础部分后,将在此基础上介绍 Java 核心技术的应用部分,包括图形用户界面、输入输出流、多线程和网络编程等。

1.4.2　Java 核心技术应用部分

1. 图形用户界面

　　好的应用系统需要做到用户友好,也就是提供好的图形用户界面(Graphic User Interface,GUI)。下面介绍两个主要的构建图形用户界面技术:AWT 和 Swing。

　　1) AWT

　　在 JDK 的第一个发布版中包含了 AWT(Abstract Windowing Toolkit)这个库。

AWT 默认实现使用了"对等"机制,即每一个 Java GUI 窗口部件都在底层的窗口系统中有一个对应的组件。例如,每一个 java.awt.Button 对象都将在底层窗口系统中创建一个唯一对应的 Button。当用户单击这个按钮时,事件将从本地实现库传送到 Java 虚拟机里,并且最终传送到与 java.awt.Button 对象相关联的逻辑。对等系统的实现,以及 Java 组件与对等组件之间交流的实现都隐藏在底层 JVM 实现中,Java 语言级的代码仍然跨平台。

尽管如此,为了保持"write once, run anywhere"的许诺,Java 不得不进行折中。特别要说明的是,Java 采用了"最小公分母"的方法,即 AWT 仅仅提供所有本地窗口系统都提供的特性。这就需要开发人员为更多高级特性开发自己的高级窗口部件,然后提供给不同的用户去使用和体验。

所以,用 AWT 开发的应用程序既缺少流行 GUI 程序的许多特性,又不能达到在显示和行为上像用本地窗口构建库开发程序一样的目标。应该有一个更好的库让 Java GUI 取得成功,Swing 就是这样一个方案。

2)Swing

在 1997 年 JavaOne 大会上提出并在 1998 年 5 月发布的 JFC(Java Foundation Classes)包含了一个新的使用 Java 窗口开发包。这个新的 GUI 组件称为 Swing,它是对 AWT 的升级,并且看起来对 Java 的进一步发展有很大帮助。

与 AWT 相比较,Swing 架构的主要特征如下:

- AWT 依赖对等架构,用 Java 代码包装本地窗口部件;而 Swing 根本不使用本地代码和本地窗口部件。
- AWT 把绘制屏幕交给本地窗口部件;而 Swing 使用自己的组件绘制自己。
- 因为 Swing 不依赖本地窗口部件,它可以抛弃 AWT 的"最小公分母"的方法,并在每个平台下实现每个窗口部件,从而创建一个比 AWT 更强大的开发工具包。
- Swing 在默认情况下采用本地平台的显示外观。但它并不仅仅局限于此,还可以采用插件式的显示外观。因此,Swing 应用程序看起来像 Windows 应用程序、Motif 应用程序、Mac 应用程序,甚至它自己的显示外观——"金属"。所以,Swing 应用程序可以完全忽略它运行时所在的操作系统环境,并且仅仅看起来像自己。

Swing 组件超越了简单的窗口部件,体现了不断出现的新的设计模式以及一些最佳实践。采用 Swing,不仅仅得到 GUI 窗口部件的引用和它所包含的数据,而且定义了一个模型去保存数据,定义了一个视图去显示数据,定义了一个控制器去响应用户输入。事实上,大部分 Swing 组件的构建是基于 MVC(Model-View-Controller)模式的,MVC 使应用程序开发变得更清晰、更易维护和更好管理。

3)Java Applet 介绍

在 Swing 基础之上,可以开发一种特殊的图形界面程序——Applet。Java Applet 就是用 Java 语言编写的一些小应用程序,它们可以直接嵌入网页中,并能产生特殊的效果。当用户访问这样的网页时,Applet 被下载到用户的计算机上执行,但前提是用户使用的是支持 Java 的网络浏览器。由于 Applet 是在用户的计算机上执行的,因此它的执行速度不受网络带宽或者 Modem 存取速度的限制,用户可以更好地欣赏网页上 Applet 产生的多媒体效果。在 Java Applet 中,可以实现图形绘制、字体和颜色控制、动画和声音的插入、人机交互以及网络交流等功能。

2. 多线程

在计算机编程中,一个基本的问题就是同时对多个任务加以控制。有时要求将问题划分成独立运行的程序片段,使整个程序能更迅速地响应用户的请求。在一个程序中,这些独立运行的片段称为线程(thread),利用它编程就称为多线程处理。多线程处理的一个常见的例子就是用户界面。利用线程,用户单击一个按钮,程序就会立即做出响应,而不是让用户等待程序完成当前任务以后才开始响应。

Java 提供的多线程功能使得在一个程序里可同时执行多个小任务。线程(有时也称为小进程)是一个大进程里分出来的小的独立的进程。多线程带来的更大的好处是具有更好的交互性能和实时控制性能。尽管多线程是强大而灵巧的编程工具,但要用好却不容易。必须注意一个问题:共享资源。如果有多个线程同时运行,而且它们试图访问相同的资源,就会遇到这个问题。举例来说,两个进程不能将信息同时发送给同一台打印机。为解决这个问题,对那些可共享的资源(如打印机)来说,它们在使用期间必须进入锁定状态。所以,一个线程可以将资源锁定,在完成了它的任务后,再解开(释放)这个锁,使其他线程可以接着使用同样的资源。

Java 的多线程机制已内建到语言中,这使得一个可能比较复杂的问题变得简单起来。对多线程处理的支持是在对象这一级别支持的,所以一个线程可以表达为一个对象。Java 也提供了资源锁定方案,它能锁定任何对象占用的内存(内存实际是多种共享资源的一种),所以同一时间只能有一个线程使用特定的内存空间。为达到这个目的,需要使用关键字 synchronized。其他类型的资源必须由程序员明确锁定,这通常要求程序员创建一个对象,用它代表一把锁,所有线程在访问这个资源时都必须检查这把锁。

3. 输入输出

在项目开发中,文件输入输出是必不可少的。输入或者输出都是针对内存而言,从磁盘或者网络载入内存称为输入(Input,I),反之称为输出(Output,O)。对语言设计人员来说,创建好的输入输出系统是一项困难的任务,Java 库的设计者通过创建大量类来解决这个难题。

Java 的核心库 java.io 提供了全面的 IO 接口,包括文件读写、标准设备输出等。Java 中 IO 是以流(Stream)为基础进行输入输出的,所有数据被串行化写入输出流,或者从输入流读入。此外,Java 也对块传输提供支持。Java IO 模型设计非常优秀,它使用装饰(Decorator)模式,按功能划分 Stream,可以动态装配这些 Stream 以便获得需要的功能。例如,需要一个具有缓冲的文件输入流,则应当组合使用 FileInputStream 和 BufferedInputStream。Java 的 IO 体系分为 Input/Output 和 Reader/Writer 两类,区别在于 Reader/Writer 在读写文本时能自动转换内码。基本上所有的 I/O 类都是配对的,即有×××Input 就有一个对应的×××Output。

4. Java 网络编程

对网络编程简单的理解就是两台计算机相互通信,网络编程的基本模型是客户机/服务器(Client/Server)模型。简单地说,就是两个进程之间相互通信,其中一个进程必须提供一个固定的位置,而另一个进程则只需要知道这个固定的位置,并建立两者之间的联系,然后完成数据的通信。这里提供固定位置的计算机通常称为服务器,而建立联系的计算机通常称为客户机(端)。

在开始学习网络编程之前,先简单了解网络的基础知识,特别是网络传输层协议 TCP 和 UDP。它们使用 IP 路由功能把数据包发送到目的地,从而为应用程序及应用层协议(包括 HTTP、SMTP、SNMP、FTP 和 Telnet)提供网络服务。TCP 提供的是面向连接的、可靠的数据流传输,类似于生活中的打电话;而 UDP 提供的是非面向连接的、不可靠的数据流传输,类似于生活中的发短信。

对于程序员而言,掌握一种编程接口并使用一种编程模型就相对简单多了,Java 提供一些相对简单的应用开发接口(API)来完成这些工作。对于 Java 而言,这些 API 存在 java.net 这个包里面,因此只要导入这个包就可以准备网络编程了。

Java 所提供的网络功能分为以下 3 类:

(1) URL 和 URLConnection 是 3 类功能中最高级的一种。通过 URL 的网络资源表达方式,很容易确定网络上数据的位置。利用 URL 的表示和建立,Java 程序可以直接读入网络上所放的数据,或者把自己的数据传送到网络的另一端。

(2) Socket。Socket 可以想象成是两个不同的程序通过网络的通道,这是传统网络程序中最常用的方法。一般在 TCP/IP 网络协议下的客户机/服务器软件采用 Socket 作为交互的方式。

(3) Datagram 是这些功能中最低级的一种。一般在 UDP/IP 网络协议下的客户机/服务器开发中采用这种模式。其他网络数据传送方式,都假设在程序执行时建立一条安全稳定的通道。但是,以 Datagram 方式传送数据时,只是把数据的目的地记录在数据包中,然后就直接放在网络上进行传输,系统不保证数据一定能够安全送到,也不能确定什么时候可以送到。

本书将深入细致地讲解上述核心技术。采用的方式是 Project-Driven Training,也就是用项目实践来带动理论的学习。因此,第 2 章首先介绍 AscentSys 项目。

1.5 Java 的开发环境

本节主要介绍 Java 开发环境的搭建,首先介绍 JDK 的下载安装和环境变量的设置,并且通过一个简单的示例程序展示 JDK 的简单使用方法。对于 Java 开发工具方面,简单介绍集成开发环境 Eclipse 的基本使用方法,通过本章的学习,读者可以迅速掌握 Java 开发环境的搭建,并对 Eclipse 开发工具的基本用法有所了解。

JDK 又称为 Java SE(Java SDK Standard Edition),可以从 Oracle 的 Java 网站 https://www.oracle.com/technetwork/java/index.html 下载。目前 JDK 用得比较多的版本是 JDK 8。2019 年 3 月 20 日,Java SE 12 正式发布,也是目前最新的版本,建议下载该版本的 JDK。下载好的 JDK 是一个可执行安装程序,默认情况下会安装在 C:\Program Files\Java 下,JDK 12 与之前版本有些不同,里面没有 JRE 的文件夹,如果用户要选择 JRE 模块,可以自己按照需要进行配置即可。后面也会介绍 JRE 的安装以及 Java 所需要的环境变量配置。

另外经常会用到 Java Documentation,它是 Java 编程手册,也是 Java 核心所在,通过它可以查询 Java 应用开发接口等内容。

1.5.1 下载 JDK

JDK 中包含了 Java 开发中必备的工具和 Java 程序的运行环境(即 JRE)。在正式开发之前,先到网站上获取一份 JDK 的安装文件,下面将一步一步地演示下载的方法。

(1) 打开浏览器,在地址栏里输入网址:http://www.oracle.com/technetwork/java/javase/downloads/index.html,如图 1-3 所示,进入 JDK 的下载页面。

图 1-3 Java 下载页面

(2) 单击 Download 按钮后,进入选择安装平台和语言的界面,这里选择下载 jdk-12.0.1_windows-x64_bin.exe,如图 1-4 所示。

注意:下载之前要选择 Accept License Agreement 才能够下载自己需要的 JDK。Platform 项选择的是即将安装 JDK 计算机上的操作系统类型,请务必按各自的实际情况选择,如果选择的平台与即将安装的平台不符,那么程序有可能无法安装或是在运行的时候出错。Windows 用户选择 Windows 即可。

(3) 按照提示下载。选好下载文件的保存路径,静候 Windows 的下载完成提示,提示出现后,下载正式完成。

下载之后,在指定目录下将会出现名为 jdk-12.0.1_windows-x64_bin 的可执行文件,该文件即为所需的 JDK 安装文件。

1.5.2 安装 JDK

JDK 已经下载到硬盘里,接下来就是进行 JDK 的安装。下面介绍详细的安装步骤,请读者参考演示过程进行安装。

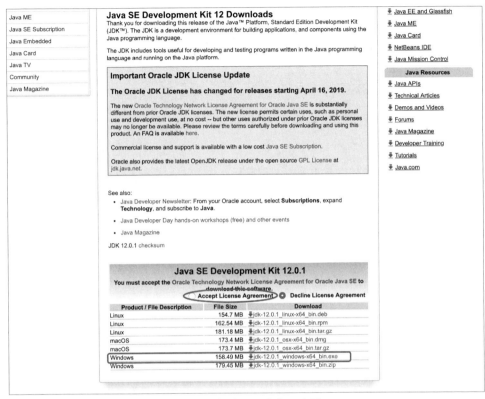

图 1-4　选择安装平台与语言界面

（1）双击已下载的 JDK 安装文件，执行安装程序，进入安装界面，如图 1-5 所示。

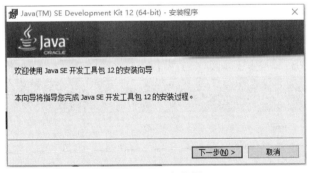

图 1-5　JDK 安装界面

　　（2）单击"下一步"按钮后，进入设置 JDK 安装路径界面。单击"更改"按钮，可将程序安装到指定路径下，默认是放在 C:\ProgramFiles 的路径下，如图 1-6 所示。

　　（3）单击"下一步"按钮后即可自动安装，自动安装过程中无须处理，如图 1-7 所示。

　　（4）等待一分钟左右 JDK 即可安装完成，JDK 安装完成界面如图 1-8 所示。

　　（5）打开 JDK 安装路径，可以查看其目录结构，如图 1-9 所示。

　　安装 JDK 之后，查看其目录结构会注意到目录布局与 JDK 9 之前的版本不同，JDK 12 没有 JRE 映像。

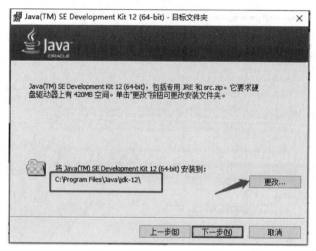

图 1-6　设置 JDK 安装路径

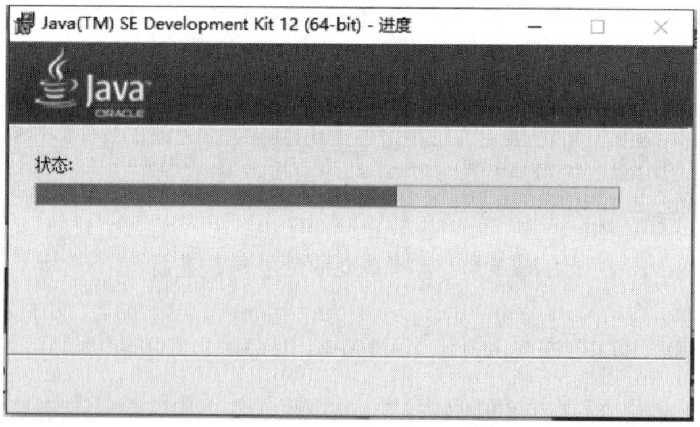

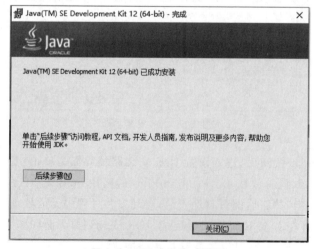

图 1-7　JDK 自动安装过程

图 1-8　JDK 安装完成界面

图 1-9　JDK 目录结构

JDK 目录主要内容如下。

① bin：开发工具，包括常用工具和实用工具，可用来帮助开发、执行、调试程序，其中编译器 javac.exe 和解释器 java.exe 都存放此目录中。

② conf：包含 .properties 和 .policy 以及其他类型的文件，供开发人员、部署人员和最终用户编辑。

③ include：C 头文件，是支持使用 Java 本机界面、JVM 工具界面以及 Java 平台的其他功能进行本机代码编程的头文件。

④ jmods：包含 .jmod 文件，已编译的模块定义。

⑤ legal：包含法律声明，里面有每个模块的版权和许可文件。

⑥ lib：附加库，是开发工具所需的其他类库和支持文件，包含动态链接库和 JDK 的完整内部实现。

（6）如果用户需要进行 JRE 的配置，则可以打开命令提示符，切换到 %JAVA _HOME 所在的路径，即 Java 安装路径下，然后运行命令：bin\jlink.exe --module -path jmods --add-modules java.desktop --output jre，就会在当前目录下生成文件夹 jre，如图 1-10 所示。

图 1-10　安装 JRE 后的 JDK 目录

至此，JDK 安装完成，但是并不代表可以立即使用，还需进行 JDK 的配置。

注意：JDK 是开发环境，JRE 是 Java 程序的运行环境，如果只是为了运行 Java 程序，可以仅安装 JRE 而不用安装 JDK。

1.5.3　配置环境

安装完成后，还要对它进行相关的配置才可以使用，先来设置一些环境变量，对于 Java

来说,最需要设置的环境变量是系统路径变量 Path。

（1）打开环境变量的设置窗口。打开"控制面板",依次选择系统安全-系统-高级系统设置,进入"系统属性"对话框,如图 1-11 所示。

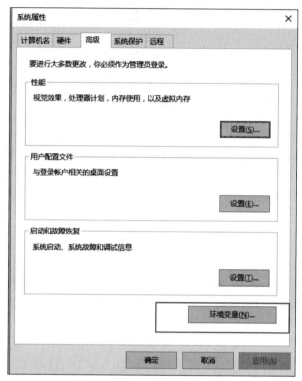

图 1-11 "系统属性"对话框

（2）单击"环境变量"按钮,进入"环境变量"对话框,进行环境变量的配置,如图 1-12 所示。

（3）先配置 JAVA_HOME,新建系统变量,变量名为 JAVA_HOME,变量值为安装 JDK 的路径,如 C:\Program Files\Java\jdk-12。然后配置 CLASSPATH,添加变量值为%JAVA_HOME%\lib;.,如图 1-13 所示。配置 PATH,添加变量值%JAVA_HOME%\bin;%JAVA_HOME%\jre\bin,此时应该在原有的值域后面追加,记得在原有的值域后面记得添加一个英文状态下的分号。编辑完成后,单击"确定"按钮,进行保存。

至此,JDK 的环境变量的设置就正式完成。

1.5.4　测试 JDK 配置是否成功

设置好环境变量后,就可以对刚设置好的变量进行测试,并检测 Java 是否可以正常运行。

（1）单击"开始"按钮,选择"运行"选项,在"运行"对话框中输入 cmd 命令。

（2）单击"确定"按钮,打开命令行窗口。

（3）输入"java -version"就可以看到 Java 的版本,如图 1-14 所示。

（4）在光标处输入命令:javac,按下 Enter 键执行即可看到测试 Java 环境配置是否成功的结果,如图 1-15 所示。

图 1-12　"环境变量"对话框

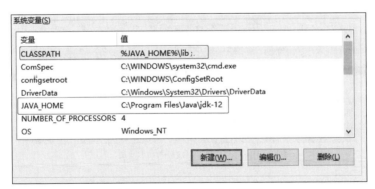

图 1-13　Java 环境变量配置

图 1-14　查看安装的 Java 版本

图 1-15　测试 Java 环境配置是否成功

至此，说明环境已经配置成功。安装好开发环境，Java 的大门就此开启，可以一起开始探索这个充满了创造性的美好世界了。

注意：请尽量熟悉 Windows 的命令行界面操作，在 Java 的学习过程中，会经常使用到命令行界面。

1.5.5　开发工具 Eclipse 简介

在实际的开发过程中，是不可能脱离集成开发工具的帮助的，使用集成开发工具可以大大提高开发效率，从而保证项目的进度。本节将简要介绍开发工具 Eclipse 的使用。

Eclipse 是一款非常优秀的开源 IDE，基于 Java 的可扩展开发平台。除了可作为 Java

的集成开发环境外,还可作为编写其他语言(如 C++ 和 Ruby)的集成开发环境。Eclipse 凭借其灵活的扩展能力、优良的性能与插件技术,受到了越来越多开发者的喜爱。

1. 下载 Eclipse

在官网下载最新的 Eclipse 开发工具,下载地址为 http://www.eclipse.org/downloads/,如图 1-16 所示。

图 1-16　Eclipse 官网下载界面

单击 Download Packages 后可以看到不同版本的 Eclipse,用户可以根据需要下载,如图 1-17 所示。

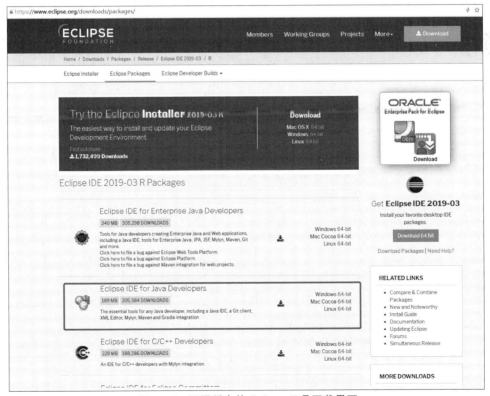

图 1-17　不同版本的 Eclipse 工具下载界面

用户可根据自己的操作系统下载最新版本 Eclipse-SDK 资源包(这里下载的是 eclipse-java-2019-03-R-win32-x86_64.zip)。该资源包包括适合于 Windows 平台的 Eclipse 开发环境、Java 开发环境、Plug-in 开发环境、所有源代码和文档。

2. 安装 Eclipse

下载了 Eclipse 后,将其解压。Eclipse 是一个绿色软件,无须安装即可执行。进入解压后的 Eclipse 目录,单击 Eclipse.exe 文件即可运行 Eclipse 集成开发环境。如果需要中文版的 Eclipse 集成开发环境,可在 Eclipse 官方网站下载中文语言包,解压后,分别将其 features、plugins 目录下的文件复制到 Eclipse 安装目录下的 features、plugins 目录中。复制完成后,重新启动 Eclipse 即可。

3. 初识 Eclipse

单击 eclipse.exe,运行 Eclipse 集成开发环境。单击运行时,Eclipse 会要求选择工作空间(workspace),用于存储工作内容,默认是放在 C:\Users\lenovo\eclipse-workspace,如图 1-18 所示。

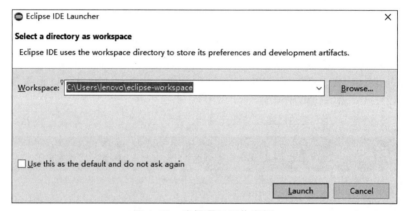

图 1-18　选择项目工作空间

注意:Eclipse 每次启动都会弹出选择工作空间的对话框,如果不想每次选择工作空间,可以将对话框中的 Use this as the default and do not ask again 前面的复选框选中,则以后 Eclipse 的默认工作空间即为此次设置的工作空间,下次再打开 Eclipse 将不再弹出此对话框。

选择工作空间后,Eclipse 打开工作台窗口。工作台窗口提供了一个或多个透视图。透视图包含编辑器和视图(如导航器)。可同时打开多个工作台窗口。Eclipse 工作台主要由标题栏、透视图、菜单栏、工具栏 4 个部分组成。这些视图大多都是用来显示信息的层次结构和实现代码编辑等作用。Java 开发视图如图 1-19 所示。

下面介绍 Eclipse 工作台的主要视图的作用。

(1) Package Explorer(包资源管理器):显示项目文件的组成结构。

(2) Editor(文本编辑器):编辑代码、展示代码区域。

(3) Task List(任务列表):可设置各种计划任务。

(4) Outline(大纲视图):展示当前类的结构情况。

图 1-19 Java 开发视图

（5）Console（控制台）：包含 problem（问题视图）、Javadoc（文档视图）、declaration（声明视图）等窗口，用于显示程序运行信息。

4. 用 Eclipse 编写程序

下面体验用 Eclipse 开发 Java 程序。

（1）选择菜单"文件"→"新建"→"项目"来新建一个 Java 项目，命名为 corejava，如图 1-20 所示。

（2）选中"包资源管理器"中的 src，右击，构建 Java 类，如图 1-21 所示。在输入框中输入类名（如 HelloWorld），在 Package 输入框内输入 sample，选中 public static void main（String[] args）前的复选框，单击"完成"按钮。

（3）在 main 方法中输入以下语句，完成一个简单的类的开发，代码如下：

```java
package sample;
public class HelloWord {
    public static void main(String[] args) {
        System.out.println("Hello,World!");
    }
}
```

编写完成程序后进行保存。在保存的同时，Eclipse 将自动将源程序编译成字节码文件。

（4）在"包资源管理器"中，选中 HelloWorld 类节点，右击选择 Run as→Java Application。系统将自动执行该程序，并在控制台上输出"Hello，World!"字符串信息，如图 1-22 所示。

通过以上几个简单的步骤，即完成了 Java 源程序的编写、编译和执行过程。

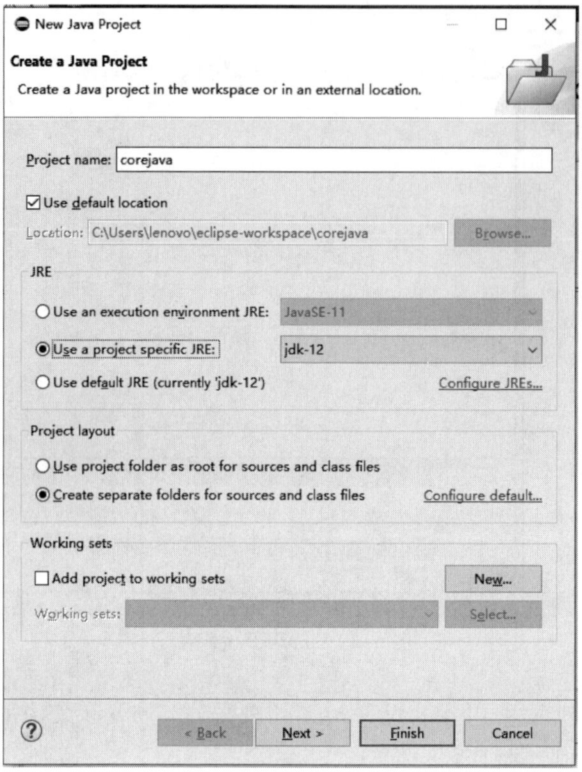

图 1-20　构建 Java 项目

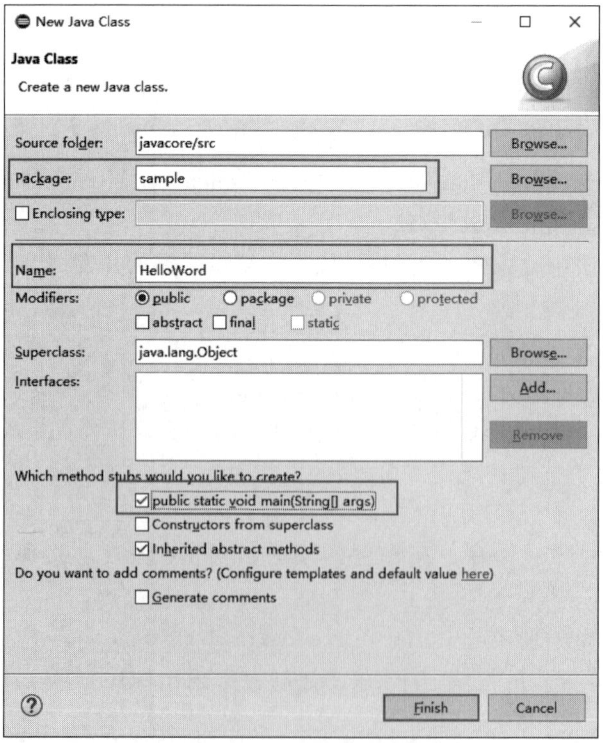

图 1-21　构建 Java 类

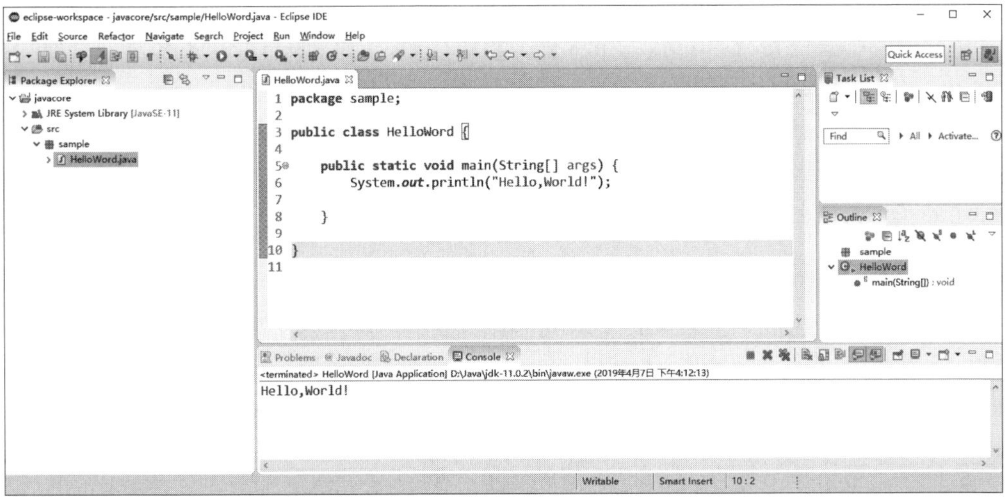

图 1-22　程序执行结果

1.6　Java 程序开发实例

　　刚刚进入 Java 的世界,开发一个入门的程序是必不可少的,为了更好地理解 Java 的强大功能,下面介绍一个简单的实例。

　　【例 1-1】　开发第一个简单的 Java 程序。

```
package sample;
public class Example1 {                              //一个应用示例
    public static void main(String[] args) {
        System.out.println("First Java Program!"); //输出"First Java Program!"
    }
}
```

　　该程序的输出结果如下:

```
First Java Program!
```

　　可以看到上面的程序很简单,程序中首先使用 package sample 定义了 sample 包,用来管理多个类,它会映射到一个相同名字的文件夹。之后用保留字 class 来声明一个新的类,其类名为 Example1,它是一个公共类(public)。整个类定义由大括号"{}"括起来。在该类中定义了一个 main()方法,其中 public 表示访问权限,指明所有的类都可以使用这一方法;static 指明该方法是一个类方法,它可以通过类名直接调用;void 则指明 main()方法不返回任何值。对于一个应用程序来说,main()方法是必需的,而且必须按照如上的格式来定义。Java 解释器在没有生成任何实例的情况下,以 main()作为入口来执行程序。Java 程序中可以定义多个类,每个类中可以定义多个方法,但是最多只能有一个公共类,main()方法也只能有一个,作为程序的入口。main()方法定义中,括号()中的 String args[]是传递给 main()方法的参数,参数名为 args,它是类 String 的一个实例,参数可以为 0 个或多个，每个参数用"类名参数名"来指定，多个参数间用逗号分隔。在 main()方法的实现（大括号中），只有一条语句"System.out.println("First Java Program!");"用来实现字符串的输出。另外，//后的内容为注释。

现在可以运行该程序。首先建立一个名为 sample 的文件夹，与包名相同。之后把 Example1.java 文件放到其中，这里的文件名应该和类名相同，因为 Java 解释器要求公共类必须放在与其同名的文件中。然后对它进行编译：

```
C:\>javac sample\Example1.java
```

编译的结果是生成字节码文件 Example1.class。最后用 Java 解释器来运行该字节码文件：

```
C:\>java sample.Example1
```

结果在屏幕上显示"First Java Program!"。

注意：javac 和 java 两个命令都存在于 Java 的安装目录下。

从上述例子可以看出，Java 程序是由类构成的，对于一个应用程序来说，必须有一个类中定义 main()方法。在类的定义中，应包含类变量的声明和类中方法的实现。Java 在基本数据类型、运算符、表达式、控制语句等方面与 C、C++ 基本上相同，但它也增加了一些新的内容，在以后的各章中将详细介绍。本节只是对 Java 程序有初步的了解。

【关键技术解析】

(1) 可以使用 package 关键字定义一个包（可选）。

(2) 然后根据需要可以使用 import 导入 Java 类库（可选）。

(3) 使用 class 关键字定义一个类。

(4) 在一个可执行的类中必有一个 main()函数，该函数是本程序的入口。

(5) 利用 System.out.println()语句将信息输出在控制台上。

知识拓展：Java 虚拟机

如前所述，Java 语言编辑的源程序的执行方法是先经过编译器编译，再利用解释器解释的方式来运行的。Java 程序的开发及运行周期如图 1-23 所示。

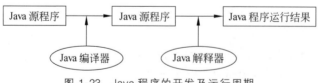

图 1-23　Java 程序的开发及运行周期

基于 Java 运行的平台无关性特点，可以直观地理解为：在常规的计算机运行环境中，一定存在多种类型的 Java 解释程序以帮助运行 Java 程序。任何一种可以运行 Java 程序（即可以担任 Java 解释器）的软件都可以称为 Java 虚拟机（Java Virtual Machine，JVM），因此，诸如浏览器与 Java 的一部分开发工具等皆可看作 JVM。当然也可以把 Java 的字节码（byte-codes）看成 JVM 所运行的机器码。

本章总结

本章重点介绍了 Java 语言的入门知识以及应用开发环境。通过本章的学习,可以了解 Java 语言的特点和面向对象的初步概念,可以运行一个小的 Java 程序,对 Java 程序有初步的认识。

1. Java 语言的特点是什么?

2. 如何创建和运行 Java 程序?

3. 编写一个显示"Hello Java!"的 Java 应用程序。

第 2 章 Java 典型应用介绍

本章学习目的与要求

学习 Java 语言的目的在于应用。目前 Java 语言的应用非常广泛,应用 Java 可以开发许多应用项目。我们使用"做中学"这种最有效的学习方式,本章主要介绍一个真实项目的开发思路和总体概况,然后将其具体实现内容融合在后面的各个章节中。当完成本书的学习时,就能完成这个项目,也就掌握了 Java 的核心概念和原理,从而学会如何用 Java 语言进行更多项目的开发。

本章主要内容

本章介绍一个真实项目案例的 Java 开发框架。

2.1 项目概述

"艾斯医药系统"是由亚思晟商务科技有限公司开发并实施的一个基于互联网的应用软件。通过它能了解已公开发布的商品,对自己需要的商品进行采购。该系统包括查询商品、购买商品、下订单等流程,方便快捷实现购物过程。为了配合本书,使读者能更好地理解,亚思晟商务科技有限公司同时开发了这个系统的 Core Java 版本、Web 版本等作为配套的开发案例。这些版本所用到的技术涉及 Java 的各个开发层次,本书是 Java 开发的最基础版本,即 Core Java 版本。

2.2 需求分析

Core Java 版本的艾斯医药系统是对真实系统的一个简化,因此并不包含真实项目的所有功能。要求实现以下简单功能：

- 用户登录。
- 浏览商品。
- 把商品添加到购物车。
- 购买商品。
- 提交订单。
- 新用户注册。

2.3 系统分析设计

本系统采用 C/S 模式进行开发。采用 Swing 组件技术作为前台展示，Java 类作为后台服务器的模拟以及实体类应用等相关操作。艾斯医药系统分析及设计模块如图 2-1 所示。

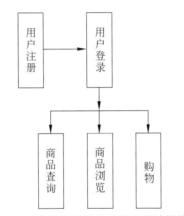

图 2-1 艾斯医药系统分析及设计模块

2.4 项目运行指南

本案例在素材库中，可以参考运行。

1. 配置开发环境

开发环境的配置是项目开发的第一步，良好的开发环境对项目开发的成功可以起到重要的作用。用一个自己熟悉的、先进的开发环境能起到事半功倍的效果。本项目根据"艾斯医药系统"的需求，结合当前的主流开发工具，采用 Eclipse 2019 作为集成开发环境，JDK 采用 JDK 11 及以上版本。本书案例在环境配置正确的情况下，可以正常运行。

2. 导入工程文件

打开开发工具 Eclipse，等待其加载完毕之后，单击 File→Import，打开"导入"窗口，如图 2-2 所示。

选择 Existing Projects into Workspace，单击 Next 按钮，在弹出如图 2-3 所示的窗口

中单击 Browse 按钮，选择要导入的工程。

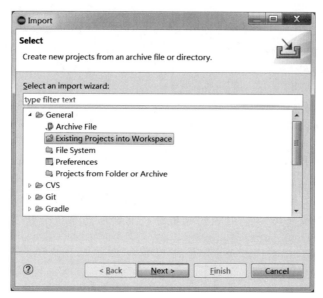

图 2-2　"导入"窗口

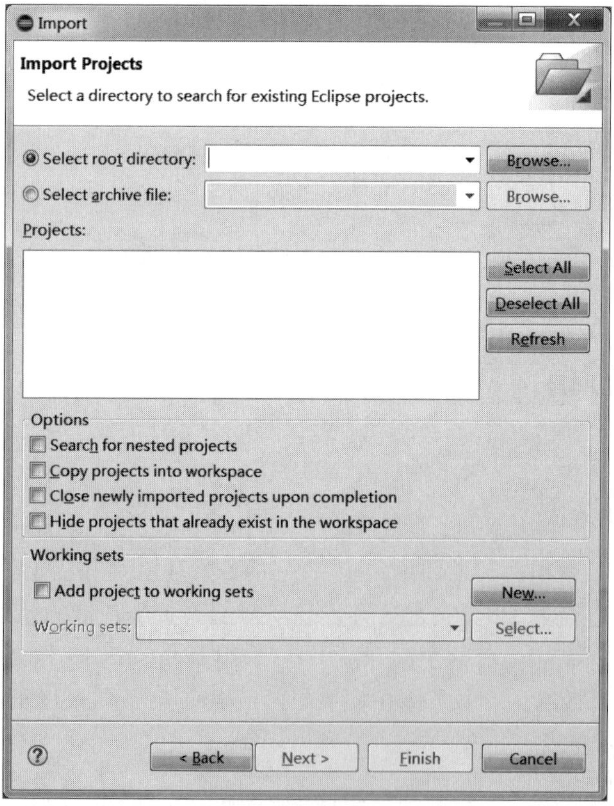

图 2-3　工程导入

3. 运行工程

打开 com.ascent.util 包下的 ProductDataServer 类,右击 Run As,选择 Java Application 启
动服务器端,如图 2-4 和图 2-5 所示。用同样的方法启动 com.ascent.ui 包下的 AscentSys
客户端类,如图 2-6 和图 2-7 所示,则进入系统的登录注册界面。Core Java 版本的艾斯医
药系统采用 Java 类模拟服务器端,通过客户端去连接服务器实现两者之间的交互功能。
在 user.db 文件中保存了已有用户名和密码(用户也可自己注册),可以使用用户名(user1)
和密码(1)进行登录。

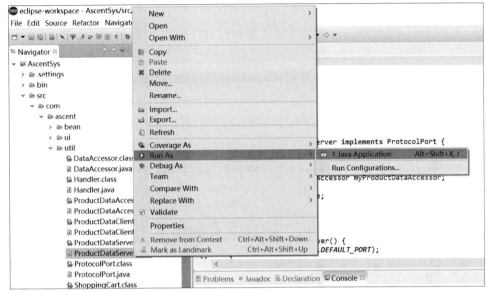

图 2-4　运行 ProductDataServer 类

图 2-5　启动服务器端

如果不使用 Eclipse IDE,另外一个办法是使用 JDK 命令行工具。首先打开一个 cmd
控制台,在 src 文件夹下,使用 javac com\ascent\util\ProductDataServer.java 编译代码,
之后使用 java com.ascent.util.ProductDataServer 启动服务器端,如图 2-8 所示。然后打开
另外一个 cmd 控制台,用同样的方法启动 com.ascent.ui 包下的 AscentSys 客户端类,如
图 2-9 所示,则进入系统的登录注册界面,如图 2-10 所示。这时要注意将 user.db 和
product.db 两个文件复制到 src 目录下,否则会出现找不到数据文件的异常情况。

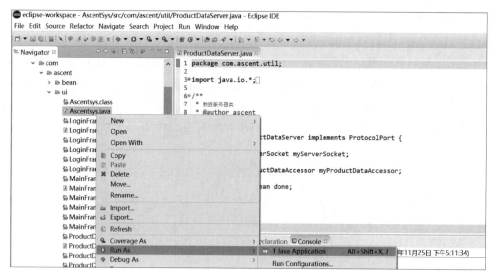

图 2-6　运行 Ascentsys 类

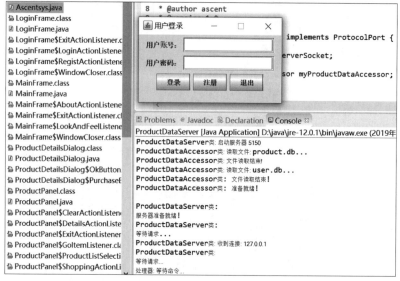

图 2-7　启动客户端

4. 运行演示

项目的运行结果见图 2-10 至图 2-15。

用户登录界面如图 2-10 所示。

运行后,欢迎使用 AscentSys 应用的主页面如图 2-11 所示。

选择具体类别后,将展示相关类别的药品,如图 2-12 所示。

选中药品之后单击"详细"按钮,展示药品明细,如图 2-13 所示。

选中"购买"按钮之后"查看购物车",展示已购买的药品信息,如图 2-14 所示。

最后提交订单,购物结束,如图 2-15 所示。

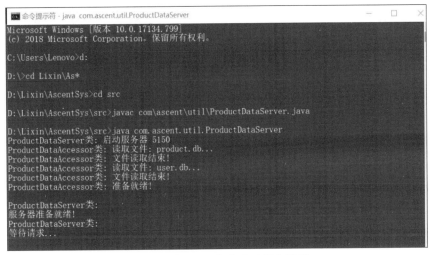

图 2-8 编译、运行和启动服务器端

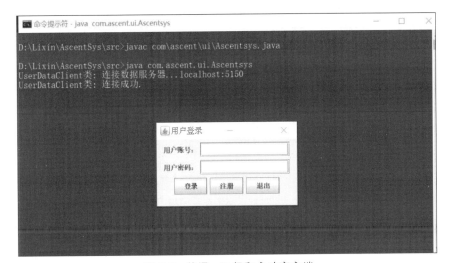

图 2-9 编译、运行和启动客户端

图 2-10 登录界面

图 2-11 主页面

图 2-12　展示相关类别的药品

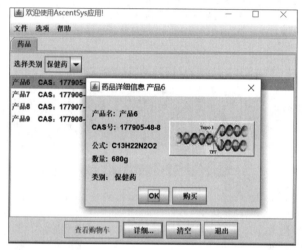

图 2-13　展示药品明细

图 2-14　展示已购买的药品信息

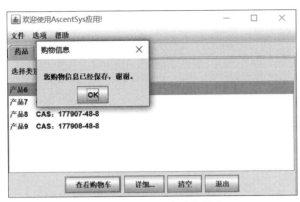

图 2-15 提交订单,购物结束

本章总结

本章简要介绍了一个项目开发案例的思路,真正的开发方法和程序代码的编写将分别在后面章节中的项目案例部分展开讲解。本章内容最好在将这本书的案例学会之后运行。

习 题 2

艾斯医药系统的简单需求是什么?

第 3 章 Java 程序设计基础

本章学习目的与要求

要想应用 Java 语言进行程序设计，必须学习其基本语言知识。通过本章的学习，能够掌握 Java 语言的基本语法和基本编程结构和方法，学会简单的 Java 语言程序设计。这部分内容是程序设计的基本知识和技巧，应该牢固掌握。

本章主要内容

本章主要介绍以下内容：
- 标识符、关键字。
- Java 语言的数据类型。
- Java 语言的运算符和表达式。
- 程序控制流程（顺序、选择和循环）。
- 数组。

3.1 标识符、关键字及数据类型

任何程序设计语言，都是由语言规范和一系列开发库组成的。例如标准 C，除了语言规范外，还有很多函数库；Java 语言也不例外，也是由 Java 语言规范和 Java 开发类库组成的。

学习任何程序设计语言，都要从这两方面着手。关于常用的 Java 开发类，会在后面加以介绍，这里主要介绍 Java 基础语法。本章重点讲解 Java 标识符、关键字与数据类型，运算符与表达式以及程序设计使用的控制语句。

3.1.1 标识符

程序中所用到的每一个变量、方法、类和对象的名称都是标识符（Identifier），都应该有相应的名称作为标识。把为程序中的实体——变量、常量、方法、类和对象等所起的名称为标识符。简单地说,标识符就是一个名称。

Java 语言的标识符应遵循如下规则:

- 标识符由英文大小写字母 A~Z 或 a~z、下画线(_)、美元符号($)和数字 0~9 组成,还可以包括中文字符等其他 Unicode 8.0 字符集。并且这些字符序列开头必须是英文字母、下画线或美元符号。变量名不能使用空格、加号(+)、减号(−)、逗号(,)等符号。
- 标识符区分大小写。例如,sum、Sum 和 SUM 是 3 个不同的标识符。为避免引起混淆,程序中最好不要出现仅靠大小写区分的相似标识符。
- 不允许使用 Java 关键字(后面介绍)来命名。因为关键字是系统已经定义的具有特殊含义的标识符(Java 语言的关键字参看 3.1.2 节)。另外,还有一些名称虽然不是关键字,但是系统已经把它们留作特殊用途,例如系统使用过的函数名等,用户也不要使用它们作为标识符(如 main),以免引起混乱。
- 标识符没有长度限制,但不建议使用太长的标识符。
- 标识符命名原则应该以直观且易于拼读为宜,做到"见名知意",最好使用英文单词及其组合,这样便于记忆和阅读。
- Java 中标识符命名通常约定:常量用大写字母,变量用小写字母开始,类以大写字母开始。
- 标识符不能包含空格,只能包含 $,不能包含 ♯、&、@ 等其他特殊字符。

例如,下面是合法的标识符:

b,a3,_switchstudentName,Student_Name,_my_value,$address。

下面是非法的标识符:

ok?,"abc",a.b,2teacher,a+b,room♯,abstract(这是一个关键字)、_。

Java 程序中的命名规范

为了提高 Java 程序的可读性,Java 源程序有以下一些约定成俗的命名规定。

(1) 包名:包名是全小写的名词,中间可以由点分隔开。例如,java.awt.event。

(2) 类名:首字母大写,通常由多个单词合成一个类名,要求每个单词的首字母也要大写。例如,class HelloWorldApp。

(3) 接口名:命名规则与类名相同。例如,interface Collection。

(4) 方法名:往往由多个单词合成,第一个单词通常为动词,首字母小写,中间的每个单词的首字母都要大写。例如,balanceAccount,isButtonPressed。

(5) 变量名:全小写,一般为名词。例如,length。

(6) 常量名:基本数据类型的常量名为全大写,如果是由多个单词构成,可以用下画线隔开。例如,int YEAR,int WEEK_OF_MONTH;如果是对象类型的常量,则是大小写混合,由大写字母把单词隔开。

3.1.2 关键字

关键字又称保留字(Reserved Word),它们具有专门的意义和用途,不能当作一般的标识符使用。

Java 常用的保留字如表 3-1 所示,完整的关键字信息请参阅 Java 语言相关文档。

表 3-1　Java 常用的保留字

abstract	break	byte	boolean
catch	case	class	char
continue	default	double	do
else	extends	transient	final
finally	float	for	if
implements	import	instanceof	int
interface	long	native	new
null	package	private	protected
public	return	short	static
super	switch	synchronized	this
throw	throws	transient	true
try	void	volatile	while

说明:

- 保留字包括关键字和未使用的保留字。
- true、false 和 null 通常为小写,而不是像在 C++ 语言中那样大写。严格地讲,它们不是关键字,而是文字,但这种区别只是理论上的。
- Java 没有 sizeof 运算符;所有类型的长度和表示是固定的。
- 在 Java 编程语言中不使用 goto、const 和 enum 作为关键字,尽管它们在其他语言中常用,但不能用 goto、const 和 enum 作为变量名。它们是 Java 现在还未使用的保留字,此外还有 byValue、future、generic、inner、outer、operator、rest、var。

3.1.3　数据类型

Java 语言提供了丰富的数据类型,主要分为基本类型(又称原始类型)和引用类型,此外还有空类型,如图 3-1 所示。

1. 常量

数值不能再变化的变量称为常量,需要使用关键字 final 修饰。其定义格式为:

```
final Type varName=value [, varName [ =value] …];
```

例如:

```
final int MAXLEN=1000;
final double PI=3.1415926;
```

一般情况下,常量名用大写字母标识,如果由几个单词组成,那么不同单词之间使用_

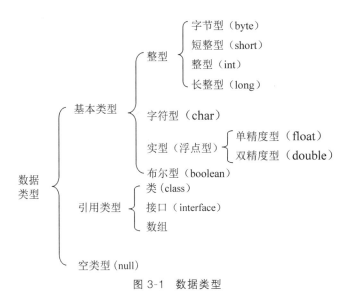

图 3-1 数据类型

连接。

例如，NAME，STUDENT_NAME 等。

2. 变量

在程序中使用变量之前必须对变量预先定义或赋值，一方面符合程序运行的要求，另一方面也使得程序的可读性更强。

变量是程序中的基本存储单元，其定义包括变量名、变量类型和作用域 3 个部分，其格式如下：

```
Type varName =value [, varName [ =value] …];
```

其中：

- Type 代表变量数据类型。Java 的数据类型有基本类型（又称原始类型）和引用类型，此外还有空类型。
- varName 代表变量名，也就是标识符。在一定的作用域内，变量名必须唯一。
- value 代表变量值。对变量的定义实际上分为两步：第一步是变量声明 （declaration），如"int x;"。第二步是变量赋值（assignment），如"x＝10;"。第一次赋值也称为初始化。

有时也会合并这两步，例如：

```
int x =10;   int y =x;
```

- 变量的作用域：指变量在程序中的作用范围，变量分为全局变量和局部变量。全局变量是作用于全程序范围的变量（即在整个程序中均有效），它在函数体外声明。也就是说，在同一个页面的所有脚本都可以随时使用它。局部变量是在函数内定义的变量，它仅在该函数内的语句起作用。局部变量和全局变量可以同名，当在函数中定义的局部变量与全局变量同名时，函数内的变量名引用指的是该函数内的局部变量,而不是全局变量。而局部变量定义以外的变量引用则指定为全局变量。

3. 基本类型

Java 定义了 8 个基本数据类型:字节型(byte)、短整型(short)、整型(int)、长整型(long)、字符型(char)、单精度型(float)、双精度型(double)和布尔型(boolean)。

这些基本类型可分为以下 4 组。

(1) 整型:包括字节型、短整型、整型和长整型,是有符号整数。

(2) 浮点型:包括单精度型和双精度型,代表有小数精度要求的数字。

(3) 字符型:包括字符型,代表字符集的符号,例如字母和数字。

(4) 布尔型:包括布尔型,是一种特殊的类型,表示真/假值。

可以按照定义使用它们,也可以构造数组或类的类型来使用它们。这些基本类型也是用来创建所有其他类型数据的基础。

基本数据类型代表单值,而不是复杂的对象。Java 是完全面向对象的,但基本数据类型不是,它们类似于其他大多数非面向对象语言的基本数据类型。这样做的原因是出于效率方面的考虑。在面向对象中引入基本数据类型不会对执行效率产生太多的影响。当然,Java 也提供了对基本数据类型的封装类型,后面会详细介绍。

所有基本类型所占的位数都是确定的,并不因操作系统的不同而不同(见表 3-2)。

表 3-2   基本数据类型的位数和范围

数 据 类 型	所 占 位 数	数 的 取 值 范 围
char	16	$0 \sim 65\ 535$
byte	8	$-2^7 \sim 2^7-1(-128 \sim 127)$
short	16	$-2^{15} \sim 2^{15}-1(-32\ 768 \sim 32\ 767)$
int	32	$-2^{31} \sim 2^{31}-1$
long	64	$-2^{63} \sim 2^{63}-1$
float	32	$-3.4e^{038} \sim 3.4e^{038}$
double	64	$-1.7e^{308} \sim 1.7e^{308}$
boolean	8	true,false

下面依次讨论每种数据类型。

1) 整型

计算机中的数据都以二进制形式存储。在 Java 程序中,为了便于表示和使用,整型数据可以用以下几种形式表示,编译系统会自动将其转换为二进制形式存储。

(1) 整型常量。

整数可能是在典型的程序中最常用的类型。用来表达整数的方式有 3 种:十进制(人们平时使用的方式,基数是 10)、八进制(Octal,基数是 8)和十六进制(Hexadecimal,基数是 16)。

十进制整型数的数字由 0~9 表示,十进制无前缀。八进制是一种常用的表示形式,表示八进制数时,加前缀 0,八进制数的数字由 0~7 表示。表示十六进制数时,加前缀 0x 或 0X,十六进制数的数字由 0~9 和 a~f 或 A~F 组成。整型常量按进制分成 3 类,具体如

表 3-3 所示。

表 3-3　整型常量按进制分类

分　类	表 示 方 法	说　明	举　例
十进制整数	一般表示形式	逢十进一	100 表示十进制数 100
八进制整数	以 0 开头	逢八进一	0100 表示八进制数 100
十六进制整数	以 0x 开头	逢十六进一	0x100 表示十六进制数 100

① 十进制整数形式：与数学上的整数表示相同。例如，123，−567，0。

② 八进制整数形式：在数码前加数字 0。例如，0123 是八进制数，表示十进制数 83；八进制数−011 表示十进制数−9，012 表示十进制数 10。

③ 十六进制整数：以 0x 或 0X 开头。例如，0x123 表示是十六进制数，表示十进制数 291；十六进制数−0X12 表示十进制数−18。

（2）整型变量。

整型变量类型为 byte、short、int 或 long，其中 byte 在机器中占 8 位，short 占 16 位，int 占 32 位，long 占 64 位。如果没有明确指出一个整数值的类型，那么它默认为 int 类型。

整型变量的定义如下：

```
byte by1;              //定义变量 by1 为 byte 型
short a;               //定义变量 a 为 short 型
int x =123;            //定义变量 x 为 int 型，且赋初值为 123
long y =123L;          //定义变量 y 为 long 型，且赋初值为 123
long z =123l;          //定义变量 z 为 long 型，且赋初值为 123
```

可以看到，一个整数值可以被赋给一个 long 变量。但是，定义一个 long 变量，需要告诉编译器变量的值是 long 型，可以通过在变量的后面加一个大写 L 或小写 l 来做到这一点。长整型必须以 L 作为结尾，如 9L、156L。

2）实型

（1）实型常量。

由于计算机中的实型数据是以浮点形式表示的，即小数点的位置是可以浮动的，因此，实型常量既可以称为实数，也可以称为浮点数。浮点数常量有 float（32 位）和 double（64 位）两种类型，分别称为单精度浮点数和双精度浮点数。表示浮点数时，要在后面加上 f(F)或者 d(D)。

Java 语言的实型常量有两种表示形式：标准记数法形式和科学记数法形式。

① 标准记数法形式：由数字和小数点组成。小数点前表示整数部分，小数点后表示小数部分，具体格式如下：

<整数部分>.<小数部分>

其中，小数点不可省略，<整数部分>和<小数部分>不可同时省略。

② 科学记数法形式：即指数形式，表示形式包含数值部分和指数部分。数值部分表示方法同十进制小数形式，指数部分是一个可正可负的整型数，这两部分用字母 e 或 E 连接

起来。具体格式如下：

<整数部分>.<小数部分>e<指数部分>

其中,e 左边部分可以是<整数部分>.<小数部分>,也可以只是<整数部分>,还可以是.<小数部分>;e 右边部分可以是正整数或负整数,但不能是浮点数,如表 3-4 所示。

表 3-4 实型常量表示方法

表 示 方 法	说　　明	举　　例
标准记数法形式	由数字和小数点组成	0.123,.123,123.,123.0
科学记数法形式	由尾数、字母 e 或 E 和指数组成	1.23e3 或 1.23E3

说明:10e2 表示 10 乘以 10 的 2 次幂,1.56e3 表示 1.56 乘以 10 的 3 次幂。

注意:在表示指数形式时,e 前必须有数字,e 后必须为整数。例如,10e2 也可写为 10e+02。

提示:使用指数形式来表示很大或很小的数比较方便。

(2) 实型变量。

实型数据类型为 float(单精度型)或 double(双精度型),其中 float 在机器中占 32 位,double 占 64 位。

实型变量的定义如下:

```
double x = 0.123;          //定义变量 x 为 double 型,且赋初值为 0.123
float y = 0.123F;          //定义变量 y 为 float 型,且赋初值为 0.123
```

实型变量的所占字节数及取值范围如表 3-5 所示。

表 3-5 实型变量类型的所占字节数及取值范围

类　　型	所占字节数	数的取值范围	举　　例
float	4	$-3.4e^{038} \sim 3.4e^{038}$	float x1,x2;
double	8	$-1.7e^{308} \sim 1.7e^{308}$	double y1,y2;

注意:Java 中的实型变量默认是双精度型(double)。为了指明一个单精度型变量,必须在数据后面加 F 或 f;若加 d 或 D,则为 double 类型。

例如,3.6d,2e3f,.6f,1.68d,7.012e+23f,这些表示都是合法的。

3) 字符型数据

(1) 字符常量

字符常量是由英文字母、数字、转义序列、特殊字符等的字符所表示,它的值就是字符本身。字符常量是用单引号括起来的单个字符,Java 中的字符占用两字节。例如,'J'、'@'、'1'。另外,Java 中还有以反斜杠(\)开头的具有特殊含义的字符,称为转义字符。常用的转义字符如表 3-6 所示。

表 3-6　Java 中的转义字符

字 符 形 式	说　　明
\n	换行
\t	横向跳格(即跳到下一个 tab 位置)
\b	退格
\r	回车
\f	走纸换页
\\	反斜杠字符(\)
\'	单引号(撇号)字符
\"	双引号字符
\0	空字符
\ddd	1~3 位八进制数所代表的字符(d 为 0~7)
\uxxxx	1~4 位十六进制数所代表的字符(x 为 0~f)

表中列出的转义字符,意思是将反斜杠(\)后面的字符转换成另外的意义。例如,\n 中的 n 不代表字母 n,而作为"换行"符。

表 3-6 中的最后两行是用 ASCII 码(八进制和十六进制)表示的一个字符。例如,\101 和\u41 都代表 ASCII 码(十进制)为 65 的字符 A。注意,\0 或\000 是代表 ASCII 码为 0 的控制字符,即"空操作"字符,它将用在字符串中。

注意字符常量与字符串常量的区别。字符串常量是由双引号括起来的字符序列,如 "abc"、"a"、"Let's learn java!"。

注意:不要将字符常量与字符串常量混淆。'a'是字符常量,"a"是字符串常量,二者不同。后面可以使用字符串常量初始化一个 String 类的对象。关于字符串处理将在后面的章节中详细介绍。

(2) 字符变量

Java 语言的字符变量只有一种定义形式:

char 变量名;

字符变量用来存放字符常量,注意只能存放一个字符,在机器中占 16 位,如表 3-7 所示。

表 3-7　字符型变量类型所占字节数及取值范围

类　　型	所占字节数	说　　明	数据的取值范围	举　　例
Char	2	存放单个字符	0~65 535	char c1,c2='a';

例如,字符型变量的定义如下:

```
char  c='a';        //定义变量 c 为 char 型,且赋初值为'a'
char  c1='\n';      //定义变量 c1 为 char 型,且赋初值为'\n',转义字符,表示换行
```

说明：Java 的 char 与 C 或 C++ 中的 char 不同。在 C/C++ 中，char 的位宽是 8 位整数。但 Java 不同，Java 使用 Unicode 码代表字符。Unicode 定义的国际化字符集能表示迄今为止人类语言的所有字符集。它是几十个字符集的统一，如拉丁文、希腊语、阿拉伯语、古代斯拉夫语、希伯来语、日文片假名、匈牙利语等，因此它要求 16 位。这样，Java 中的 char 类型是 16 位，其范围是 0~65 535 且没有负数。人们熟知的标准字符集 ASCII 码的范围仍然是 0~127，扩展的 8 位字符集 ISO-Latin-1 的范围是 0~255。

【例 3-1】 字符型变量的使用。

```java
package sample;
public class CharTest1 {
  public static void main(String args[]) {
    char ch1,ch2;
    ch1 =65;          //A字符的 ASCII 代码值
    ch2 = 'B';
    System.out.println("ch1 and ch2:" +ch1 +" " +ch2);
  }
}
```

程序运行结果：

```
ch1 and ch2: A B
```

说明：变量 ch1 被赋值 65，它是 ASCII 码（Unicode 码也一样）用来代表字母 A 的值。前面已提到，ASCII 字符集占用了 Unicode 字符集的前 127 个值，因此以前使用过的一些字符概念在 Java 中同样适用。

尽管 char 不是整数，但在许多情况下可以对它们进行运算操作。例如，可以将两个字符相加，或者对一个字符变量值进行增量操作。

【例 3-2】 字符型变量的运算。

```java
package sample;
public class CharTest2 {
  public static void main(String args[]) {
    char ch1;
    ch1 = 'A';
    ch1++;
    System.out.println("ch1 is: " +ch1);
  }
}
```

程序运行结果：

```
ch1 is: B
```

在该程序中,变量 ch1 首先被赋值为 A,然后递增 1。结果是 ch1 将代表字符 B,即在 ASCII(以及 Unicode)字符集中 A 的下一个字符。

前面介绍了几种基本类型,在一个程序中可能会出现多种类型,来看下面的一个实例。

【例 3-3】 几种基本类型变量的定义与使用。

```java
package sample;
public class AssignTest {
  public static void main(String args []) {
    int x, y;                      //定义整型变量
    float z = 3.414f;              //定义单精度型变量并赋初值
    double w = 3.1415;             //定义双精度型变量并赋初值
    char c;                        //定义字符型变量
    String str;                    //定义字符串变量
    String str1 = "bye";           //定义字符串变量并赋初值
    c = 'A';                       //赋初值
    str = "Hello! Welcome!";
    x = 6;
    y = 1000;
    System.out.println("int x=" + x);
    System.out.println("int y=" + y);
    System.out.println("float z=" + z);
    System.out.println("double w=" + w);
    System.out.println("char c=" + c);
    System.out.println("string str=" + str);
  }
}
```

程序运行结果:

```
int x=6
int y=1000
float z=3.414
double w=3.1415
char c=A
string str=Hello! Welcome!
```

4) 布尔型

布尔型数据只有两个值 true 和 false,且它们不对应于任何整数值。

布尔型变量的定义如下:

```
boolean b1=true;      //声明变量 b1 为 boolean 类型,它被赋予初值 true
```

同样:

```
boolean b2=false;     //声明变量 b2 为 boolean 类型,它被赋予值 false
```

【例 3-4】 布尔型数据的使用。

```
package sample;
public class BooleanTest {
  public static void main(String args[]) {
    boolean a;
    a = true;
    System.out.println("It is true.");
    a = false;
    System.out.println("It is false.");
  }
}
```

程序运行结果:

```
It is true.
It is false.
```

4. 基本数据类型之间的转换

整型、实型、字符型数据可以混合运算。在运算中,不同类型的数据先转换为同一类型,然后进行运算,这时会遇到类型转换(casting)这个概念。

如果参与运算的两种类型是兼容的,那么 Java 将自动地进行转换。例如,把 int 类型的值赋给 long 类型的变量总是可行的。然而,不是所有的类型都是兼容的。例如,没有将 double 类型转换为 byte 类型的定义。幸运的是,在不兼容的类型之间进行转换仍然是可能的,这就必须使用一个强制类型转换,它能完成两个不兼容的类型之间的显式变换。下面介绍自动类型转换和强制类型转换。

1) 自动类型转换

自动类型转换也称为默认或隐式类型转换(implicit casting),如果下列两个条件都能满足,那么将一种类型的数据赋给另外一种类型变量时,将执行自动类型转换。

(1) 这两种类型是兼容的。

(2) 目的类型数的范围比来源类型的大。

对于基本类型的范围(低→高):

byte,short,char→int→long→float→double

当以上两个条件都满足时,拓宽转换(widening conversion)发生。例如,int 类型的范围比所有 byte 类型的合法范围大,因此不要求显式强制类型转换语句。

对于拓宽转换,数字类型(包括整数和浮点数类型)都是彼此兼容的,但是数字类型和字符类型或布尔类型是不兼容的。字符类型和布尔类型也是互相不兼容的。

当不同类型的数据在运算符的作用下构成表达式时要进行类型转换,即把不同的类型先转换成统一的类型,然后再进行运算。

通常数据之间的转换遵循的原则是"类型提升",即如果一个运算符有两个不同类型的操作数,那么在进行运算之前,先将较低类型(所占内存空间字节数少)的数据提升为较高的类

型(所占内存空间字节数少),从而使两者的类型一致(但数值不变),然后再进行运算,其结果
是较高类型的数据。类型的高低是根据其数据所占用
的空间大小来判定的,占用空间越多,类型越高;反之,
占用空间越少,则类型越低,如图 3-2 所示。

当较高类型的数据转换成较低类型的数据时,称
为降格。Java 语言中类型提升时,一般其值保持不
变;但类型降格时就可能失去一部分信息。

2) 强制类型转换

强制类型转换也称为显式类型转换(explicit
casting)。尽管自动类型转换对人们编程很有帮助,

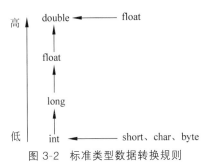

图 3-2 标准类型数据转换规则

但并不能满足所有的编程需要。例如,如果需要将 int 类型的值赋给一个 byte 类型的变
量,这样的转换不会自动进行,因为 byte 类型的变化范围比 int 类型的要小。这种转换有
时称为"缩小转换",需要将源数据类型的值变小才能适合目标数据类型。

为了完成两种不兼容类型之间的转换,就必须进行强制类型转换。强制类型转换也称
为显式类型转换(explicit casting),它的通用格式如下:

```
(target-type) value
```

其中,目标类型(target-type)指定了要将指定值转换成的类型。例如:

```
float x=5.65;        //x 为 float 类型
int y;               //y 为 int 类型
y=(int)x+10;         //先将 x 的值转换为 int 型,在与 10 相加结果赋值给 y
```

上面是把实型 x 强制转换成整型,要把 x 前面的 int 用括号括起来。强制类型转换的
一般形式为(类型名)(表达式),表达式应该用括号括起来。x 的类型仍为 float 型,所以值
仍等于 5.65。

注意:强制类型是暂时的、一次性的,不会改变其后边表达式的类型。

下面的实例将 int 类型强制转换成 byte 类型。如果整数的值超出了 byte 类型的取值
范围,它的值将会因为对 byte 类型值域取模(整数除以 byte 得到的余数)而减小。

```
int a;
byte b;
b = (byte) a;
```

当把浮点值赋给整数类型时,一种不同的类型转换发生了:截断(truncation)。由于整
数没有小数部分,这样,当把浮点值赋给整数类型时,它的小数部分会被舍去。例如,如果
将值 3.45 赋给一个整数,其结果值只是 3,0.45 被丢弃了。当然,如果浮点值太大而不能适
合目标整数类型,那么它的值将会因为对目标类型值域取模而减小。

【例 3-5】 强制类型数据的转换。

```
package sample;
public class ExplicitDataCastingTest {
```

```
public static void main(String args[]) {
    byte b;
    int i = 257;
    double d = 123.456;
    System.out.println("\nCasting of int to byte.");
    b = (byte) i;
    System.out.println("b is:" + b);
    System.out.println("\nCasting of double to int.");
    i = (int) d;
    System.out.println("i is:" + i);
  }
}
```

程序运行结果：

```
Casting of int to byte.
b is: 1
Casting of double to int.
i is: 123
```

我们看看每一个类型转换。当值 257 被强制转换为 byte 类型变量时，其结果是 257
除以 256(256 是 byte 类型的变化范围)的余数 1。当把变量 d 转换为 int 类型时，它的小数
部分被舍弃了。

【例 3-6】 不同类型变量的转换。

```
package sample;
public class CastingTest {
    public void implictCasting() {
        byte a = 0x60;
        int ia = a;
        char b = 'a';
        int c = b;
        long d = c;
        long e = 1000000000L;
        float f = e;
        double g = f;
        String s = "hello";
        Object o = s;
    }
    public void explicitCasting() {
        long l = 1000000L;
        int i = l;                //错误!应该为(int)l;
        double d = 12345.678;
        float f = d;              //错误!应该为(float)d;
```

```
        Object o =new String("Hello");
        String str =o;              //错误!应该为(String)o;
    }
}
```

该程序有编译错误,已经在代码中标出。

3.2 运算符与表达式

Java 语言提供了丰富的运算符和表达式,这为编程带来了方便和灵活,主要包括算术运算符、关系运算符、逻辑运算符、位运算符、赋值运算符、条件运算符和其他运算符等。

运算符可按其操作数个数的多少分为 3 类:单目运算符(一个操作数)、双目运算符(两个操作数)和三目运算符(3 个操作数)。

由这些运算符和操作数按一定的语法形式连接起来的式子称为**表达式**。一个常量或一个变量名字是最简单的表达式,其值即该常量或变量的值。表达式的值还可以用作其他运算的操作数,嵌套在一起形成更复杂的表达式。

3.2.1 算术运算符及其表达式

算术运算符包括＋(加)、－(减)、*(乘)、/(除)、%(模)、＋＋(递增)、－－(递减)等。算术运算符的运算数必须是数字类型。算术运算符不能用在布尔类型上,但是可以用在 char 类型上,因为在 Java 语言中,char 类型实质上是 int 类型的一个子集。

常见的算术运算符有双目算术运算符以及自增和自减运算符,表 3-8 为双目算术运算符。

表 3-8 双目算术运算符

运 算 符	名 称	运 算 规 则	运 算 对 象	运 算 结 果	举 例	结 果
*	乘	乘法	整型或实型	整型或实型	2.5*3.0	7.5
/	除	除法			2.5/5	0.5
%	模(求余)	整数取余	整型	整型	10%3	1
＋	加	加法	整型或实型	整型或实型	2.5+1.2	3.7
－	减	减法			5－4.6	0.4

基本算术运算符加、减、乘、除可以对所有的数字类型数据进行操作。加、减运算符也用作表示单个操作数的正、负号。特别要注意的是,对整数进行除法(/)运算时,所有的余数都要被舍去,而对于浮点数除法则可以保留余数。

【例 3-7】 算术运算符的使用。

```
package sample;
public class MathTest {
  public static void main(String args[]) {
    int a =3+5;
```

```
    int b =a * 2;
    int c =b / 10;
    double  d=b/10;
    System.out.println("a =" +a);
    System.out.println("b =" +b);
    System.out.println("c =" +c);
    System.out.println("d =" +d);
  }
}
```

程序运行结果：

```
a =8
b =16
c =1
d =1.0
```

模运算符％可以获取整数除法的余数，它同样适用于浮点类型数据（这与 C/C++ 不同，C/C++ 语言要求％两侧均为整型数据）。

【例 3-8】 模运算符的用法。

```
package sample;
public class ModTest {
  public static void main(String args[]) {
    int x =23;
    double y =23.56;
    System.out.println("x mod 5 =" +x %5);
    System.out.println("y mod 5 =" +y %5);
  }
}
```

程序运行结果：

```
x mod 5 =3
y mod 5 =3.56
```

说明：Java 对加运算进行了扩展，能够完成字符串的连接，例如"Java"＋"Applet"结果为字符串"Java Applet"。

3.2.2　自增和自减运算符

＋＋和－－是 Java 的自增和自减运算符。

作用：自增运算符对其运算数加 1，自减运算符对其运算数减 1。

两种运算类型说明如下。

① 前置运算：＋＋i，－－i。

表示先使变量的值增 1 或减 1，再使用该变量。

② 后置运算：i＋＋,i－－。

表示先使用该变量参加运算，再将该变量的值增 1 或减 1。

自增和自减运算符见表 3-9。

表 3-9　自增和自减运算符

运　算　符	名　　称	运 算 规 则	对象个数	运算结果	举　　例	结　　果
++	增 1（前缀）	先增值后引用	单目	同运算对象的数据类型	a＝2;x＝＋＋a;	x＝3
++	增 1（后缀）	先引用后增值			a＝2;x＝a＋＋;	x＝2
－－	减 1（前缀）	先减值后引用			a＝2;x＝－－a;	x＝1
－－	减 1（后缀）	先引用后减值			a＝2;x＝a－－;	x＝2

注意：自增和自减运算符中的 4 个符号同级，且高于双目算术运算符。自增和自减运算符只作用于变量，而不能作用于常量或表达式上。

下面将对它们进行详细讨论。先来看递增和递减运算符的操作。语句

x++;

与下面语句相同：

```
x =x +1;
```

同样，语句

x--;

与下面语句相同：

```
x = x  1;
```

在上面例子中，自增或自减运算符采用前缀（prefix）或后缀（postfix）格式都是相同的。但是，当自增或自减运算符作为一个较大表达式的一部分时，就会有重要区别。如果自增或自减运算符放在其运算数前面，Java 就会在获得该运算数的值之前执行相应的操作，并将其用于表达式的其他部分。如果运算符放在其运算数后面，Java 就会先获得该操作数的值再执行递增或递减运算。例如：

```
x =10;
y =++x;
```

在上面例子中，y 将被赋值为 11，因为在将 x 的值赋给 y 以前，要先执行递增运算。这样，语句"y ＝＋＋x;"和下面两句是等价的：

```
x =x +1;
y =x;
```

但是,当写成如下这样时:

```
x =10;
y =x++;
```

在执行递增运算以前,先将 x 的值赋给了 y,因此 y 的值还是 10。当然,在这两个例子中,x 都被赋值为 11。在本例中,语句"y =x++;"与下面两个语句等价:

```
y =x;
x =x +1;
```

【例 3-9】 自增运算符的使用。

```
package sample;
public class IncTest {
  public static void main(String args[]) {
    int a =1;
    int b =2;
    int c;
    int d;
    c =++b;
    d =a++;
    c++;
    System.out.println("a =" +a);
    System.out.println("b =" +b);
    System.out.println("c =" +c);
    System.out.println("d =" +d);
  }
}
```

程序运行结果:

```
a =2
b =3
c =4
d =1
```

说明:单独的自增和自减运算,前置和后置等价。例如,"a++;"和"++a;"等价,都相当于"a=a+1;"。

相关知识 自增运算符(++)和自减运算符(--)只能用于变量,不能用于常量或表达式,例如 5++或(a+b)++都是不合法的。它们的结合方向是"自右至左"。它们常用于后面章节的循环语句中,使循环变量自动增加 1;也用于指针变量,使指针指向下一个地址。

3.2.3 关系运算符及其表达式

所谓"关系运算"(relational operator)实际上就是"比较运算"。将两个值进行比较,判断其比较的结果是否符合给定的条件。关系运算符包括＞、＜、＞＝、＜＝、＝＝、!＝等。关系运算符决定值和值之间的关系。例如,决定相等、不相等及排列次序等。关系运算符如表 3-10 所示。

表 3-10　关系运算符

运　算　符	名　　称	运 算 规 则	运 算 结 果	举　　例	表达式值
＜	小于	满足则为真,结果为 1;不满足则为假,结果为 0	逻辑值(整型)	a＝1;b＝2;a＜b;	true
＜＝	小于或等于			a＝1;b＝2;a＜＝b;	true
＞	大于			a＝1;b＝2;a＞b;	false
＞＝	大于或等于			a＝1;b＝2;a＞＝b;	false
＝＝	等于			a＝1;b＝2;a＝＝b;	false
!＝	不等于			a＝1;b＝2;a!＝b;	true

这些关系运算符产生的结果是布尔类型值。关系运算符常常用在 if 控制语句和各种循环语句的表达式中。

Java 中的任何类型,包括整型、浮点型、字符型及布尔型,都可用＝＝来比较是否相等,用!＝来比较是否不等。

注意: Java 比较是否相等的运算符是用两个等号,而不是一个符号(注意,一个等号是赋值运算符)。只有数字类型可以使用排序运算符进行比较。也就是说,只有整数、浮点数和字符运算数可以用来比较哪个大或哪个小。等于运算符是＝＝,即为代数式中的两个等号。通常容易在使用等于运算符时写成一个等号,使程序出现意想不到的错误。

使用关系运算符构成的关系表达式的值是逻辑值。要么为"真",要么为"假"。

例如,下面的程序段对变量 c 的赋值是有效的。

```
int a =5;
int b =3;
boolean c =a <b;
```

在本例中,a＜b(其结果是 false)的结果存储在变量 c 中。

【例 3-10】　关系运算符的计算。

```
/**
 * Java 中关系运算符的使用
 */
package sample;
public class RelationOpTest{
  public static void main(String args[]){
    int a=1;
    int b=2;
    int c=3;
    boolean d=a<b;          //true
    boolean e=a>b;          //false
```

```
    boolean f=b==c;      //false
    boolean g=b!=c;      //true
    boolean h=b>=c;      //false
    boolean i=b<=c;      //true
    boolean j=a==b;      //false
    System.out.println("d="+d);
    System.out.println("e="+e);
    System.out.println("f="+f);
    System.out.println("g="+g);
    System.out.println("h="+h);
    System.out.println("i="+i);
    System.out.println("j="+j);
    }
}
```

程序运行结果：

```
d=true
e=false
f=false
g=true
h=false
i=true
j=false
```

3.2.4 逻辑运算符

逻辑运算符用来进行逻辑运算,逻辑运算也称为布尔运算。用逻辑运算符连接操作数组成的表达式称为逻辑表达式。逻辑表达式的值或称逻辑运算的结果也只有真和假两个值。当逻辑运算的结果为真时,用 1 作为表达式的值;当逻辑运算的结果为假时,用 0 作为表达式的值。当判断一个逻辑表达式的结果时,则是根据逻辑表达式的值为非 0 时表示真,为 0 时表示假。逻辑运算符如表 3-11 所示。

表 3-11　逻辑运算符

运算符	名称	运算规则	运算结果	结合方向	举　　例	表达式值
!	非	逻辑非	逻辑值（整型）	从右向左	a=1;!a;	false
&&	与	逻辑与		从左向右	a=1;b=0;a&&b;	false
||	或	逻辑或		从左向右	a=1;b=0;a||b;	true

从表 3-11 可以看出,逻辑运算符包括!、&&、||。Java 提供了逻辑非(!)、逻辑与(&&)和逻辑或(||)3 个运算符。

逻辑非代表取反,如果当前运算数为真,取反后的值为假;反之,如果当前运算数为假,取反后的值为真。

在逻辑或运算中,如果第一个运算数为真,则不管第二个运算数是真还是假,其运算结果都为真。

同样,在逻辑与运算中,如果第一个运算数为假,则不管第二个运算数是真还是假,其运算结果都为假。

因此,如果采用||和 && 形式,那么一个运算数就能决定表达式的值,只有在需要时才对第二个运算数求值。当右边的运算数取决于左边的运算数是真或者假时,这点是很有用的。例如,下面的程序语句说明了逻辑运算符的优点,用它可以防止被 0 除的错误。

```
if (x !=0 && num / x >12)
```

既然用了逻辑与运算符,就不会有当 x 为 0 时产生的运行时异常。

【例 3-11】 Java 逻辑运算符的使用。

```
package sample;
public class LogicTest{
  public static void main(String[] args){
    int i =2;
    int j =3;
    System.out.println("i =" +i);
    System.out.println("j =" +j);
    System.out.println("i !=j is " +(i !=j));
    System.out.println("(i<10&&j<10) is "+((i <10) && (j <10)));
    System.out.println("((i+j)>10) is "+((i+j)>10));
    System.out.println("(!(i==j)) is "+(!(i==j)));
  }
}
```

程序运行结果:

```
i =2
j =3
(i <10 && j <10) is true
((i+j)>10) is false
(!(i==j)) is  true
```

注意:除了逻辑非外,逻辑运算符的优先级低于关系运算符。逻辑非这个符号比较特殊,它的优先级高于算术运算符。逻辑运算符的优先级为!→&&→||。

3.2.5 位运算符

位运算符包括>>、<<、>>>、&、|、^、~等。Java 定义的位运算符(bitwise operator)直接对整数类型的位进行操作,这些整数类型包括 long、int、short、char 和 byte。表 3-12 列出了位运算符及其含义。

表 3-12　位运算符及其含义

位 运 算 符	含 义	举 例	结 果
～	按位非(NOT)	～00011001	11100110
&	按位与(AND)	00110011&10101010	00100010
|	按位或(OR)	00110011|10101010	10111011
^	按位异或(XOR)	0011001^10101010	10011001
<<	左移	a=00010101;a<<2;	01010100
>>	右移	a=10101000;a>>2;	11101010
>>>	右移,左边空出的位以 0 填充	a=10101000;a>>>2;	00101010

既然位运算符在整数范围内对位操作,那么理解这样的操作会对一个值产生什么影响就很重要。具体地说,需要知道 Java 是如何存储整数值并且如何表示负数的。因此,在继续讨论之前,首先简述这些概念。

所有的整数类型都以二进制数字位的变化及其宽度来表示。例如,byte 型值 42 的二进制代码是 00101010。另外,所有的整数类型(除了 char 类型之外)都是有符号的整数,这意味着它们既能表示正数,又能表示负数。Java 使用 2 的补码这种编码方式表示负数,也就是通过将与其对应的正数的二进制代码取反(即将 1 变成 0,将 0 变成 1),然后对其结果加 1。例如,-42 就是通过将 42 的二进制代码的各个位取反,即对 00101010 取反得到 11010101,然后再加 1,得到 11010110,即-42。要对一个负数解码,首先对其所有的位取反,然后加 1。例如-42,11010110 取反后为 00101001,即 41,然后加 1,这样就得到了 42。

位逻辑运算符有与(AND)、或(OR)、异或(XOR)、非(NOT),分别用 &、|、^、～表示,表 3-13 显示了每个位逻辑运算的结果。在继续讨论之前,请记住位运算符应用于每个运算数内的每个单独的位。

表 3-13　位逻辑运算的结果

A	B	A | B	A & B	A ^ B	～A
0	0	0	0	0	1
1	0	1	0	1	0
0	1	1	0	1	1
1	1	1	1	0	0

1. 按位非

按位非(NOT)也称为补,一元运算符非～是对其运算数的每一位取反。例如,数字 42,它的二进制代码为 00101010,经过按位非运算成为 11010101。

2. 按位与

按位与(AND)运算符为 &,如果两个运算数都是 1,则结果为 1。在其他情况下,结果均为 0。例如:

```
  00101010 42
& 00001111 15
--------------
  00001010 10
```

3. 按位或

按位或(OR)运算符为|,如果任何一个运算数为1,则结果为1。例如:

```
  00101010 42
| 00001111 15
--------------
  00101111 47
```

4. 按位异或

按位异或(XOR)运算符为^,只有在两个比较的位不同时,其结果是1;否则,结果是0。例如:

```
  00101010 42
^ 00001111 15
--------------
  00100101 37
```

5. 左移

左移运算符为<<,将一个数的各二进制位全部左移若干位,每左移1位,高阶位都被移出并且丢弃,同时右端补0。在不溢出的情况下,每左移1位,相当于乘2。

下面的程序段将值10左移2位,并将结果64赋给变量b。

```
int a =16;
  a =a <<2;      //a=64
```

6. 右移

右移运算符为>>,将一个数的各二进制位全部右移若干位。每右移1位,低阶位都被移出并且丢弃,同时前补符号值(正数补0,负数补1)。每右移1位,相当于除以2。

下面的程序段将值32右移2位,将结果8赋给变量a。

```
int a =32;
a =a >>2;    //a =8
```

注意:当值中的某些位被"移出"时,这些位的值将被丢弃。例如,下面的程序段将35右移2位,它的2个低位被移出丢弃,也将结果8赋给变量a。

```
int a =35;
a =a >>2;     //a =8
```

用二进制表示该过程可以更清楚地看到程序的运行过程。

```
00100011 35
>>2
00001000 8
```

将值每右移 1 位,就相当于将该值除以 2 并且舍弃余数。可以利用这个特点将一个整数进行快速的除 2 运算,但一定要确保不会将该数原有的任何一位移出。右移时,被移走的最高位(最左边的位)由原来最高位的数字补充。例如,如果要移走的值为负数,每一次右移都在左边补 1;如果要移走的值为正数,每一次右移都在左边补 0,这称为符号位扩展(保留符号位),在进行右移操作时用来保持负数的符号。例如,-8>>1 是-4,用二进制表示如下:

```
11111000 -8
>>1
11111100 -4
```

需要注意的是,由于符号位扩展(保留符号位)每次都会在高位补 1,因此-1 右移的结果总是-1。

7. 无符号右移运算符

将一个数的各二进制位全部右移(>>>)若干位。每右移 1 位,低阶位都被移出并丢弃,同时前面空出的位补 0。每右移 1 位,相当于除以 2。

3.2.6 赋值运算符及其表达式

1. 赋值运算

赋值运算符用来构成赋值表达式给变量进行赋值操作。赋值运算符用赋值符号即等号"="表示,它的作用就是将一个数据赋给一个变量。

由赋值运算符以及相应操作数组成的表达式称为赋值表达式。其一般形式如下:

变量名=表达式

例如:

```
int a=2;
a=a+3;     //a=5
```

赋值运算符及其描述如表 3-14 所示。

表 3-14 赋值运算符及其描述

运算符	名称	运算规则	运算对象	对象个数	运算结果	结合方向	举例	结果
=	赋值	给变量赋值	任何类型	双目	任何类型	从右向左	a=5;	5

2. 复合赋值运算

复合赋值运算符由一个双目运算符和一个赋值运算符构成。复合赋值运算符及其描述如表 3-15 所示。

表 3-15　复合赋值运算符及其描述

运　算　符	名　称	运　算　规　则	举　例	结　果
*＝	自反乘	a*＝b⟺a＝a*b	a＝4;a*＝2;	a＝8
/＝	自反除	a/＝b⟺a＝a/b	a＝4;a/＝2;	a＝2
%＝	自反模	a%＝b⟺a＝a%b	a＝4;a%＝2;	a＝0
+＝	自反加	a+＝b⟺a＝a+b	a＝4;a+＝2;	a＝6
−＝	自反减	a−＝b⟺a＝a−b	a＝4;a−＝2;	a＝2

注意：符号⟺表示"相当于"。自反赋值运算符中的 5 个符号同级,但低于双目算术运算符。这种赋值运算符有两个好处:一是比标准的等式紧凑;二是有助于提高 Java 的运行效率。因此,在 Java 的专业程序中,经常会看见这些简写的赋值运算符。

【例 3-12】 复合的赋值运算符的应用。

已知 a＝12,n＝5,求下列表达式的值:

(1) a+＝a;　　　　　　/* 相当于 a＝a+a; */

(2) a−＝2;　　　　　　/* 相当于 a＝a−2; */

(3) a*＝2+3;　　　　　/* 相当于 a＝a*(2+3); */

(4) a/＝a+a;　　　　　/* 相当于 a＝a/(a+a); */

(5) a%＝(n%＝2);　　　/* 相当于 n＝n%2,得到 n 值为 1,再计算 a＝a%n; */

(6) a+＝a−＝a*＝a;

上述(1)～(6)表达式的计算结果分别为 24、10、60、0、0、0。

表达式(3)和(4)由于加法的优先级高于自反乘和自反除的赋值运算,所以先运算加法。而表达式(6)中的运算符级别相同,计算时按照从右向左的顺序进行。由于该表达式比较复杂,因此可以分解为 3 个表达式进行计算,分别为:a＝a*a;a＝a−a;a＝a+a;,所以,所得结果为 0。

例如,赋值表达式 a+＝a−＝a*a 最终 a 的值为−264。

具体的求解步骤如下:

① 先进行 a−＝a*a 的运算,相当于 a＝a−a*a＝12−144＝−132,此时 a 的值由 12 变成−132。

② 再进行 a+＝−132 的运算,相当于 a＝a+(−132)＝−132−132＝−264。

3.2.7　条件运算符和条件表达式

条件运算符为"?:",是 Java 提供一个特别的三目运算符,即它有 3 个参与运算的操作数。由条件运算符组成条件表达式的一般形式为:

表达式 1?表达式 2:表达式 3

其中,表达式 1 是一个布尔表达式。

条件运算符的求值规则为:条件表达式的运算是先计算表达式 1(通常为关系或逻辑表达式)的值,如果表达式 1 的值为非 0,则整个条件表达式取表达式 2 的值,否则取表达式 3 的值。表达式 2 和表达式 3 是除 void 以外的任何类型的表达式,并且它们的类型必须相同。

条件表达式通常用于赋值语句之中,例如:

```
if (a>b)  max=a;
else      max=b;
```

就可以用表达式"max=(a>b)? a:b;"替换,二者的运行结果完全一致。

条件运算符的优先级:条件运算符的运算优先级低于关系运算符和算术运算符,但高于赋值运算符。因此,"max=(a>b)? a:b"可以去掉括号而写为"max=a>b? a:b"。例如:

```
int a=10,b=20,max;
max=(a>b)?a:b    /* 给 max 赋值,如果 a>b 则 max 值为 a,否则为 b */
```

其执行结果:max=20。

注意:条件运算符的结合性:自右至左。

例如:"a>b? a:c>d? c:d"应理解为"a>b? a:(c>d? c:d)",这也就是条件表达式嵌套的情形,即其中的表达式 3 又是一个条件表达式。

3.2.8 表达式中运算符的优先顺序

1. 运算符的优先级

在 Java 语言中,要想正确使用一种运算符,必须清楚这种运算符的优先级。当一个表达式中出现不同类型的运算符时,首先按照它们的优先级顺序进行运算,即先运算优先级高的运算符,再运算优先级低的运算符。当两类运算符的优先级相同时,则要根据运算符的结合性确定运算顺序。当多个运算符同时存在时,需要知道它们之间的优先顺序。运算符的优先级和结合性如表 3-16 所示。

表 3-16 运算符的优先级和结合性

运 算 符	描 述	优 先 级	结 合 性
.、[]、()	域、数组、括号	1	从左向右
++、--、!、~	单目操作符	2	从左向右
*、/、%	乘、除、取余	3	从左向右
+、-	加、减	4	从左向右
>>、>>>、<<	位运算	5	从左向右
>、<、>=、<=	关系运算	6	从左向右
==、!=	逻辑运算	7	从左向右

运 算 符	描 述	优 先 级	结 合 性
&	按位与	8	从左向右
^	按位异或	9	从左向右
|	按位或	10	从左向右
&&	逻辑与	11	从左向右
||	逻辑或	12	从左向右
?:	条件运算符	13	从左向右
=、+=、−=、*=、/=、%=、<<=、>>=、>>>=、^=、&=、|=	赋值运算符	14	从右向左

2. 使用括号改变运算的优先级

括号提高了括在其中的运算符的优先级,这常常能帮助我们获得需要的结果。例如,考虑下列表达式:

```
a >> b + 3
```

该表达式首先把 3 加到变量 b,得到一个中间结果;然后将变量 a 右移。该表达式可用添加括号的办法重写如下:

```
a >> (b + 3)
```

如果想先将 a 右移 b 位,得到一个中间结果;然后对该中间结果加 3,就需要对表达式加如下的括号:

```
(a >> b) + 3
```

括号除了改变一个运算的正常优先级外,有时也被用来帮助澄清表达式的含义。对于阅读程序代码的人来说,理解一个复杂的表达式是困难的。对复杂表达式增加括号能帮助防止理解表达式混乱。下面哪一个表达式更容易阅读呢? 显然是第二个。

```
a | 4 + c >> b & 7
(a | (((4 + c) >> b) & 7))
```

另外,括号不会降低程序的运行速度。因此,添加括号可以减少含糊不清的地方,不会对程序产生消极影响。

3.3 控制语句

计算机语言通过控制语句执行程序流,从而完成一定的任务。程序流由若干个语句组成,语句可以是单一的一条语句,如 z = x + y,也可以是用大括号"{}"括起来的一个复合语句。

计算机语言有 3 种控制流程：顺序、分支和循环。

（1）顺序（Sequence）：应用程序一行一行地顺序执行。

（2）分支（Branch）：根据表达式结果或变量状态使程序选择不同的执行路径。

（3）循环（Loop）：使程序能够重复执行一个或一个以上语句。也就是说，重复语句形成循环。

Java 的控制语句包括以下语句。

（1）分支语句：if…else、switch。

（2）循环语句：while、do…while、for。

（3）与程序转移有关的其他语句：break、continue、return。

（4）异常处理语句：try…catch…finally、throw。

其中的异常处理语句将专门在后面的章节讨论。

3.3.1 顺序流程

顺序结构是程序设计中最简单的一种程序结构，其特点是完全按照语句出现的先后次序执行程序。在日常生活中，需要"按部就班、依次进行"处理和操作的问题随处可见。顺序流程是最简单的，应用程序默认的就是一行一行地顺序执行。这里不再赘述。

在顺序结构中，程序的流程是固定的，不能跳转，只能按照书写的先后顺序、逐条逐句地执行。这样，一旦发生特殊情况，无法进行特殊处理。但实际问题中，有很多时候需要根据不同的判定条件执行不同的操作步骤，这就需要采用选择流程来处理。

3.3.2 选择流程

在程序设计过程中，经常先给出问题中需要用来进行判断的条件，然后再根据实际运行情况对给定的条件进行判断，依据条件成立与否来选择执行不同的操作，这种结构的程序设计流程称为选择流程。选择结构流程图如图 3-3 所示。

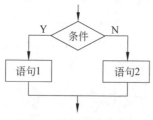

图 3-3　选择结构流程图

从上面的流程图中可以看出，在选择结构程序设计中首先要做的是设计用来判断的条件（条件表达式）。在前面的章节已经学习了关系和逻辑运算符的使用，在 Java 程序中通常需要用关系和逻辑运算符来构成条件判断表达式。下面来看一个例子。

【例 3-13】　编写程序，判断学生成绩是否合格。

算法分析与设计：在本例中，学生成绩用变量 score 表示，因此判断学生成绩是否合格，实际上就是判断学生成绩是否大于或等于整数 60。如果学生成绩（score）大于或等于

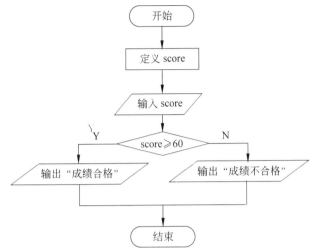

整数 60,则该学生成绩为合格,否则为不合格,其流程图如图 3-4 所示。

图 3-4 判断学生成绩是否合格流程图

程序如下:

```
package sample;
public class IfTest {
    public void judge(int score){
        if (score>=60)     /*用关系表达式判断该成绩是否大于或等于 60 分*/
            System.out.println("The student's score is " +score +" and he has
passed.\n");
        else
            System.out.println("The student's score is " +score +" and he hasn't
passed.\n");
    }
    public static void main(String args[]){
        IfTest it =new IfTest();
        it.judge(75);
        it.judge(58);
    }
}
```

当用户在运行程序时,将得到如下两种不同的运行结果。
(1) 当分数高于 60 分时,例如 75 分,则输出:

```
The student's score is 75 and he has passed.
```

(2) 当分数低于 60 分时,例如 58 分,则输出:

```
The student's score is 58 and he hasn't passed.
```

在上面的例子中，if…else…是典型的选择结构程序语句，表示"如果……否则……"。

通过上面的例题可以看出，选择结构程序设计就是根据给定的条件执行相应的操作语句的程序设计。

选择结构程序设计中最常用的一种语句是 if 语句，因此通常也把 if 语句称为条件分支语句。Java 语言提供了两种形式的 if 语句：if…else 形式（标准双分支选择）、if…else…if 或 if…if…else 等形式（嵌套选择形式）。

1. 选择结构的标准语句形式 if…else

if…else 形式又称为双分支选择，是 if 语句中最常使用的标准形式。其语法格式如下：

```
if (布尔表达式)
    语句 1;
else
    语句 2;
```

语句含义为：判断括号内表达式的值，若为非 0，执行语句 1；否则，执行语句 2。if…else 形式的程序流程图如图 3-5 所示。

注意：①布尔表达式是任意一个返回布尔数据类型的表达式，而且必须是布尔数据类型；②每个单一语句后面都要有分号；③为了增强程序的可读性，应将 if 或 else 后的语句用{}括起来。

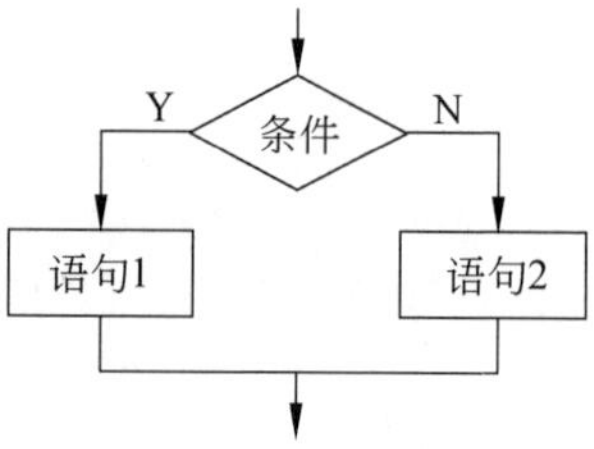

【例 3-14】 设计一个应用程序，判断某一年是否为闰年。

算法设计：通常判断某年为闰年有如下两种情况。

（1）该年的年号能被 4 整除但不能被 100 整除。

（2）该年的年号能被 400 整除。

假设在程序中用整型变量 Y 表示该年的年号。

上述两种情况可以分别表示如下。

第一种情况为：$(Y\%4==0)\&\&(Y\%100!=0)$。

第二种情况为：$Y\%400==0$。

图 3-5 if…else 形式的程序流程图

在上述两种情况中，只要能让其中任何一种成立，即可断定该年为闰年，因此最终用来判断某年是否为闰年的表达式为

```
(Y%4==0)&&(Y%100!=0) || (Y%400==0)
```

当表达式的值为 1 时，则该年为闰年；当表达式的值为 0 时，则为非闰年。

程序如下：

```
package sample;
public class IfLeapyear {
    public void judge(int year){
        int leap =0;
        if((year%4==0)&&(year%100!=0)||(year%400==0))
```

```
        leap=1;
    else
      leap=0;
    if(leap==1)
      System.out.println(year +" is a leap year.");
    else
      System.out.println(year +" is not a leap year.");
  }

  public static void main(String args[]){
    IfLeapyear ily =new IfLeapyear();
    ily.judge(1989);
    ily.judge(2000);
  }
}
```

程序运行结果：

```
1989 is not a leap year.
2000 is a leap year.
```

注意：在条件语句中的"等于"用双等号"=="，要区别于赋值语句中的"赋值"用的单一等号"="。||为"或"(或者)，&& 为"与"(并且)。

2. 选择结构的嵌套 if 语句形式

嵌套在程序设计中是一种非常常见的结构，在某一个结构中的某一条执行语句本身又具有相同的结构时就称为嵌套。一个 if 语句又包含一个或多个 if 语句(或者说 if 语句中的执行语句本身又是 if 结构语句)称为 if 语句的嵌套。当流程进入某个选择分支后又引出新的选择时就要用嵌套 if 语句。

嵌套 if 语句的标准语法格式为

if (表达式 **1**)
    if (表达式 **2**)　语句 **1；**
    else　　　　　语句 **2；**
else
    if (表达式 **3**)　语句 **3；**
    else　　　　　语句 **4；**

嵌套 if 语句的含义为：首先判断表达式 1 的值，若表达式 1 为非 0，再判断表达式 2 的值，若表达式 2 为非 0，则执行语句 1，否则执行语句 2。若表达式 1 的值为 0，再判断表达式 3 的值，若表达式 3 为非 0，则执行语句 3，否则执行语句 4。嵌套 if 语句的流程图如图 3-6 所示。

这种在 if 语句中本身又包含 if 语句的选择结构，常用于解决比较复杂的选择问题，其中的每一条语句都必须经过多个条件共同决定才能执行(如同行人要到某个目的地，只有

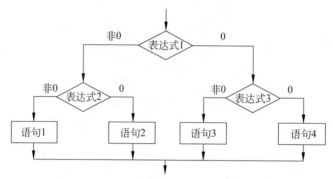

图 3-6　嵌套 if 语句的流程图

在每个十字路口都做出正确选择后才能达到一样）。

有关嵌套 if 语句使用的几点说明如下：

（1）嵌套 if 语句的使用非常灵活，不仅标准形式的 if 语句可以嵌套，其他形式的 if 语句也可以嵌套；被嵌套的 if 语句可以是标准形式的 if 语句，也可以是其他形式的 if 语句。例如：

```
if(表达式 1)                        if(表达式 1)
  if(表达式 2)  语句 1;               if(表达式 2)      语句 1;
    else       语句 2;                 else
                                        if(表达式 3)  语句 2;
                                          else        语句 3;
```

（2）被嵌套的 if 语句本身又可以是一个嵌套的 if 语句，称为 if 语句的多重嵌套。

（3）在多重嵌套的 if 语句中，else 总是与离它最近并且没有与其他 else 配对的 if 是配对关系。

注意：按上面所述的 if 与 else 配对的关系，应该能够分清楚 if 与 else 之间的匹配关系。嵌套 if 语句的书写风格，应该把处于同一逻辑意义上的语句写在同一列上，使程序从形式上更清晰、更美观。这种缩进格式只是略微增加了源程序的长度，编译后目标程序丝毫不会受影响，因此大可不必担心采用缩进格式后程序会变得臃肿。

【例 3-15】 给定一个百分制成绩，要求根据分数输出成绩等级：'A'、'B'、'C'、'D'、'E'。90 分及 90 分以上为'A',80～89 分为'B',70～79 分为'C',60～69 分为'D',60 分以下为'E'。

算法设计：在此问题中只需定义一个实型变量用来存放学生成绩即可，其他如'A'、'B'、'C'等均可以在输出函数中用普通字符表示。本题选择多分支 if 结构即可解决。

程序如下：

```
package sample;
public class IfElseDemo {

    public void judge(int score){
        char grade;
        if (score>=90)    /*用关系表达式判断该成绩是否大于或等于 90 分*/
```

```
                grade='A';
            else if (score>=80)
                grade='B';
            else if (score>=70)
                grade='C';
            else if (score>=60)
                grade='D';
            else
                grade='E';
            System.out.println("Grade ="+grade);
        }

        public static void main(String args[]){
            IfElseDemo ifd =new IfElseDemo();
            ifd.judge(87);
        }
    }
```

程序运行结果：

```
Grade =B
```

提示：在if…else…if形式的if语句中，后一个表达式的执行是在前面表达式不成立的基础上进行的，因此后面条件的描述中实际上已经包含对前面条件的否定，如上例中 else if(score<70)中的 score<70 相当于 score>=60&&score<70。

有关if语句使用的几点说明如下：

（1）if语句中的条件表达式必须用()括起来，并且在括号外部不能加分号。

（2）if或else子句后面的执行语句均有分号。

（3）else是if语句的子句，必须与if搭配使用，不可以单独使用。

（4）当if或else子句后是多个执行语句构成的语句组时（复合语句），必须用{}括起来，否则各子句均只管到其后第一个分号处。例如：

```
if (a>b)
    {a++;
     b++;}
else
    { a=0;
     b=5;}
```

（5）if或else子句后只接单个分号时，应将其作为空语句处理。

（6）可以用条件表达式简化if语句。例如：

```
if(a>b)
    y=a;
```

```
else
    y=b;
```

这段代码也可以简写成下面的形式：

```
y =a>b? a:b;
```

即可以用条件表达式书写，这样的写法在 Java 语言中经常用到，好处在于代码简洁，并且
有一个返回值。

3. switch 语句

switch 语句又称开关语句，在 Java 程序中专门用来处理多分支选择问题。用 switch
语句编写的多分支选择程序就像一个多路开关，使程序流程形成多个分支，使用起来比复
合 if 语句及嵌套 if 语句更加方便灵活。

【例 3-16】 用 switch 语句实现学生成绩的等级评定。

给定一个百分制成绩，要求根据分数输出成绩等级：'A'、'B'、'C'、'D'、'E'。90 分及 90 分
以上为'A'，80～89 分为'B'，70～79 分为'C'，60～69 分为'D'，60 分以下为'E'。

程序如下：

```
package sample;
public class SwitchTest {
    public void judge(int score){
        int k;
        k=score/10;
        if (score>100||score<0)
            System.out.println("\n输入数据有误。\n");
        else{
        switch (k)
        {
            case 10:
            case  9:System.out.println("成绩:A");break;
            case  8:System.out.println("成绩:B");break;
            case  7: System.out.println("成绩:C");break;
            case  6: System.out.println("成绩:D");break;
            case  5:
            case  4:
            case  3:
            case  2:
            case  1:
            case  0: System.out.println("成绩:E"); break;
            default: System.out.println("\n输入数据有误。\n");
        }
        }
    }
```

```
public static void main(String args[]){
    SwitchTest st =new SwitchTest();
    st.judge(87);
    }
}
```

程序运行结果:

成绩:B

switch 语句的语法格式如下:

```
switch(表达式)
{   case   常量 1:语句 1;break;
    case   常量 2:语句 2;break;
    …
    case   常量 n:语句 n;break;
    default:    语句 n+1;break;
}
```

switch 语句的含义为:先计算表达式的值,判断此值是否与某个常量表达式的值匹配,如果匹配,控制流程转向其后相应的语句;否则,检查 default 是否存在,如存在则执行其后相应的语句,否则结束 switch 语句。switch 语句的流程图如图 3-7 所示。

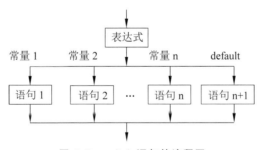

图 3-7　switch 语句的流程图

使用 switch 语句设计多分支选择结构程序,不仅使用更加方便,而且程序可读性也更高。

有关 switch 语句使用的几点说明如下:

(1) 括号内的表达式的返回值类型必须是 int、byte、char、short、String 类型和枚举类型之一。

(2) case 子句中的值必须是常量,case 后的每个常量表达式必须各不相同。

(3) default 子句是任选的,并且可以放在任何位置。

(4) 每个 case 之后的执行语句可多于一个,但不必加{}。

(5) switch 语句不像 if 语句那样只要满足某一条件则可在执行相应的分支后自动结束选择。break 语句用来在执行完一个 case 分支后,使程序跳出 switch 语句,即终止 switch 语句的执行。如果某个 case 分支后没有 break 语句,程序将不再做比较而继续执行后面所有 case 分支的语句,因此需要在每个 case 分支的最后加上一条 break 语句以帮助结束选择。

(6) switch、break、default 均为 Java 语言的关键字。switch 语句的功能可以用 if…else 语句来实现,但某些情况下,使用 switch 语句更为简练。

相关知识 break 语句。

break 语句在 Java 语言中称为中断语句,只有关键字 break,没有参数。break 语句不仅可以用来结束 switch 的分支语句,也可以在循环结构中实现中途退出,即在循环条件没有终止前也可以使用 break 语句来跳出循环结构。

注意:在 JDK12 中重新增强了 switch,它引入了一种新形式的标签,写成 case L ->,用来表示如果标签匹配,则只执行标签右侧的代码,通过扩展现有的 switch 语句,可将其作为增强版的 switch 语句或者是"switch 表达式"来简化代码。

【例 3-17】 增强 switch 使用实例。

```java
public class TestSwitch {
    /**
     * @param k to be switched upon
     */
    static void howMany(int k) {
        switch (k)
        {
            case 1 ->System.out.println("one");
            case 2 ->System.out.println("two");
            case 3 ->System.out.println("many");
        }
    }
    public static void demonstrateHowMany() {
        howMany(1);
        howMany(2);
        howMany(3);
    }
    /**
     * @param letter to be switched upon.
     */
    public static void demonstrateLeter(String letter) {
        int i =switch (letter) {
            case "A", "B", "C" ->{
                break 1;
            }
            case "D" ->{
                break 2;
            }
            case "E", "F" ->{
                break 3;
```

```
        }
        case "G" ->{
            break 4;
        }
        default ->{
            break 5;
        }
    };
    System.out.println("test i=" +i);
    }
    public static void main(final String[] arguments) {
        demonstrateHowMany();
        demonstrateLeter("E");
    }
}
```

编译运行结果如下：

```
D:\Lixin>javac --enable-preview --release 12  TestSwitch.java
注: TestSwitch.java 使用预览语言功能。
注: 有关详细信息，请使用 -Xlint:preview 重新编译。

D:\Lixin>java --enable-preview TestSwitch
one
two
many
test i=3
```

3.3.3 循环控制流程

循环结构是程序设计中一种非常重要的结构,几乎所有的实用程序中都包含循环结构,应该牢固掌握。

Java 语言可以组成各种不同形式的循环结构,分别由 while 语句、do…while 语句和 for 语句来实现、增强型 for…each 循环。为了更方便地控制程序流程,Java 语言还提供了循环辅助控制语句: break、continue 和 return 语句。

1. while 语句实现循环(当型循环)

【例 3-18】 利用 while 语句求 sum＝1＋2＋3＋…＋10。

算法流程参见图 3-8。

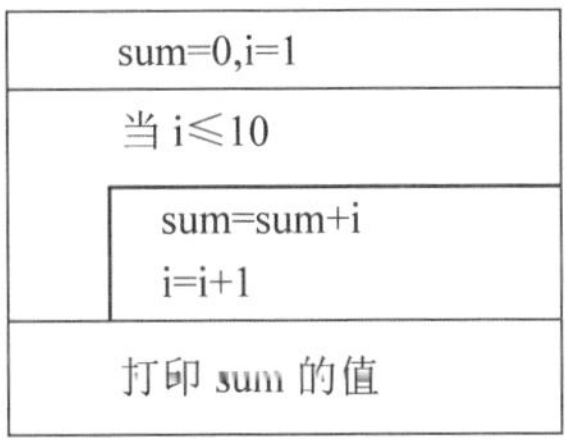

| sum=0,i=1 |
| 当 i≤10 |
| sum=sum+i i=i+1 |
| 打印 sum 的值 |

图 3-8 例 3-18 循环 N-S 图

Java 程序设计与项目案例教程

程序如下：

```
package sample;
public class Sum1{
    public static void main(String args[])  {
        int i=1,sum=0;
        while(i<=10)
        {
            sum=sum+i;
            i=i+1;
        }
        System.out.println("sum="+sum)
    }
```

程序运行结果：

```
sum=55
```

上面的例子中，i 表示循环变量，sum 存放累加和。"i＝1,sum＝0"，表示进入循环前需要设置"初值"，该语句只执行一次；i≤10 表示循环执行的"条件"：当变量 i 的值超过 10 时，循环结束，否则反复执行"循环体语句"：sum＝sum＋i；i＝i＋1。

上述循环程序运行过程分析如下：

循环次数	sum	i 的值	循环条件(i≤10?)
初始	0	1	true
第 1 次	sum＝0＋1＝1	2	true
第 2 次	sum＝1＋2＝3	3	true
第 3 次	sum＝3＋3＝6	4	true
第 4 次	sum＝6＋4＝10	5	true
⋮	⋮	⋮	⋮
第 9 次	sum＝36＋9	10	true
第 10 次	sum＝45＋10＝55	11	false

相关知识 While 语句。

while 语句的一般形式如下：

```
while(表达式)    语句;
```

或

```
while(表达式)
{
    语句序列;
}
```

其中，表达式称为"循环条件"，语句称为"循环体"。为便于初学者理解，可以读作"当条件（循环条件）成立（为真），循环执行语句（循环体）"。

72

执行过程如下:

(1) 先计算 while 后面的表达式的值,如果其值为"真",则执行循环体。

(2) 执行一次循环体后,再判断 while 后面的表达式的值,如果其值为"真",则继续执行循环体,如此反复,直到表达式的值为假,退出此循环结构。

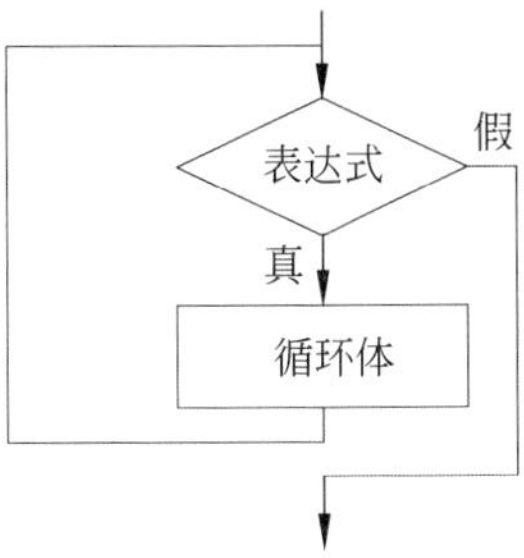

while 语句实现循环的流程图如图 3-9 所示。

使用 while 语句需要注意以下几点:

(1) while 语句的特点是先计算表达式的值,然后根据表达式的值决定是否执行循环体中的语句。因此,如果表达式的值开始就为"假",那么循环体一次也不执行。

(2) 当循环体由多个语句(两个以上的语句)组成时,必须用{ }括起来,形成复合语句。

(3) 在循环体中应有使循环趋于结束的语句,以避免"死循环"的发生。

图 3-9 while 语句实现
循环的流程图

思考:

(1) 在例题 3-18 的基础上如何求 sum=1+1/2+1/4+…+1/50?

(2) 如何求 s=1×2×3×…×10,即求 10!。

2. do…while 语句实现循环(直到型循环)

【例 3-19】 利用 do…while 语句求 sum=1+2+3+…+10。

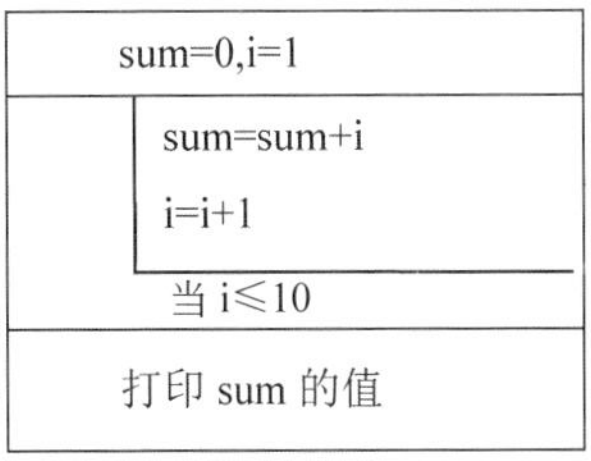

do…while 循环的执行流程如图 3-10 所示。

程序如下:

图 3-10 例 3-19 程序 N-S 图

```java
package sample;
public class Sum2{
    public static void main(String args[]) {
        int i=1,sum=0;
        do
        {
            sum=sum+i;
            i+=1;
        } while(i<=10);
        System.out.println("sum="+sum);
    }
}
```

程序运行结果:

```
sum=55
```

do…while 语句的一般形式:

```
do
{
语句序列;
} while(表达式);
```

说明：表达式称为"循环条件"，语句称为"循环体"。为便于初学者理解，可以读作："执行语句(循环体)，当条件(循环条件)成立(为真)时，继续循环"，或者"执行语句(循环体)，直到条件(循环条件)不成立(为假)时，循环结束"。do…while 语句实现循环的流程图如图 3-11 所示。

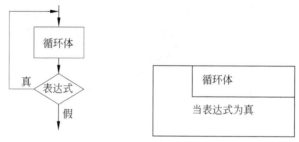

图 3-11 do…while 语句实现循环的流程图

do…while 语句执行过程如下：

(1) 执行 do 后面的循环体语句。

(2) 计算 while 后面的表达式的值，如果其值为"真"，则继续执行循环体，直到表达式的值为假，退出此循环结构。

注意：do…while 循环与 while 循环的以下区别。

(1) do…while 循环，总是先执行一次循环体，然后再求表达式的值。因此，无论表达式是否为"真"，循环体至少执行一次。

(2) while 循环先判断循环条件再执行循环体，循环体可能一次也不执行。

(3) 在 if 语句、while 语句中，表达式后面都不能加分号，而在 do…while 语句的表达式后面则必须加分号。

3. for 语句实现循环

【**例 3-20**】 利用 for 语句求 $sum=1+2+3+\cdots+10$。

算法流程参见图 3-12。

程序如下：

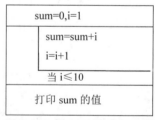

图 3-12 例 3-20 程序 N-S 图

```
package sample;
public class Sum_for{
    public static void main(String args[])
    {
        int i=1,sum=0;
        for (i=1;i<=10;i++)
            sum=sum+i;
        System.out.println("sum="+sum);
    }
}
```

程序运行结果:

```
sum=55
```

例 3-20 中,i＝1 表示循环变量 i 的初值为 1,该语句只执行一次;i＜＝10 表示循环执行的条件,当变量 i 的值超过 10 时,循环结束,否则反复执行循环体语句 sum＝sum＋i;和本程序中使循环趋于结束的语句 i＝i+1;。在进入循环之前将存放累加和的变量 sum 初值置 0。执行结果与例 3-19 结果是一样的。

for 语句的一般形式如下:

```
for(表达式 1;表达式 2;表达式 3)
    循环体;
```

等价于

```
表达式 1;
while(表达式 2)
{
    循环体;
    表达式 3;
}
```

说明:for 是关键字,其后有 3 个表达式,各个表达式用分号分隔。3 个表达式可以是任意的表达式,主要用于 for 循环控制。for 语句实现循环的流程图如图 3-13 所示。

for 循环执行过程如下:

(1) 先计算表达式 1。

(2) 然后计算表达式 2,若其值为非 0(循环条件成立),则转(3)执行循环体;若其值为 0(循环条件不成立),则转(5)结束循环。

(3) 执行循环体。

(4) 计算表达式 3,然后转(2)。

(5) 结束循环,执行 for 循环之后的语句。

说明:for 语句中有 3 个表达式,以分号分隔。表达式 1 可以是设置循环变量初值的表达式(常用),也可以是与循环变量无关的其他表达式;表达式 2 一般为关系表达式或逻辑表达式,也可以是数值表达式或字符表达式,事实上只要是表达式就可以。

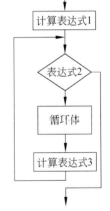

图 3-13 for 语句实现循环的流程图

for 语句的使用非常灵活,注意区别下列程序段完成的功能,体会 for 语句的灵活性。

(1) 表达式 1 为逗号表达式,上述例题中的循环语句可以写为

```
for(sum=0,i=1;i<=10;i++)
    sum=sum+i;
```

在实际应用中,表达式 3 也可以是逗号表达式,例如上例中的循环语句可以写为

```
for(sum=0,i=1;i<=10;i++,sum=sum+i);
```

此时省略了循环体。

（2）循环控制变量初值大于终值，步长为-1（步长递减），上述例题中的循环语句可以写为

```
for(sum=0,i=10;i>=1;i--)
    sum=sum+i;
```

（3）省略表达式 1，上述例题中的循环语句可以写为

```
sum=0;i=1
for(;i<=10;i++)
    sum=sum+i;
```

（4）省略表达式 3，上述例题中的循环语句可以写为

```
sum=0;i=1
for(;i<=10;)
    {   i++;
        sum=sum+i;
    }
```

（5）若表达式 2 省略，for(;;)语句相当于 while(1)。若退出循环，需要后面介绍的终止循环的语句。

4. 多重循环（嵌套循环）

一个循环体内又包含另一个完整的循环结构即为循环套循环，这种结构称为多重循环（嵌套循环）。

按照循环的嵌套次数，分别称为二重循环、三重循环。一般将处于内部的循环称为内循环，处于外部的循环称为外循环。一般单重循环只有一个循环变量，双重循环具有两个循环变量，多重循环有多个循环变量。

【例 3-21】 打印九九乘法表。

```
1×1=1   1×2=2   1×3=3   …   1×8=8   1×9=9
2×1=2   2×2=4   2×3=6   …   2×8=16  2×9=18
3×1=3   3×2=6   3×3=9   …   3×8=24  3×9=27
  ⋮       ⋮        ⋮          ⋮       ⋮
9×1=9   9×2=18  9×3=27  …   9×8=72  9×9=81
```

算法分析：观察上面的乘法表可以看出：

第一行为 $1×i=i$；第二行为 $2×i=2i$；第三行为 $3×i=3i$……第九行为 $9×i=9i$。

行号 i 从 1 到 9，每次递增 1，其算法流程如图 3-14 所示，可以用下面的程序实现。

图 3-14 例 3-21 程序 N-S 图

```
package sample;
public class Fordemo{
  public static void main(String args[])
  {
    int i,j;
      for (i=1; i<=9; i++)
        { for (j=1; j<=9; j++)
          System.out.print(i+" * "+j+"="+i * j+"  ");
          System.out.println;
        }
  }
}
```

程序运行结果:

1×1=1	1×2=2	1×3=3	1×4=4	1×5=5	1×6=6	1×7=7	1×8=8	1×9=9
2×1=2	2×2=4	2×3=6	2×4=8	2×5=10	2×6=12	2×7=14	2×8=16	2×9=18
3×1=3	3×2=6	3×3=9	3×4=12	3×5=15	3×6=18	3×7=21	3×8=24	3×9=27
4×1=9	4×2=12	4×3=12	4×4=16	4×5=20	4×6=24	4×7=28	4×8=32	4×9=36
5×1=9	5×2=10	5×3=15	5×4=20	5×5=25	5×6=30	5×7=35	5×8=40	5×9=45
6×1=9	6×2=12	6×3=18	6×4=24	6×5=30	6×6=36	6×7=42	6×8=48	6×9=54
7×1=9	7×2=14	7×3=21	7×4=28	7×5=35	7×6=42	7×7=49	7×8=56	7×9=63
8×1=9	8×2=16	8×3=24	8×4=32	8×5=40	8×6=48	8×7=56	8×8=64	8×9=72
9×1=9	9×2=18	9×3=27	9×4=36	9×5=45	9×6=54	9×7=63	9×8=72	9×9=81

说明:

- 一个循环体必须完完整整地嵌套在另一个循环体内,不能出现交叉现象。
- 多层循环的执行顺序:最内层先执行,由内向外逐层展开。
- 3 种循环语句构成的循环可以互相嵌套。
- 并列循环允许使用相同的循环变量,但嵌套循环不允许。

相关知识 增强型 for 循环。

JDK 的版本在不断升级后,增加了很多新的特性,在 JDK 5.0 以后的版本中增强了 for 循环,目的是简化针对数组及集合类型的访问,特点是简单。例如,在没有增强型 for 循环时如下这样操作数组:

```
String[] array =new String[]{"leon","gary","linda"};     //定义数组
  for(int i=0;i<array.length;i++){
    String element =array[i];
    System.out.println(element);
  }
```

在使用了新的增强型 for 循环后,代码得到了简化:

```
String[] array =new String[]{"leon","gary","linda"};
for(String element:array){
  System.out.println(element);
}
```

增强型 for 循环语句是从数组或者集合中连续——取出其中保存的元素,这样简化了 Java 程序员遍历数组或者集合的操作。有关数组以及集合类型的内容,后面章节将详述。

5. 与程序转移有关的其他语句

1) break 语句

在 switch 语中,break 语句用来终止 switch 语句的执行,使程序从整个 switch 语句后的第一条语句开始执行。

在 Java 中,可以为每个代码块加一个标号,一个代码块通常是用大括号括起来的一段代码。加标号的格式如下:

```
break [标号];
```

break 语句就是让程序跳出它所指定的块,并从紧跟该块后的第一条语句处执行。

【例 3-22】 break 语句的应用:打印 1~10 的所有奇数。

程序如下:

```
package sample;
public class PrintOddNum
{
  public static void main(String [] args)
  {   for(int i=1;i<10;i+=2)
      {   if(i>10) break;
          System.out.println("i="+i);
      }
  }
}
```

程序运行结果:

```
i=1
i=3
i=5
i=7
i=9
```

注意:因为标号会带来程序混乱,应该尽量避免使用标号。

2) continue 语句

continue 语句用来结束本次循环,跳过循环体中下面尚未执行的语句,接着进行终止条件的判断,以决定是否继续循环。对于 for 语句,在进行终止条件的判断前还要先执行迭代语句。continue 语句的格式如下：

```
continue;
```

也可以用 continue 跳转到括号指明的外层循环中,这时的格式为

```
continue outerLable;
```

【例 3-23】 continue 的应用:打印 1~10 的所有奇数。
程序如下:

```
package sample;
public class PrintOddNum1
{   public static void main(String [] args)
    {
      for(int i=0;i<10;i++)
       {
         if(i%2==0)
             continue;
         System.out.println("i="+i);
       }
    }
}
```

程序运行结果:

```
i=1
i=3
i=5
i=7
i=9
```

说明:上面的例子,当 i 是偶数时就跳过本次循环后的代码,直接执行 for 语句中的第三部分,然后进入下一次循环的比较,是奇数就打印 i。

3.4 数组

前面程序中使用的变量均为基本数据类型的变量,各个变量之间没有任何联系。有一些变量,例如 s1,s2,…,s10,它们可以代表同一个班中 10 个学生的成绩,这些变量都用相同的名字,只是下角标有所区别,将这种元素组成的一组变量称为数组。

在 Java 语言中,数组是一种最简单的复合数据类型(引用数据类型)。数组提供了一种将有关联的数据分组的方法。数组的最主要的特性:①数组是有序数据的集合;②数组中的每个元素都具有相同的数据类型;③所有元素具有相同的名字。用数组名和下标可以唯一地确定数组中的元素。

数组有一维数组、二维数组和多维数组。下面先来介绍一维数组。

Java 语言中的变量的下标用方括号括起来,即 s[1],s[2],…,s[10],这就是数组类型变量。

注意:数组的有序性是指数组元素存储的有序性,而不是指数组的元素值有序。利用这种有序性,可以方便地用指针解决一些问题。

3.4.1　一维数组

一维数组中各个数组元素是排成一行的一组下标变量,用一个统一的数组名来标识,用一个下标来标明其在数组中的位置(下标从 0 开始)。一维数组通常和一重循环配合使用来实现对数组元素进行的处理。

1. 一维数组的声明

要使用一个数组,必须首先声明数组。通用的一维数组的声明格式如下:

数组元素类型　数组名[];

或

数组元素类型[] 数组名;

例如:

```
int[]   a;        //声明一个整型数组,名称是 a
float  b[];       //声明一个实型数组,名称 b
```

说明:

(1) 数组名:命名原则遵循标识符的命名规则。本例中 a 就是数组名。

(2) 上面第二种数组声明格式其中的方括号紧跟在类型标识符的后面,而不是跟在数组变量名的后面,两者在用法上没有区别。例如,下面的两个定义是等价的。

```
int   x[];
int[] x;
```

(3) 推荐使用"数组元素类型[] 数组名;"格式,这种格式比较而言有更好的可读性,目前越来越多的语言不再支持"数组元素类型　数组名[];"的格式。

注意:定义数组时不能指定数组长度。数组是一种引用类型的变量,在定义变量时只是定义了一个指针,还没有指向任何有效内存,因此定义数组时不能指定数组长度。初始化数组时可以指定数组长度。

2. 一维数组的创建

和其他语言不同,在 Java 语言中,尽管在上面声明了 x 是一个整型数组,但实际上还没有数组变量存在。为了使 x 数组成为物理上存在的整型数组,必须用运算符 new 来为其分配地址并且把它赋给 x。运算符 new 是专门用来分配内存的运算符,称这个过程为创建数组。

数组创建的一般格式如下：

```
数组名=new 数组元素类型 [size];
array-var =new type[size];
```

其中，数组元素类型指定被分配的数据类型，size 指定数组中变量的个数即长度，数组名是被引用到数组的数组变量。也就是说，使用运算符 new 来分配数组，必须指定数组元素的类型和数组元素的个数。用运算符 new 分配数组后，数组中的元素将会被自动初始化为默认值。另外，数组中的元素个数 size(长度)是不能改变的，这和后面要介绍的集合是有区别的。例如：

```
a =new int[10];
```

通过上面这个语句的执行，数组 x 将会指向 10 个整数，而且数组中的所有元素将被初始化为 0。

这里创建了一个一维数组 a，如图 3-15 所示。该数组由 10 个数组元素构成，其中每一个数组元素都属于整型数据类型，在内存中分配 10 个占整型单元的连续存储空间，并将数组的首地址送给 a。数组 a 的各个数据元素依次是 a[0],a[1],a[2],…,a[9]（注意，下标从 0~9）。每个数组元素将被初始化为 0。

a[0]
a[1]
a[2]
a[3]
a[4]
a[5]
a[6]
a[7]
a[8]
a[9]

图 3-15　一维数组

在实际应用中，经常将数组声明和数组创建的两条语句合为一个语句。例如，将下面两条语句

```
int[]  a;
a =new int[10];
```

可以合并为下面一条语句。

```
int[]  a=new int[10];
```

3. 一维数组的初始化

上面介绍了使用运算符 new 来为数组所要存储的数据分配内存，并把它们分配给数组变量。这时数组中的元素将会被自动初始化为默认值。例如，一般类型数组元素的默认初

始值如下：

整型：0。

实型：0.0f 或 0.0d。

字符型：'\0'。

类对象：null。

布尔类型：false。

数组的初始化工作非常重要，不能使用任何未初始化的数组。一旦分配了一个数组，就可以通过在方括号内指定它的下标来访问数组中特定的元素，并且为它赋初值。所有的数组下标都从 0 开始。例如：

```
int[] a={1,2,3,4,5};
```

表示 a[0]=1,a[1]=2,a[2]=3,a[3]=4,a[4]=5。

再如，下面的语句将值 2 赋给数组 a 的第二个元素。

```
a[1]=2;
```

4. 一维数组的引用

数组在定义之后，就可以在程序中引用其数组元素。数组元素的引用形式如下：

数组名[下标]

说明：引用数组元素时，下标可以是整型常数、已经赋值的整型变量或整型表达式。

```
int i=1,j=5;
int[] a =new int [i+j];
```

相当于

```
int[] a =new int [6];
```

注意：引用数组元素时，下标不能越界。Java 的运行系统会检查以确保所有的数组下标都在正确的范围以内。如果企图访问数组边界以外（如负数或者比数组边界大）的元素，则将引起运行错误。

若有定义：

```
int[] a =new int [5];
```

则数组 a 的元素分别为：a[0]、a[1]、a[2]、a[3]、a[4]，但 a[5]不是数组 a 的元素。

每个元素都可作为一个整型变量来使用，例如：

```
a[0]=5;
a[3]=a[1]+4;
a['D'-'B']=3;
```

3.4.2 一维数组的应用

数组的应用非常广泛。使用数组,通常依据数组下标和边界的概念,结合前面讲过的 for 循环。下面将介绍数组应用的几个例子。

1. 运用一维数组来计算一组数字的和

【例 3-24】 数组的使用。

```java
package sample;
public class ArrayTest {
    public static void main(String args[]) {
        int[] nums={1, 2, 3, 4, 5, 6, 7, 8, 9, 10};
        int result=0;
        for(int i=0; i<nums.length; i++)
            result=result +nums[i];
        System.out.println("Total is " +result);
    }
}
```

程序运行结果:

```
Total is 55
```

注意:在 JDK5.0 以后的版本中,使用增强型 for…each 循环遍历一维数组将更加容易。例如下面的程序:

```java
package sample;
public class ArrayTest {
    public static void main(String args[]) {
        int[] nums={1, 2, 3, 4, 5, 6, 7, 8, 9, 10};
        int result=0;
        for(int e:nums)          //使用增强型 for…each 循环语句
            result+=e;
        System.out.println("Total is " +result);
    }
}
```

程序运行结果:

```
Total is 55
```

【例 3-25】 计算 10 个学生的平均成绩。
算法分析:
(1)定义一个有 10 个元素的一维数组用来存放学生的成绩。
(2)将成绩进行累加,并计算平均成绩。

程序如下：

```java
package sample;
public class Average {

    public void average(int score[]){
        int total=0;
        int n=score.length;
        for (int i=0; i <n; ++i)
        {
            total=total+score[i];
        }
        System.out.println("average="+total/n);
    }

    public static void main(String args[]){
        Average a=new Average();
        int score2[]={82, 72, 63, 94, 75, 86, 87, 78, 79, 100};
        a.average(score2);
    }
}
```

程序运行结果：

```
average=81
```

2. 利用数组求 Fibonacci 数列的前 n 项

【例 3-26】 求 Fibonacci 数列前 20 个数。

这是由一个古老的数学问题产生的序列：1,1,2,3,5,8,13,…,可以归结为以下数学公式：

$$F_1 = 1 \qquad\qquad (n=1)$$
$$F_2 = 1 \qquad\qquad (n=2)$$
$$F_n = F_{n-1} + F_{n-2} \qquad\qquad (n \geqslant 3)$$

从公式中可以看出：数列的组成是有规律的，数列的前两项都是 1，从第三项开始，每个数据项的值为前两个数据项的和，采用递推方法来实现。可以用一个一维整型数组 f[20]来保存这个数列的前 20 项。

程序如下：

```java
package sample;
public class Fib_Array {
    public static void main(String args[])
    {   int[] fib=new int[20];
```

```
        int i;
        fib[0]=0; fib[1]=1;
        for(i=2; i<fib.length; i++)
          fib[i]=fib[i-2]+fib[i-1];
        for(i=0; i<fib.length; i++)
          System.out.print("  "+fib[i]);
    }
}
```

程序运行结果：

```
1  1  2  3  5  8  13  21  34  55  89  144  233  377  610  987  1597  2584  4181
```

3. 利用数组实现数据排序

在实际应用中,数据的排序是一种常用的数据组织方法。这里介绍冒泡排序方法。

【例 3-27】 采用"冒泡法"对 10 个整数按从小到大的顺序排序。

算法分析：冒泡法排序思路是将相邻的两个数比较,将小的调到前头。

任意 n 个数排序过程如下：

(1) 比较第一个数与第二个数,若为逆序 a[1]>a[2],则交换;然后比较第二个数与第三个数;以此类推,直至第 n−1 个数和第 n 个数比较为止,这样完成第一趟冒泡排序,结果最大的数被安置在最后一个元素位置上。

(2) 对前 n−1 个数进行第二趟冒泡排序,结果使次大的数被安置在第 n−1 个元素位置上。

(3) 重复上述过程,共经过 n−1 趟冒泡排序后,即 n 个数已从小到大排序,则排序结束。

以 1～5 这 5 个数为例,排序过程示例如下：

起始状态：　　　[5　2　3　1　4]
第 1 趟排序后：　[2　3　1　4]　5
第 2 趟排序后：　[2　1　3]　4　5
第 3 趟排序后：　[1　2]　3　4　5
第 4 趟排序后：　[1]　2　3　4　5

从这里可以看出,1～5 这 5 个数经过 4 趟排序就排好序了。

10 个整数排序程序如下：

```
/* 10个数按从小到大的顺序排好序并输出 */
package sample;
public class SortTest {
    public void sort(int a[]){
        int n =a.length;
        int t =0;
        for (int i =n-1; i >0; i--) {
```

```
        for (int j =0; j <i; j++) {
          if (a[j] >a[j +1]) {
              t =a[j];
              a[j] =a[j +1];
              a[j +1] =t;
          }
        }
      }
      for (int k =0; k <a.length; k++) {
        System.out.print(a[k]+" ");
      }
    }
    public static void main(String args[]){
        int nums[] ={1,4,2,7,9,6,5,8,0,3};
        SortTest st =new SortTest();
        st.sort(nums);
    }
}
```

程序运行结果：

```
0 1 2 3 4 5 6 7 8 9
```

3.4.3　二维数组

1. 二维数组的声明

二维数组的声明格式如下：

数组元素类型　数组名[][];

或

数组元素类型[][]　数组名;

例如：

```
float arrayName[][];       //声明一个二维数组,名称是 arrayName
```

或

```
float[][] arrayName;
```

2. 二维数组的创建和初始化

1）静态创建和初始化
例如：

```
int[ ][ ] intArray={{1,2},{2,3},{3,4,5}};
```

在 Java 语言中,由于把二维数组看作数组的数组,数组空间不是连续分配的,所以不要求二维数组每一维的大小相同。

2) 动态创建和初始化

(1) 直接为每一维分配空间,其格式如下:

```
float[ ][ ]  b=new float[2][3];
```

二维数组的数组元素可以看作是排列为行列的形式(矩阵)。二维数组元素也用统一的数组名和下标来标识,第一个下标表示行,第二个下标表示列。每一个下标从 0 开始。

上面的例子定义了一个二维数组 b,该数组由 6 个元素构成,如图 3-16 所示。其中,每一个数组元素都属于浮点(实数)数据类型。数组 b 的各个数据元素依次是:

| b[0][0] | b[0][1] | b[0][2] |
| b[1][0] | b[1][1] | b[1][2] |

图 3-16 二维数组

b[0][0],b[0][1],b[0][2],b[1][0],b[1][1],b[1][2]

说明:

- 二维数组中的每个数组元素都有两个下标,且必须分别放在单独的[]内。
- 二维数组定义的第一个下标表示该数组具有的行数,第二个下标表示该数组具有的列数,两个下标之积是该数组具有的数组元素的个数。
- 二维数组中的每个数组元素的数据类型均相同。二维数组的存放规律是"按行排列"。
- 二维数组可以看作数组元素为一维数组的数组。例如,上面的例子可以看作特殊的一维数组,即 b[0],b[1]。
- 真正意义来说,Java 没有多维数组,多维数组都是由一维数组构成的。

(2) 从最高维开始,分别为每一维分配空间。

例如,二维基本数据类型数组的动态初始化如下:

```
int[ ][ ] a =new int[2][ ];
a[0] =new int[3];
a[1] =new int[5];
```

对二维复合数据类型的数组,必须首先为最高维分配引用空间,然后再顺次为低维分配空间,而且必须为每个数组元素单独分配空间。例如:

```
String[ ][ ] s =new String[2][ ];
s[0]=new String[2];              //为最高维分配引用空间
s[1]=new String[2];              //为最高维分配引用空间
s[0][0]=new String("Good");      //为每个数组元素单独分配空间
s[0][1]=new String("Luck");      //为每个数组元素单独分配空间
s[1][0]=new String("to");        //为每个数组元素单独分配空间
s[1][1]=new String("You");       //为每个数组元素单独分配空间
```

当给多维数组分配内存时,只要指定第一个(最左边)维数的内存即可。可以单独地给余下的维数分配内存。例如,下面的程序在数组 twoDArray 被定义时给它的第一维分配内存,对第二维则是手工分配地址。

```
int[][] twoDArray=new int[4][];
twoDArray [0] =new int[3];
twoDArray [1] =new int[3];
twoDArray [2] =new int[3];
twoDArray [3] =new int[3];
```

尽管在这种情形下单独地给第二维分配内存没有什么优点,但在其他情形下就不同了。例如,当手工分配内存时,不需要给每个维数相同数量的元素分配内存。如前面所说,既然多维数组实际上是数组的数组,那么每个数组的维数均在控制之下。

例如,下列程序定义了一个二维数组,它的第二维的大小是不相等的。

```
int[][] twoDArray =new int[4][];
twoDArray [0] =new int[1];
twoDArray [1] =new int[2];
twoDArray [2] =new int[3];
twoDArray [3] =new int[4];
```

对于大多数应用程序,不推荐使用不规则多维数组,因为它们的运行与人们期望的相反。但是,不规则多维数组在某些情况下使用效率较高。例如,如果需要一个很大的二维数组,而它仅仅被不规则地占用(即其中一维的元素不是全被使用),这时不规则数组可能是一个完美的解决方案。

3. 二维数组元素的引用

二维数组的操作一般由二重 for 循环(行循环,列循环)来完成。

例如,下面例题通过使用二维数组挑选出数组中最小的数值。

【例 3-28】 二维数组的使用。

```
package sample;
class MultiArrayTest {
  public static void main(String args[]) {
    int[][] mXnArray ={
        {16, 7, 12},
        {9, 20, 18},
        {14, 11, 5},
        {8, 5, 10}
    };

    int min =mXnArray[0][0];
    for (int i =0; i <mXnArray.length; ++i)
        for (int j =0; j <mXnArray[i].length; ++j)
```

```
                min =Math.min(min, mXnArray[i][j]);
        System.out.println("Minimum value: " +min);


    }
}
```

程序运行结果：

```
Minimum value: 5
```

编程技巧：对二维数组的输入输出多使用二层循环结构来实现。外层循环处理各行，循环控制变量 j 作为数组元素的第一维下标；内层循环处理一行的各列元素，循环控制变量 k 作为元素的第二维下标。

【**例 3-29**】 矩阵填数，生成如图 3-17 所示的矩阵并输出。

```
1 1 1 1 1 0 0 0 0 0
1 1 1 1 1 0 0 0 0 0
1 1 1 1 1 0 0 0 0 0
1 1 1 1 1 0 0 0 0 0
1 1 1 1 1 0 0 0 0 0
0 0 0 0 0 2 2 2 2 2
0 0 0 0 0 2 2 2 2 2
0 0 0 0 0 2 2 2 2 2
0 0 0 0 0 2 2 2 2 2
0 0 0 0 0 2 2 2 2 2
```

图 3-17 例 3-29 矩阵

算法分析：观察上面的矩阵，可以分为 4 个部分，左上角元素全为 1，右下角元素全为 2，其余元素均为 0。假设 i 和 j 分别表示数组的行列下标，则左上角元素满足条件：i<5&&j<5；右下角元素满足条件：i>=5&&j>=5。按照这种规律，可以用一个二维数组存储生成的数据，再将其输出。

程序如下：

```java
package sample;
public class Matrix {
    public static void main(String args[])
    {   int i, j;
        int[][] a;
        a =new int[10][10];
        for (i =0; i <10; i++)
            /* 生成数组 */
            for (j =0; j <10; j++)
                if (i <5 && j <5)
                    a[i][j] =1;
```

```
            else if (i >=5 && j >=5)
                a[i][j] =2;
            else
                a[i][j] =0;
    for (i =0; i <10; i++)       /* 输出数组 */
    {
        for (j =0; j <10; j++)
            System.out.print("   " +a[i][j]);
        System.out.println();
    }
}
```

注意：数组中的数据为生成的数据，无须输入。

3.4.4　多维数组

当数组元素的下标在两个或两个以上时，该数组称为多维数组。其中，二维数组最为常用。

多维数组定义格式如下：

类型说明 [整型常数 1] [整型常数 2]… [整型常数 k] 数组名;

例如：

```
int[][][] a =new int[2][2][3];
```

定义了一个三维数组 a，其中每个数组元素为整型，总共有 $2 \times 2 \times 3 = 12$ 个元素，如图 3-18 所示。

对于三维数组，整型常数 1、整型常数 2、整型常数 3 可以分别看作"深"维（或"页"维）、"行"维、"列"维。可以将三维数组看作一个元素为二维数组的一维数组。三维数组在内存中先按页、再按行、最后按列存放。

多维数组在三维空间中不能用形象的图形表示。多维数组在内存中排列顺序的规律是：第一维的下标变化最慢，最右边的下标变化最快。

多维数组的数组元素的引用形式如下：

数组名 [下标 1] [下标 2]… [下标 k]

在数组定义时，多维数组的维从左到右第一个 [] 称为第一维，第二个 [] 称为第二维，以此类推。多维数组元素的顺序仍由下标决定。下标的变化是先变最右边的，再依次变化左边的下标。

三维数组 a 的 12 个元素如下：

a[0][0][0]
a[0][0][1]
a[0][0][2]
a[0][1][0]
a[0][1][1]
a[0][1][2]
a[1][0][0]
a[1][0][1]
a[1][0][2]
a[1][1][0]
a[1][1][1]
a[1][1][2]

图 3-18　多维数组示例

```
a[0][0][0]   a[0][0][1]   a[0][0][2]
a[0][1][0]   a[0][1][1]   a[0][1][2]
a[1][0][0]   a[1][0][1]   a[1][0][2]
a[1][1][0]   a[1][1][1]   a[1][1][2]
```

多维数组的数组元素可以在任何相同类型变量可以使用的位置引用,只是同样要注意不要越界。

3.5 项目案例

3.5.1 学习目标

通过本案例可以更感性地认识以下内容,达到以下学习目标:

(1)标识符、关键字和数据类型的种类以及写法。

(2)熟练掌握初级的运算符与表达式。

(3)熟练掌握运算符与表达式的操作。

(4)清楚理解与掌握程序控制结构选择与循环的用法。

(5)熟练掌握操作数组的创建与访问。

3.5.2 案例描述

本案例是在系统中模仿实现程序中的登录功能。

通过定义用户名、密码两个固定变量,与登录用户的输入信息进行比较,判断是否可以通过登录验证。

3.5.3 案例要点

本案例是对真实系统的模拟,这里省略了前台页面的登录界面与后台的数据库部分,因此在编写代码过程中需要注意以下两点:

(1)用户名与密码的信息可存储在两个自定义的字符串中,以模仿前台页面的数据。

(2)数据库的信息可通过自定义的数组模拟。

3.5.4 案例实施

本案例具体实施步骤如下。

(1)编写一个类 Login.java。

```
package chapter03;
public class Login {

}
```

(2)定义一个成员数组保存有效用户的信息。

```
String[] userDB={"admin^123","liu^456","ascent^789"};
```

（3）定义一个 login()方法对用户登录进行有效性检查。

```
public void login(String username, String password) {
    for (int i =0; i <userDB.length; i++) {
        byte[] b =userDB[i].getBytes();
        String u ="";
        String p ="";
        for (int j =0; j <b.length; j++) {
            if ('^' ==b[j]) {
                u =userDB[i].substring(0, j);
                p =userDB[i].substring(j +1, userDB[i].length());
                break;
            }
        }
        if (u.equals(username) && p.equals(password)) {
            System.out.println("用户登录成功!");
            return;
        } else {
            if (i ==userDB.length -1) {
                System.out.println("用户名或密码错误!");
            }
        }
    }
}
```

（4）定义 main()方法,定义两个变量作为要登录的用户信息并进行测试。

```
public static void main(String[] args) {
        String username ="admin";
        String password ="123";
        Login l =new Login();
        l.login(username, password);
    }
```

3.5.5　特别提示

几点特别提示如下:

（1）本案例中,字符串的截取操作是通过手动编程来实现的,但是在 Java 提供的类的方法中,存在一个更简单的方法来实现这个功能,这个类就是 StringTokenizer,有兴趣的读者可以自行测试。

（2）String 类型的数据进行比较的时候,用＝＝与 equals()是有区别的。

① ＝＝比较的是一个对象在内存中的地址值,例如两个字符串对象:

```
String s1 =new String("str");
String s2 =new String("str");
```

如果用==号比较,会返回 false,因为创建了两个对象,它们在内存中地址的位置是不一样的。

② equals()的情况比较复杂,它是 java.lang.Object 类中的一个方法。因为 Java 中所有的类都默认继承于 Object,所以所有的类都有这个方法。

在 Object 类源码中是这样写的:

```
public boolean equals(Object obj) {
    return(this ==obj);
}
```

上述源码中同样使用==号进行内存地址的比较。但是,许多 Java 类中都重写了这个方法,例如下列程序中的 String。

```
public boolean equals(Object anObject) {
    if (this ==anObject) {
        return true;
    }
    if (anObject instanceof String) {
        String anotherString = (String)anObject;
        int n =count;
        if (n ==anotherString.count) {
        char v1[] =value;
        char v2[] =anotherString.value;
        int i =offset;
        int j =anotherString.offset;
        while (n--!=0) {
            if (v1[i++] !=v2[j++])
            return false;
        }
        return true;
        }
    }
    return false;
}
```

String 里的方法,如果==号比较不相等,还会进行值的比较。所以 equals()方法具体的作用要看当前的那个类是如何实现重写父类中该方法的。如果没有重写该方法,那么 equals()和==等价。

3.5.6 拓展与提高

请思考以下问题:

(1) 本案例中,有效用户的信息存放在一个一维数组中,每一个数组元素包含一个用户的用户名和密码两个信息。如果把这个信息放在一个二维数组里,每一个数组元素或者是用户名,或者是密码,这样应该怎么存放呢?

（2）本案例中检验一个用户信息的有效性中,采用的是 for 循环的语法,如果采用while 循环或 do…while 循环应该如何操作呢?

（3）本案例中的用户验证操作,在验证失败时只给出了一个"用户名或密码错误!"的提示信息,能否通过逻辑判断给出更详细的提示信息呢(如"密码不能为空!")?

本章总结

本章重点介绍了 Java 的标识符及关键字,着重介绍了 Java 语言的数据类型及程序控制流程,本章分别对选择结构流程控制语句、循环流程控制语句进行了详细讲解,介绍了一维数组和二维数组的定义及典型应用,这部分是程序设计中非常重要的部分。通过本章的学习,能够了解程序设计的特点和一般规律,并最终能灵活地使用 Java 语言设计程序。

习 题 3

一、思考题

1. Java 标识符的命名有什么规定?
2. Java 的数据类型中包含哪些基本数据类型? 哪些复合数据类型?
3. Java 有哪几种分支选择语句? 描述其执行流程是怎样的。
4. Java 有哪几种循环结构? 描述每种循环语句的执行流程是怎样的。
5. Java 的运算符大致分为哪些类型? 其运算优先级别如何?
6. while 和 do…while 语句的区别是什么?

二、选择题

1. 下面选项能正确表示 Java 语言中的一个整型常量的是(　　　)。
   A. −8.0 　　　　　　B. 1000000 　　　　　　C. −30 　　　　　　D. 123
2. 下列变量定义错误的是(　　　)。
   A. char ch1='m',ch2='\'; 　　　　　　B. float x,y=1.56f;
   C. public int i=100,j=2,k; 　　　　　　D. float x;y;
3. 下列变量定义错误的是(　　　)。
   A. long a=987654321L; 　　　　　　B. int b=123;
   C. static e=32761; 　　　　　　D. int c,d;
4. 下列变量定义正确的是(　　　)。
   A. double d; 　　　　　　B. float f=6.6;
   C. byte b=130; 　　　　　　D. boolean t="true";
5. 以下字符常量中表示不正确的是(　　　)。
   A. 'a' 　　　　　　B. '# ' 　　　　　　C. ' ' 　　　　　　D. "a"
6. 定义 a 为 int 类型的变量, 下列正确的赋值语句选项是(　　　)。
   A. int a=6; 　　　B. a==3; 　　　C. a=3.2f; 　　　D. a+=a˘3;

7. 以下正确的 Java 语言标识符是( )。

    A. t% tools   B. a+b   C. java_123   D. test!

8. 假设以下选项中的变量都已正确定义,不合法的表达式是( )。

    A. a>=3==b<1   B. 'n'-1   C. 'a'=8   D. 'A'% 6

三、填空题

1. 表达式 2>=5 的运算结果是_____。

2. 表达式: (3>2)? 8 : 9 的运算结果是_____。

3. 在 Java 语言中,逻辑常量值除了 true 之外另一个是_____。

4. 表达式 9==8&&3<7 的运算结果是_____。

5. 表达式(18−4)/7+6 的运算结果是_____。

6. 表达式 5>2&&8<8&&23<36 的运算结果是_____。

7. 表达式 9−7<0 ‖11>8 的运算结果是_____。

8. 当整型变量 n 的值不能被 7 除尽时,其值为 false 的 Java 语言表达式是_____。

四、编程题

1. 已知圆球体积公式为 $V=4/3\pi r^3$,试编写程序,设计一个求圆球体积的方法,并在主程序中调用它,求出当 r=3 时圆球的体积值。

2. 曾有一位印度国王要奖赏聪明能干的宰相达依尔。 达依尔只要求在国际象棋的 64 个棋盘格上放置小麦粒,第一格放 1 粒,第二格放 2 粒,第三格放 4 粒,第四格放 8 粒……问最后需放置多少小麦粒呢?

3. 打印出所有的"水仙花数"。 所谓"水仙花数",是指一个 3 位数,其各位数字立方和等于该数本身。 例如,153 是一个"水仙花数",因为 $153=1^3+5^3+3^3$。

4. 一张纸的厚度为 0.1mm, 珠穆朗玛峰的高度为 8848.13m,假如纸张有足够大,将纸对折多少次后可以超过珠峰的高度?

5. 编写一个程序,定义一个数组并且实现数组的逆置。

6. 编写一个程序,判定用户输入的正数是否为"回文数"。 所谓"回文数",是指该数正读和反读都相同(如 12321)。

7. 编写程序,求出 100～200 的所有素数。

8. 编写程序,求出一个计算 3×3 矩阵的两条对角线(主、辅对角线)上的元素之和。

第二篇　Java 核心篇

本章学习目的与要求

Java 是纯面向对象的编程,通过本章的学习能够学会面向对象的思想,熟悉类和对象的关系,学会如何定义使用一个对象的类并将其应用于程序设计中,从而掌握 Java 语言的面向对象的程序设计方法。

本章主要内容

本章主要介绍以下内容:
- 面向对象的程序设计思想。
- 类和对象的关系。
- 类的定义及访问。
- 类的实例化。
- 类的封装、继承和多态。

前面介绍了 Java 基础语法和基本语句,Java 程序是通过类和对象来组织和构建的,Java 是一种真正的面向对象的程序设计语言,具备面向对象技术的特性,本章将介绍面向对象思想,重点讲解面向对象的核心概念和高级特性。

4.1 面向对象程序设计思想

4.1.1 面向对象程序设计的基本思想

面向对象(Object Oriented,OO)是当前计算机界关心的重点,是 20 世纪 90 年代软件开发方法的主流。

传统的用结构化方法开发的软件,其稳定性、可修改性和可重用性都比较差。这是因为结构化方法的本质是功能分解,从代表目标系统整体功能的单个处理着手,自顶向下不断把复杂的处理分解为子处理,这样一层一层地分解下去,直到仅剩下若干个容易实现的子处理功能为止,然后用相应的工具来描述各个最底层的处理。因此,结构化方法是围绕实现处理功能的"过程"来构造系统的。然而,用户需求的变化大部分是针对功能的,因此这种变化对于基于过程的设计来说是灾难性的。用这种方法设计出来的系统结构常常是不稳定的,用户需求的变化往往造成系统结构的较大变化,从而需要花费很大代价才能实现这种变化。

所谓面向对象的程序设计,就是把面向对象的思想应用到软件工程中,并指导开发维护软件。面向对象的概念和应用已经超越了程序设计和软件开发,扩展到数据库系统、交互式界面、应用平台、分布式系统、网络管理结构和人工智能等领域。

初始前段"面向对象"是专指在程序设计中采用封装、继承、抽象等设计方法。可是,这个定义显然不能再适合现在情况。面向对象的思想已经涉及软件开发的各个方面,主要包括:

- 面向对象的分析(Object-Oriented Analysis,OOA)。
- 面向对象的设计(Object-Oriented Design,OOD)。
- 面向对象的程序设计(Object-Oriented Program,OOP)。

面向对象的程序设计具有结构化程序设计特点;将客观事物看作具有属性和行为的对象;不再将问题分解为过程,而是将问题分解为对象,一个复杂对象由若干个简单对象构成;通过抽象找出同一类对象的共同属性和行为,形成类;通过消息实现对象之间的联系,构造复杂系统;通过类的继承与多态实现代码重用。

面向对象程序设计的优点是,使程序能够比较直接地反映问题域的本来面目,软件开发人员能够利用人类认识事物所采用的一般思维方法来进行软件开发。

4.1.2 面向对象程序设计方法的特点

面向对象程序设计方法具有以下主要特点。

1. 与人类习惯的思维方法一致

面向对象的设计方法使用现实世界的概念思考问题,从而自然地解决问题。它强调模拟现实世界中的概念,而不强调算法。

2. 稳定性好

现实世界中的实体是相对稳定的,因此以对象为中心构造的软件系统也是比较稳定的。

面向对象软件系统的结构是根据问题领域的模型建立起来的,而不是根据系统应完成的功能的分解建立的。因此,当系统功能需求变化时,不会引起软件结构的整体变化。

3. 可重用性好

软件重用是指在不同的软件开发过程中重复使用相同或相似软件元素的过程。传统软件重用技术是利用标准函数库,难以适应不同场合的不同需要。而面向对象编程可以在应用程序中大量采用成熟的类库,增强了可重用性。

4. 易于开发大型软件产品

面向对象程序设计方法使软件成本降低,整体质量提高,易于开发大型的软件产品。

5. 可维护性好

面向对象程序设计方法使开发的软件容易理解,稳定性好,容易修改,自然可维护性好。

下面介绍对象和类的基本概念。

4.2 类和对象的关系

对象是人们要进行研究的任何事物,从最简单的整数到复杂的飞机等均可看作对象,它不仅能表示具体的事物,还能表示抽象的规则、计划或事件。

对象具有状态,一个对象用数据值来描述它的状态。对象还有操作,用于改变对象的状态,对象及其操作就是对象的行为。对象实现了数据和操作的结合,使数据和操作封装于对象的统一体中。

对象具有唯一性。每个对象都有自身唯一的标识,通过这种标识,可以找到相应的对象。在对象的整个生命期中,它的标识都不改变,不同的对象不能有相同的标识。

对象有两个层次的概念,现实生活中对象指的是客观世界的实体或事物,可以是有形的(如一辆汽车),也可以是无形的(如一项计划),是构成世界的一个独立单位,具有静态特征(可以用某种数据来描述)、动态特征(对象表现的行为或具有的功能);而程序中对象就是一组变量和相关方法的集合,其中变量表明对象的状态,方法表明对象所具有的行为。对象是系统中用来描述客观事物的一个实体,它是用来构成系统的一个基本单位。对象由一组属性和一组行为构成。属性是用来描述对象静态特征的数据项。行为是用来描述对象动态特征的操作序列。我们可以将现实生活中的对象经过抽象,映射为程序中的对象。对象在程序中是通过一种抽象数据类型(与基本数据类型对应)来描述的,这种抽象数据类型称为类(Class),对象和类示意图如图 4-1 所示。

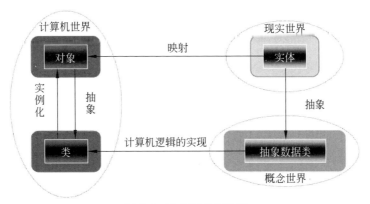

图 4-1 对象和类示意图

类:具有相同或相似性质的对象的抽象就是类。忽略事物的非本质特征,只注意那些与当前目标有关的本质特征,从而找出事物的共性,把具有共同性质的事物划分为一类,得出一个抽象的概念。因此,对象的抽象是类,类的具体化就是对象,也可以说类的实例是对象。

类具有属性,它是对象的状态的抽象,用数据结构来描述类的属性。

类具有操作,它是对象的行为的抽象,用操作名和实现该操作的方法来描述。

在客观世界中有若干类,这些类之间具有一定的结构关系。类之间的关系主要有以下3种。

(1) 一般与特殊:某个类实例同时是另一个类的对象。例如,动物类与人类、鸟类与丹顶鹤类。

(2) 整体与局部:一个实体的物理构成、空间上的包容及组织机构等。

(3) 关联:两个类的对象实例之间具有的某种依赖关系。例如,某人为某个公司工作,教师指导学生论文,某人拥有汽车。

类是描述对象的基本原型,它定义一类对象所能拥有的数据和能完成的操作。在面向对象的程序设计中,类是程序的基本单元。

相似的对象可以归并到同一个类中,就像传统语言中的变量与类型关系一样。

程序中的对象是类的一个实例,是一个软件单元,由一组结构化的数据和在其上的一组操作构成。对象之间进行通信的结构称为消息。在对象的操作中,当一个消息发送给某个对象时,消息包含接收对象去执行某种操作的信息。发送一条消息至少要包括说明接收消息的对象名、发送给该对象的消息名(即对象名、方法名)。一般还要对参数加以说明,参数可以是认识该消息的对象所知道的变量名,或者是所有对象都知道的全局变量名。类中操作的实现过程称为方法,一个方法有方法名、参数、方法体。

对象通过传递消息来相互作用和通信,如图 4-2 所示。

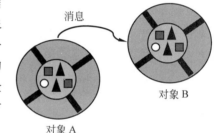

图 4-2　对象消息通信

【例 4-1】　类的创建。

```java
package sample;
class StringTest{
private String s;
public void printString(){
     System.out.println(s);
   }
   public void changeString(String str){
     s = str;
   }
   public static void main(String[] args){
     StringTest st = new StringTest();
     st.changeString("Hello Lixin");
     st.printString();
   }
}
```

程序运行结果:

```
Hello Lixin
```

当创建一个类时,创建了一种新的数据类型,我们可以创建该种类型的对象。也就是说,类是对象的模板(Template),而对象就是类的一个实例(Instance)。要获得一个类的对象需要两步。第一步,必须声明该类类型的一个变量,这个变量没有定义一个对象。实际上,它只是一个能够引用对象的简单变量。第二步,该声明要创建一个对象的实际的物理拷贝,并把对于该对象的引用赋给该变量。这是通过使用 new 运算符实现的。new 运算符为对象动态分配(即在运行时分配)内存空间,并返回对它的一个引用。这个引用是 new 分配给对象的内存地址,然后这个引用被存储在该变量中。这样,在 Java 中,所有的类对象都必须动态分配内存空间。

例如,在下面程序中可以创建一个对象,也就是类的一个实例。

```
StringTest st = new StringTest();
```

之后可以使用对象。对象的使用通过一个引用类型的变量来实现,包括引用对象的成员变量和方法,通过英文句点运算符“.”可以实现对变量的访问和方法的调用。例如:

```
BirthDate date = new BirthDate();
int day = date.day;      //引用 date 的成员变量 day
date.tomorrow();         //调用 date 的方法 tomorrow()
```

在上面的程序中如下调用方法:

```
st.printString();
```

4.3 类的定义及访问

Java 编程语言是面向对象的,现实生活中具有共同特性的对象的抽象就称为类,每个 Java 程序中至少包含一个类。类由类声明和类体构成,而类体又由成员变量和方法构成。

4.3.1 类的定义

类的基本语法如下:

```
[类修饰符] class 类名称 [extends 父类名称][implements 接口名称列表]
{
    成员变量定义及初始化;
    方法定义及方法体;
}
```

类的定义由类声明和类体组成。其中,类声明包含关键字 class、类名称及类的属性。类的修饰符有 public、abstract、final 和 friendly 4 种,默认方式为 friendly。

类修饰符为 public 或者缺省。public 用来声明该类为公有类,可以被别的对象访问。

声明为公有的类存储的文件名为类名。

(1) 类名称：用户自定义的标识符，用来标识这个类的引用。

(2) 父类(超类)名称：是指已经存在的类，可以是用户已经定义的，也可以是系统类。

(3) 接口名称：即后面讲到的接口。

类体包括成员变量和方法。

4.3.2 成员变量的定义及修饰字

成员变量是指类的一些属性定义，标识类的静态特征。成员变量的基本语法如下：

[变量修饰符] 变量数据类型 变量名 1，变量名 2[=变量初值]…；

对于一个成员变量，可以有 public、private 和 protected 3 种访问说明符。

(1) public：省略时默认为公有类型，可以由外部对象进行访问。

(2) private：私有类型，只允许在类内部的方法中使用，若从外部访问，必须通过构造函数间接进行。

(3) protected：受保护类型，子类访问受到限制。

成员变量的类型可以是 Java 中任意的数据类型，包括基本类型、数组、类或接口类型。在一个类中的成员变量应该是唯一的(封装要求使用 private 修饰符)。

4.3.3 方法的定义及修饰字

方法是类的操作定义，标识类的动态特征。方法的基本语法如下：

```
[方法修饰符] 返回类型　方法名称(参数 1，参数 2，…) [throws 异常类]
{
    方法体
}
```

说明：方法修饰符有[public ｜ protected ｜ private] [static] [final ｜ abstract] [native] [synchronized]。

返回类型可以是任意的 Java 数据类型，当一个方法不需要返回值时，返回类型为 void。

参数的类型可以是基本数据类型，也可以是引用数据类型(数组、类或接口)，参数传递方式是值传递。

方法体是对方法的实现，包括局部变量的声明以及所有合法的 Java 指令。局部变量的作用域只在该方法内部。

类定义示例如下：

```
class ExamClass
{ int a=5;
   public void printfa()
   {
       System.out.println("a="+a);
   }
}
```

程序中定义了一个类,名字为 ExamClass,在该类中定义了一个成员变量 a,一个成员方法 printfa(),上面就完成了基本的类的定义。

4.3.4 方法的参数传递

方法分为有参数的方法和无参数的方法。在调用一个有参(参数称为形式参数)方法时,必须给方法提供实际参数,完成实际参数向形式参数的值的传递,就是参数传递。计算机语言为子程序传递参数提供两种方式,第一种方式是值传递(pass-by-value),这种方式将一个参数值(value)复制成为子程序的参数,这样对子程序参数的改变不影响调用它的参数;第二种方式是引用传递(pass-by-reference)。在这种方式中,参数的引用(而不是参数值)被传递给子程序参数。在子程序中,该引用用来访问调用中指定的实际参数,这样对子程序参数的改变将可能会影响调用子程序的参数。

1. 基本数据类型的参数传递

对于基本数据类型的参数,它是"值传递"方式。

【例 4-2】 参数的传递方式。

```
package sample;
class ParamPass {
    void add(int i) {
        i += 5;
    }
    public static void main(String args[]) {
        int   a = 10
        System.out.println("a and b before call: " + a );
        ParamPass ob = new ParamPass();
        ob.add(a);
        System.out.println("a and b after call: " + a );
    }
}
```

程序输出结果:

```
a and b before call: 10
a and b after call: 10
```

可以看出,虽然在 add()方法中改变了传递过来的参数,即在 add()内部发生的操作不影响 main()方法里 a 的值,它们的值在本例题中并没有变为 15。

2. 引用数据类型的参数传递

对于引用类型的参数,它也是"值传递"方式,只不过传递的是引用的值(有些书中称为引用传递)。因此,引用本身无法被改变,而引用指向的对象内容可以被改变。

例如,例 4-2 中的代码片段:

```
//引用传递,试图改变引用指向的对象内容,这是允许的
public void changeName(Student s)
{ s.setName("张力"); }
//引用传递,试图改变引用本身,这是不允许的
public void changeStudent(Student s)
{  s =new Student("张燕", "女", 19);  }
```

其中,changeName 方法中传递的是引用类型的参数,在方法中试图修改引用指向的对象的内容,这是允许的;而 changeStudent 方法传递的也是引用类型的参数,但是在方法中试图修改引用本身的值,这是无法实现的。

注意:在 Java 中,方法参数的传递是一个比较容易混淆的地方,这一点和 C++ 不同。

在类中,数据或变量被称为实例变量(Instance Variables),代码包含在方法(Methods)内。定义在类中的方法和实例变量被称为类的成员(Members)。在大多数类中,实例变量被定义在该类中的方法操作和存取中,这样方法决定该类中的数据如何使用。

4.3.5 类成员的访问控制符

类成员的访问控制符有 public、private、protected 及无修饰符。

(1) public:用 public 修饰的成分表示是公有的,也就是它可以被其他任何对象访问(前提是对类成员所在的类有访问权限)。

(2) private:类中限定为 private 的成员只能被这个类本身访问,在类外不可见。

(3) protected:用该关键字修饰的成分是受保护的,只可以被同一类及其子类的实例对象访问。

(4) 无修饰符(默认访问控制):public、private、protected 3 个限定符不是必须要写的。如果不写,则表明是友好的(friendly),相应的成分可以被所在的包中各类访问。如果一个成员方法或成员变量前没有使用任何访问控制符,我们就称这个成员是默认的(default)。它可以被这个包中的其他类访问。各种修饰符的作用比较如表 4-1 所示。

表 4-1 类成员修饰符的作用比较

修　饰　符	同一个类中	同一个包中	不同包中的子类中	全　　局
public	Yes	Yes	Yes	Yes
protected	Yes	Yes	Yes	No
default(friendly)	Yes	Yes	No	No
private	Yes	No	No	No

类本身只有两种访问控制,即 public 和默认。只要在 class 前没有使用 public 修饰符,源文件的名称可以是一切合法的名称。带有 public 修饰符的类的类名必须与源文件名相同。

4.4 类的实例化

类实例化可生成对象,对象通过消息传递来进行交互。消息传递即激活指定的某个对象的方法以改变其状态或者让它产生一定的行为。一个对象的生命周期包括 3 个阶段:

生成、使用和销毁。

4.4.1　创建对象

对象的生成包括声明、实例化和初始化。创建对象的基本语法如下：

```
类名称    对象名                    //声明对象
对象名=new   类名([<参数列表>]);  //创建对象
```

声明对象并不为对象分配内存空间,而只是分配一个引用空间;对象的引用类似于指针,是 32 位的地址空间,它的值指向一个中间的数据结构,它存储有关数据类型的信息以及当前对象所在的堆的地址,而对于对象所在的实际的内存地址是不可操作的,这就保证了安全性。

运算符 new 为对象分配内存空间,它调用对象的构造方法,返回引用;一个类的不同对象分别占据不同的内存空间。

每个对象的实例变量都分配内存,通过该对象来访问这些实例变量,不同的实例变量是不同的。类变量仅在生成第一个对象时分配内存,所有实例对象共享同一个类变量,每个实例对象对类变量的改变都会影响到其他的实例对象。类变量可以通过类名直接访问,无须先生成一个实例对象,也可以通过实例对象访问类变量。

4.4.2　对象成员的使用

对象成员的使用是通过运算符.实现对变量的访问和方法的调用。变量和方法可以通过设定访问权限来限制其他对象对它的访问。对象成员的使用的基本语法如下：

```
对象名.成员变量名
对象名.成员方法名([<参数列表>]);
```

【例 4-3】 类的定义及成员方法的使用。

```java
package sample;
public class Person
{
  int age;
  public static void pout()
  {
    System.out.println("My age is" +age);
  }
  public static void main(String  args[])
  {
    Person p1 =new Person();
    Person p2 =new Person();
    p1.age =20;
    p2.age=18;
```

```
    p1.pout();
    p2.pout();
  }
}
```

程序运行结果：

```
My age is 20
My age is 18
```

在上面的代码中，定义了一个 Person 类，该类有一个属性 age，一个方法 pout。类的属性称为类成员变量，类的方法称为类的成员函数。一个类中的方法可以直接访问同类中的任何成员（包括成员变量和成员函数），例如 pout()方法可以直接访问同一个类中的 age 变量。创建新的对象之后，就可以使用"对象名.对象成员"的格式来访问对象的成员（包括属性和方法）。

上面的程序代码演示了 Person 类对象的产生和使用方式。其中，在 TestPerson.main 方法中创建了两个 Person 类的对象，并定义了两个 Person 类的对象引用 p1、p2，分别指向这两个对象。接着，程序调用了 p1 和 p2 的方法和属性，p1、p2 是两个完全独立的对象，类中定义的成员变量，在每个对象都被单独实例化，不会被所有的对象共享，改变了 p1 的 age 属性，不会影响 p2 的 age 属性。调用某个对象的方法时，该方法内部所访问的成员变量是这个对象自身的成员变量。

4.4.3　对象资源的回收

许多程序设计语言都允许在程序运行期动态地分配内存空间。内存空间分配的方式多种多样，具体内存空间的分配方式取决于该种语言的语法结构。但不论是哪一种语言的内存分配方式，最后都要返回所分配的内存块的起始地址，即返回一个指针到内存块的首地址。当已经分配的内存空间不再需要时，换句话就是当指向该内存块的句柄超出了使用范围的时候，该程序或其运行环境就应该回收该内存空间，以节省宝贵的内存资源。

在 C/C++ 或其他程序设计语言中，无论是对象还是动态配置的资源或内存，都必须由程序员自行声明产生和回收，否则其中的资源将被消耗，造成资源的浪费甚至死机。但是，手工回收内存往往是一项复杂而艰巨的工作。因为要预先确定占用的内存空间是否应该被回收是非常困难的。如果一段程序不能回收内存空间，而且在程序运行时系统中又没有了可以分配的内存空间时，这段程序就只能崩溃。通常，把分配出去后，却无法回收的内存空间称为内存渗漏体（Memory Leaks）。

以上这种程序设计的潜在危险性在 Java 这样以严谨、安全著称的语言中是不允许的。但是，Java 语言既不能限制程序员编写程序的自由性，又不能把声明对象的部分去除，于是 Java 技术提供了一个系统级的线程，即垃圾收集器线程（Garbage Collection Thread），来跟踪每一块分配出去的内存空间。当 Java 虚拟机（Java Virtual Machine）处于空闲循环时，垃圾收集器线程会自动地检查每一块分配出去的内存空间，然后自动地回收每一块可以回收的无用的内存块，有效地防止了内存渗漏体的出现，并极大地节省了宝贵的内存资源。

程序员也不用考虑对象的释放问题,也减轻了程序员的负担,提高了程序的安全性。

JDK 10 新增特性有 GC 改进和内存管理。JDK 10 中有两个 JEP 专门用于改进当前的垃圾收集元素。Java 10 的第二个 JEP 是针对 G1(并行全垃圾回收器)的并行完全 GC (JEP 307),其重点在于通过完全 GC 并行来改善 G1 最坏情况的等待时间。G1 是 Java 9 中的默认 GC,并且此 JEP 的目标是使 G1 平行。

4.5 构造方法

Java 中的每个类都有构造方法,用来初始化该类的一个新对象。构造方法(Constructor) 是一种特殊的方法。构造方法的名称必须和类名相同,为公有类型且无返回值,用来从类实例中访问类时初始化此类的私有变量。

当创建对象时,由 new 运算符调用构造方法。如果没有写构造方法,系统会自动添加一个无参构造方法。如果是数值类型初始化为 0,是布尔类型,则初始化为 false。需要特别要注意的是,如果程序中已经定义了构造方法,Java 就不会再生成默认的构造方法了。

接口不允许被实例化,所以接口中没有构造方法。另外,构造方法不能被 static、final、synchronized、abstract 和 native 修饰。

【例 4-4】 构造方法的示例。

```java
//程序文件名为 UseConstruct.java
package sample;
public class UseConstruct {

  public static void main(String[] args) {
    //创建 Person 对象,并明确对象的年龄和姓名
    Person p =new Person(23, "张三");
    p.speak();
  }
}

class Person {

  //Person 的成员属性 age 和 name
  private int age;
  private String name;

  //Person 的构造方法,拥有参数列表
  Person(int a, String nm) {
  //接收创建对象时传递进来的值,并将值赋给成员属性
    age =a;
    name =nm;
  }
```

```
public void speak() {
    System.out.println("name=" +name +",age=" +age);
  }
}
```

程序运行结果：

name=张三,age=23

4.6 类的封装

在 Java 中,最基本的封装单元是类,一个类定义将由一组对象所共享的行为(数据和代码)。一个类的每个对象均包含它所定义的结构与行为,这些对象就好像是一个模子铸造出来的,所以对象也称为类的实例。

封装是抽象的一种具体体现,把一组数据和与其有关的操作集合组装在一起,就形成了一个能动的实体。封装目的是增强安全性和简化操作。使用者不必了解具体的实现细节,而只需要通过外部接口来使用类的成员。例如,生活中的封装实体——集成电路,面向对象中的封装实体——对象。

在 Java 中就是通过类这样的机制来完成封装性。在创建一个类时,实际上是在创建一种新的数据类型,不但要定义数据的属性,也要定义操作数据的代码,所以封装把对象的所有组成部分(包括数据和方法)组合在一起。同时,封装也提供另一个重要属性——访问控制(access control)。通过访问控制,可以阻止对象的滥用。也就是说,封装可以将类的数据隐藏起来,从而控制用户对类的修改和访问数据的程度。另外,方法定义了与该类数据一致的控制接口。因此,可以通过类的方法来使用类,而没有必要知道它的实现细节或者在类的内部数据实际上是如何被管理的。在某种意义上,一个类就像"一个数据引擎"。我们可以通过操纵杆来控制使用引擎,而不需要知道引擎内是如何工作的。事实上,细节被隐蔽,当需要时,它的内部工作可以被改变。只要程序代码通过类的方法来使用它,内部的细节就可以改变而不会对类的外部带来负面影响。

一个成员如何被访问,取决于修改它的声明的访问指示符(access specifier)。Java 提供了一套丰富的访问指示符。存取控制的某些方面主要和继承或包(package,本质上是一组类)联系在一起,Java 的这些访问控制机制将在以后讨论。现在,让我们从访问控制一个简单的类开始来了解访问控制的基本原理。

Java 的访问指示符有 public(公有的、全局的)、private(私有的、局部的)和 protected (受保护的)。Java 也定义了一个默认访问级别,其中指示符 protected 仅用于继承情况中。

下面描述其他访问指示符。

从定义 public 和 private 开始。当一个类成员被 public 指示符修饰时,该成员可以被程序中的任何其他代码访问。当一个类成员被指定为 private 时,该成员只能被它的类中的其他成员访问。现在我们能理解为什么 main() 总是被 public 指示符修饰,它被程序外面的代码调用,也就是由 Java 运行系统调用。如果不使用访问指示符,该类成员的默认访问设置成在它自己的包内为 public,但是在它的包以外不能被存取。

到目前为止,所开发的类的所有成员都使用了默认的访问方式,然而这并不是我们想要的典型方式。通常,要想对类数据成员的访问加以限制,那么只允许通过方法来访问它。有时候也想把一个方法定义为类的一个私有的方法。

访问指示符位于成员类型的其他说明的前面。也就是说,成员声明语句必须以访问指示符开头。下面是一个例子:

```
public int i;
private double j;
private int myMethod(int a,char b) { ⋯ }
```

要理解 public 和 private 对访问的作用,请看下面的程序。

【例 4-5】 数据的封装。

```
package sample;
class EncapTest {
    int a;                    //默认存取控制(default access)
    public int b;             //公有存取控制(public access)
    private int c;            //私有存取控制(private access)
    //访问 c 的方法
    void setc(int i) {        //设定 c 的值
      c =i;
    }
    int getc() {              //获得 c 的值
      return c;
    }
}

public class AccessTest {
    public static void main(String args[]) {
      EncapTest ob =new EncapTest();
      //以下代码是正确的
      ob.a =10;
      ob.b =20;
      //以下代码会产生错误
      //ob.c =30;
      //必须通过公有的方法操作 c
      ob.setc(30);             //正确
      System.out.println("a,b,and c: " +ob.a +" " +ob.b +" " +ob.getc());
    }
}
```

程序输出结果:

```
a, b, and c:10 20 30
```

可以看出,在 EncapTest 类中,a 使用默认访问指示符,在本例中与 public 相同。b 被显式地指定为 public。成员 c 被指定为 private,因此它不能被它的类之外的代码访问。所以,在 AccessTest 类中不能直接使用 c。对 c 的访问只能通过它的 public 方法:setc()和 getc()。如果将下面语句开头的注释符号去掉,那么由于违反语法规则将不能编译这个程序。

```
//ob.c =30;        //错误!
```

4.7 类的继承

4.7.1 继承的概念

继承性是面向对象程序设计语言的另一个基本特性,是不同于其他语言的最重要的特点,类的继承性使所建立的软件具有开放性、可扩充性,它简化了对象、类的创建工作量,增加了代码的可重性。采用继承性,提供了类的规范的等级结构。通过类的继承关系,使公共的特性能够共享,提高了软件的重用性,是面向对象技术能够提高软件开发效率的重要原因之一。运用继承,能够创建一个通用类,用来定义一系列相关项目的一般特性,通用类可以被更具体的类继承,每个具体的类都增加一些自己特有的东西。

所谓继承,就是保持已有类的特性而构造新类的过程。继承是子类利用父类中定义的方法和变量,就像它们属于子类本身一样。特殊类的对象拥有其一般类的全部属性与服务,称为特殊类对一般类的继承。例如,汽车与小汽车,教育工作者与教师。当一个类拥有另一个类的所有数据和操作时,就称这两个类之间存在着继承关系。

父类:被继承的已有类称为父类。

子类:通过继承而得到的类称为子类,子类继承了父类的所有数据和操作。

单继承:在类层次中,子类只继承一个父类的数据结构和方法,一个类只有一个父类。

多继承:在类层次中,子类继承了多个父类的数据结构和方法,一个类允许有多个继承。

注意:Java 中不支持类之间的多重继承(注:Java 支持接口之间的多重继承),即不允许一个子类继承多个父类。这是因为多重继承带来了许多必须处理的问题。多重继承只对编程人员有益,却增加了编译器和运行环境的负担。

Java 支持多层继承。也就是说,Java 可以建立包含任意多层继承的类层次。前面提到,用一个子类作为另一个类的超类是完全可以接受的。例如,给定 3 个类 A、B 和 C,其中 C 是 B 的一个子类,而 B 又是 A 的一个子类。当这种情况发生时,每个子类继承它的所有超类的属性,即 C 继承 B 和 A 的所有方面。

4.7.2 继承的实现

下面通过在类的声明中加入 extends 子句来创建一个类的子类:

```
class SubClass extends SuperClass
{…}
```

如果缺省 extends 子句,则该类为 java.lang.Object 的子类。子类可以继承父类中访问权限设定为 public、protected、default 的成员变量和方法,但是不能继承访问权限为 private 的成员变量和方法。

【例 4-6】 类的单继承的实现。

```
//程序文件名 TestExtend.java
package sample;
public class TestExtend extends Employee
{
    public static void main(String[] args)
    {
        System.out.println("覆盖的方法调用:" +getSalary("王一",500));
        System.out.println("继承的方法调用:" +getSalary2("王一",500));
        System.out.println("覆盖的方法调用:" +getSalary("王飞",10000));
        System.out.println("继承的方法调用:" +getSalary2("王飞",10000));
    }
    public static String getSalary(String name, int salary)
    {
      String str;
      if (salary>5000)
        str ="名字: " +name +"     Salary: " +salary;
      else
        str ="名字: " +name +"     Salary: 低于 5000";
        return str;
    }
};
class Employee
{
  public String name;          //名字
  public int salary;           //薪水
  public static String getSalary(String name, int salary)
  {
    String str;
    str ="名字: " +name +"     Salary: " +salary;
    return str;
  }
  public static String getSalary2(String name, int salary)
  {
    String str;
    str ="名字: " +name +"     Salary: " +salary;
    return str;
  }
}
```

程序输出结果：

```
覆盖的方法调用:名字:王一        Salary:低于 5000
覆盖的方法调用:名字:王一        Salary: 500
覆盖的方法调用:名字:王一        Salary:10000
覆盖的方法调用:名字:王一        Salary:10000
```

说明：程序中定义了父类 Employee 类，它有两个方法 getSalary() 和 getSalary2()，方法体的实现都是一致的，都为输出名字和薪水的值。在 TestExtend 主类中覆盖了 getSalary() 方法，方法体重新定义为薪水低于 5000 时并不输出薪水的值而是输出"低于 5000"，用于和继承的 getSalary2() 方法进行比较。由上面的例题结果可以看出，覆盖的方法按主程序中重定义的方法调用，而继承的方法直接调用父类中的方法。关于方法的覆盖（重写）将在下节介绍。

【例 4-7】 私有数据与继承。

```java
//A是父类.
package sample;
class A {
  int i;                       //默认存取控制
  private int j;               //私有变量
  void setij(int x, int y) {
    i =x;
    j =y;
  }
}
//B 不能获取 A 中的私有变量
class B extends A {
  int total;
  void sum() {
    total =i +j;               //错误,j 不能被获取
  }
}

class Access {
  public static void main(String args[]) {
    B subOb =new B();
    subOb.setij(10, 12);
    subOb.sum();
    System.out.println("Total is " +subOb.total);
  }
}
```

上述程序不会编译，因为 B 中 sum() 方法内部对 j 的引用是不合法的。既然 j 被声明成 private，那么它只能被它自己类中的其他成员访问，而子类无权访问它。

4.7.3　方法重写

1. 方法重写

方法重写(overriding)也称为方法覆盖,指在子类中重新定义父类中已有的方法。

方法重写允许通用类指定方法,这些方法对该类的所有派生类都是公有的,同时该方法允许子类定义这些方法中的某些或全部的特殊实现。也就是说,方法重写能够帮助 Java 实现它的多态性。

2. 方法重写的条件

如果能满足以下条件,那么就说子类中的方法重写了超类中的方法。

- 方法名、参数列表和返回值完全相同。
- 访问控制范围(public、protected、private、default)不能被缩小。
- 抛出的异常不能被扩大。

【例 4-8】　方法的重写。

```java
package sample;
import java.io.IOException;

public class OverridenTest {
  public static void main(String[] args) {
      SuperC c = new SubC();
      c.methodA(0);
      c.methodB();
      c.methodC();
      try{
          c.methodD("hello", 3);
      }catch(Exception e) {}
      c.methodE("aaa", 2);
  }
}


class SuperC {
    public void methodA(int i) {
        System.out.println("methodA(int) in SuperC");
    }

    protected void methodB() {
        System.out.println("methodB() in SuperC");
    }

    void methodC() {
        System.out.println("methodC() in SuperC");
    }
```

```
        public void methodD(String s, int i) throws Exception {
            System.out.println("methodD(String, int) in SuperC");
        }

        public int methodE(String s, int i) {
            System.out.println("methodE(String, int) in SuperC");
            return 0;
        }
    }

class SubC extends SuperC {
    public void methodA(int i) {
        System.out.println("methodA(int) in SubC");
    }

    public void methodB() {
        System.out.println("methodB() in SubC");
    }

    void methodC() {
        System.out.println("methodC() in SubC");
    }

    public void methodD(String s, int i) throws IOException {
        System.out.println("methodD(String, int) in SubC");
    }

    public int methodE(String s, int i) {
        System.out.println("methodE(String, int) in SubC");
        return 0;
    }

}
```

以上方法都满足方法重写的条件。

程序输出结果：

```
methodA(int) in SubC
methodB() in SubC
methodC() in SubC
methodD(String, int) in SubC
methodE(String, int) in SubC
```

4.7.4　this()和 super()的使用

this()方法与上面的 this 关键字不同，this()方法代表的是一个构造方法对其他构造方法的调用。这里要特别注意的是,this()方法必须放在构造方法的第一行,即它前面不能再有其他语句。

【例 4-9】 this()方法的使用。

```java
package sample;
public class Employee {
    private String name;
    private int salary;

    public Employee(String n, int s) {
        name =n;
        salary =s;
    }

    public Employee(String n) {
        this(n, 0);
    }

    public Employee() {
        //int a =0;      //错误!this()必须放在构造方法的第一行
        this(" Unknown ");
    }
}
```

super()有两种通用形式。第一种是调用超类的构造方法。当一个子类调用 super()时,它调用它的直接超类的构造方法。这样,super()总是引用调用类直接的超类,这甚至在多层次结构中也是成立的。还有,super()必须是子类构造方法中的第一个执行语句。

第二种是用来访问被子类的成员隐藏的超类成员。super()指向这个对象的父类。super()可以用来引用父类中的(被覆盖的)方法、(被隐藏的)变量及构造方法。

```java
public class Apple extends Fruit
{
    public Apple(double price)
    {
        super(price);
        super.var =value;
        super.method(paraList);
    }
}
```

以上程序表示使用父类的构造方法生成实例,super 必须是子类构造方法的第一条语句。

4.7.5　继承中的构造方法调用

类层次结构创建以后,组成层次结构的类的构造方法以怎样的顺序被调用呢? 例如,给定一个名为 B 的子类和超类 A,是 A 的构造方法在 B 的构造方法之前调用,还是情况相反? 这和人们生活中的逻辑一样,在类层次结构中,构造方法以派生的次序调用,从超类到子类。而且,super()必须是子类构造方法的第一条执行语句,无论是否用到了 super(),这个次序都不改变。如果 super()没有被用到,那么每个超类的默认的或无参数的构造方法仍将执行。下面的例子阐述了何时执行构造方法。

【例 4-10】　构造方法。

```java
/**
 * InheritanceTest.java
 * 演示执行构造方法
 */
package sample;
public class InheritanceTest {
    public static void main(String[] args) {
        new SubA(1);
        SubA sa = new SubA();
        sa.print();
        new SubB();
    }

}

class SuperA {
    private int j = 10;
    public SuperA(int i) {
        System.out.println("constructor SuperA(int)");
    }

    public SuperA() {
        System.out.println("constructor SuperA()");
    }

    void print() {
        System.out.println("print() in SuperA");
    }
}

class SubA extends SuperA {
```

```
        private int k =2;
        public SubA(int i) {
            super(i);
            System.out.println("constructor SubA(int)");
        }

        public SubA() {
            //隐含调用 super()-->SuperA()
            System.out.println("constructor SubA()");
        }

        void print() {
            super.print();
            System.out.println("print() in SubA");
        }
    }

class SuperB {

    public SuperB(String s) {
        System.out.println("Constructor superB(String)");
    }
}

class SubB extends SuperB {
    public SubB() {
        super("Hello");
        System.out.println("Constructor subB()");
    }
}
```

程序运行结果：

```
constructor SuperA(int)
constructor SubA(int)
constructor SuperA()
constructor SubA()
print() in SuperA
print() in SubA
Constructor superB(String)
Constructor subB()
```

说明：上述程序代码关键在于第 3 行，虽然在 public SubA()中没有使用 super()，但是超类默认的或无参数的构造方法仍将执行。

4.7.6 finalize()方法的使用

在对对象进行垃圾收集前,Java 运行时系统会自动地调用对象的 finalize() 方法来释放系统资源。该方法必须按以下方式声明:

```
protected void finalize() throws throwable
{…}
```

finalize()方法是在 java.lang.Object 中实现的,在用户自定义的类中,它可以被覆盖,但一般在最后要调用父类的 finalize()方法来清除对象所使用的所有资源。

```
protected void finalize() throws throwable
{
    …        //释放本类中使用的资源
    super.finalize();
}
```

注意:在 Java 中,对象执行完毕并不显式撤销对象,而是在没有任何引用的时候,将对象标识为不再使用。因此,程序员无法确切地知道何时何地调用 finalize(),甚至执行垃圾回收时,也不保证立即执行 finalize()方法。

4.7.7 对象的比较

有时候需要比较两个对象是否相等,这时候一定要注意==和 equals()的区别。
(1)==用来比较两个引用是否指向同一个对象。
(2)equals()需要在类定义中重写,用来识别两个对象是否具有相同的类型和内容。
【例 4-11】 对象的比较。

```
/**
 * 演示对象的比较
 */
package sample;
public class EqualTest {
    public static void main(String[] args) {
        String s1 =new String("Hello  World!");
        String s2 =s1;
        String s3 =new String("Hello  World!");
        System.out.println("s1 ==s2:" +(s1==s2));
        System.out.println("s1 ==s3:" +(s1==s3));
        System.out.println("s1.equals(s3):" +s1.equals(s3));

        Account a =new Account("wang", 50);
        Account b =new Account("wang", 50);
        System.out.println("a ==b:" +(a==b));
        System.out.println("a.equals(b):" +a.equals(b));
```

```
    }
}

class Account {
    private String name;
    private double balance;

    public Account(String name, double balance) {
        this.name =name;
        this.balance =balance;
    }

    public boolean equals(Account a) {
        return(name.equals(a.name) && (balance ==a.balance));
    }
}
```

程序运行结果：

```
s1 ==s2:true
s1 ==s3:false
s1.equals(s3):true
a ==b:false
a.equals(b):true
```

4.8 多态性

4.8.1 多态的概念

多态是指一个方法只能有一个名称，但可以有许多形态。也就是说，程序中可以定义多个同名的方法，用"一个接口，多个方法"来描述，可以通过方法的参数和类型引用实现。

多态性是指相同的操作或者函数、过程可作用于多种类型的对象上，并且获得不同的结果。不同的对象，收到同一消息可以产生不同的结果，这种现象称为多态性。多态性指的是在一般类中定义的属性或行为，被特殊类继承之后，可以具有不同的数据类型或表现出不同的行为。也可以理解为同样的消息被不同的对象接受时会导致不同的行为。例如，"交通工具"类有"走动"的行为，飞机的行为是"在天空飞行"，火车的行为是"在陆地上行驶"。这里交通工具"走动"的行为就是多态的。

多态意味着可以关联不同的实例对象，从而产生不同的行为。在面向对象的软件技术中，多态性也可以理解为不同的对象可以调用相同名称的函数，却能导致完全不同的行为的现象。多态性允许每个对象以适合自身的方式去响应共同的消息。多态性增强了软件的灵活性和重用性。

4.8.2 多态实现条件

多态实现有以下 3 个条件。

（1）继承和方法重写。继承和方法重写在前面已经讲过，这里不再详述。

（2）子类对象声明超类类型。例如，如果有

```
public class Employee extends Object
{…}
public class Manager extends Employee
{…}
```

那么下列语句合法。

```
Employee e =new Manager();      //合法语句
```

（3）运行时类型识别（Run Time Type Identification，RTTI）。对于重写的方法，Java 运行时系统根据调用该方法的实例类型来决定将选择哪个方法来调用。请参看下面的例题。

【例 4-12】 重写方法的调用。

```
package sample;
class Car {
    int color_number;
    int door_number;
    int speed;
    public void push_break(){
            speed =0;
    }
    public void add_oil() {      }
}

class Trash_Car extends Car{
    double amount;
    public void fill_trash() {      }
    public void push_break() {
            speed =speed -10;
    }
}
public class DemoCar{
  public static void main(String args[ ]){
    Car aCar =new Trash_Car( );
    aCar. push_break( );
  }
}
```

这里因为继承关系,可以把 aCar 声明为 Car 类型,而不是它真正的类型 Trash_Car,但实际上类 Trash_Car 中的 push_break()方法将被调用。这是因为 Java 支持运行时类型识别技术。也就是说,Java 在程序运行时会检查对象的真正类型,而不仅仅根据编译时对象所声明的类型来调用方法。这与 Java 中的 instanceof 运算符有关,instanceof 用来判断某个对象是否属于某个类型。

假设 Manager 继承了 Employee,下面举例说明如下。

```java
package sample;
public class InstanceofTest {

    public static void main(String[] args) {
        Employee unknown = new Manager();
        Employee john = new Employee("john");
        System.out.println("unknown is instanceof manager: " + (unknown
instanceof Manager));
        System.out.println("unknown is instanceof employee: " + (unknown
instanceof Employee));
        System.out.println("john is instanceof manager: " + (john instanceof
Manager));
        System.out.println("john is instanceof employee: " + (john instanceof
Employee));
    }

}
```

程序运行结果:

```
unknown is instanceof manager: true
unknown is instanceof employee: true
john is instanceof manager: false
john is instanceof employee: true
```

从程序运行结果可以看出,虽然 unknown 被声明为 Employee,但是它实际上是 Manager 类型。RTTI 可以帮助确定对象的真正类型。

4.8.3 多态性的代码实现

下面是基本模板。
(1)继承和方法重写。

```
SubC1 extends SuperC      override methodA();
SubC2 extends SuperC      override methodA();
SubC3 extends SuperC      override methodA();
```

（2）子类对象声明超类类型（这里使用数组）。

```
SuperC[ ] sa ={
    new SubC1( ),
    new SubC2( ),
    new SubC3( )
}
```

（3）运行时类型识别。

```
for(int i=0; i<sa.length; i++){
  sa[i].methodA();
}
```

【例 4-13】 多态的实现。

```
package sample;
public class ShapeTest {

  public ShapeTest() {
  }

  public static void main(String[] args) {
    Shape[] s={new Shape(1,4),
               new Rectangle(1,2,3,4),
               new Circle(2,3,5)};
    for(int k =0; k <s.length; k++){
        s[k].draw();
    }
  }

}

class Shape{
  protected int x;
  protected int y;

  public Shape(){ }
  public Shape(int x, int y){
      this.x =x;
      this.y =y;
  }
  public void draw(){System.out.println("This is a test in shape."); }

}
```

```
class Rectangle extends Shape{
  private int height;
  private int weight;

  public Rectangle(int x, int y, int w, int h){
      super(x,y);
      this.weight =w;
      this.height =h;

  }
  public void draw(){System.out.println("This is a test in Rectangle.");}
}

class Circle extends Shape{
  private int r;

  public Circle(int x, int y, int r){
    super(x,y);
    this.r =r;

  }
  public void draw(){System.out.println("This is a test in Circle.");}

}
```

程序运行结果：

```
This is a test in shape.
This is a test in Rectangle.
This is a test in Circle.
```

4.9 项目案例

4.9.1 学习目标

（1）通过本案例，树立起初步的面向对象的编程思想。
（2）通过本案例，熟练地掌握类的构造方法创建对象的过程。
（3）了解 Java 的垃圾回收机制。
（4）加深对面向对象的封装、继承、多态的感性认识与理解。

4.9.2 案例描述

在配套的项目中，登录时需要用户的信息，查询产品时需要产品的信息。在 Java 面向对象的编程理念中，需要把这些相应的信息封装成实体类，然后去使用它们。其中，用户信息包括：用户名，密码，权限。产品信息包括：产品名称，化学文摘登记号，结构图，公式，价格，数量，类别。

4.9.3 案例要点

（1）各个实体类都是 public 类型的。

（2）实体类的属性应为 private 类型，每一个属性配备相应 public 类型的 get()与 set()方法。

（3）实体类需要多个不同的构造器，以满足不同的构造需要。

4.9.4 案例实施

（1）编写用户类 User.java。

```java
package chapter04;
public class User{
    private String username;
    private String password;
    private int authority;
}
```

（2）添加各个属性对应的 get()与 set()方法。

例如，下面的 username 的 set()与 get()方法，注意这个方法的命名规范。

```java
public void setUsername(String username){
    this.username=username;
}
public String getUsername(){
    return this.username;
}
```

（3）添加类的构造方法。

```java
public User() {
}
public User(String username, String password) {
    this.username =username;
    this.password =password;
}
public User(String username, String password, int authority) {
    this.username =username;
    this.password =password;
    this.authority =authority;
}
```

（4）编写测试类。

```
package chapter04;
public class Test {
    public static void main(String[] arg) {
        User user =new User();
        user.setUsername("admin");
        user.setPassword("123");
        User user1 =new User("ascent", "456");
        System.out.println(user.getUsername());
        System.out.println(user1.getUsername());
    }
}
```

（5）运行测试类。

输出结果如下：

```
admin
ascent
```

4.9.5　特别提示

（1）类的构造器中，没有参数的构造器是一个默认的构造器。如果类中没有任何构造器，则 Java 虚拟机会给这个类一个没有参数的构造器；如果在类中已经有了带参数的构造器，则需要在类中添加没有参数的构造器，否则无法使用没有参数的构造器来创建对象。

（2）为了实现类的封装，实体类的属性可以对外部不公开，只在类的内部使用。可以把属性设置为 private 类型的，然后通过这个类的公开的方法对这个类的属性进行操作。例如本案例中，用户类的 username 属性是用 private 修饰的，并且提供了它的 get() 和 set() 方法。

4.9.6　拓展与提高

（1）本案例中只构建了一个 User 类，读者可把另外一个 Product 类实现出来以加深理解。

（2）在输出用户信息的时候，只能通过对象获得它的属性值，如果要输出很多属性值都要通过对象获得，那么将是很烦琐的，例如：

```
System.out.println("用户名:"+user.getUsername()+" 密码:"+user.getPassword());
```

是否有简单的方法？答案是肯定的：

我们可以在它的实体类方法里面添加一个方法 toString()，实际上这是一个方法重写。

```
public String toString(){
    return "用户名:"+this.getUsername()+" 密码:"+this.getPassword();
}
```

这样,就可以在输出的时候直接用下面这条语句:

```
System.out.println(user);
```

如果没有重写 toString()方法而直接输出 user 对象会是什么样的结果呢? 请读者自己测试。

(3) 在第 2 章中模拟了用户的登录,用户信息是在字符串中存放的。学习了类的封装之后,可不可以把这些用户信息封装起来,然后存放到一个 User 类型的数组中,再来实现登录呢?

本章总结

本章主要讲解了面向对象的核心概念,包括:
- 面向对象的分析、面向对象的设计和面向对象的程序设计。
- Java 中的类、方法和变量,以及构造方法、方法重载。
- 封装是抽象的一种具体体现,把一组数据和与其有关的操作集合组装在一起就形成了一个能动的实体。
- 继承:继承概念、方法重写(覆盖),以及构造方法在继承中的调用。
- 多态:多态概念和多态实现。

一、简答题

1. 面向对象编程有哪些基本概念?
2. 什么是类? 什么是对象? 类和对象有什么关系?
3. 什么是继承? 继承的特性可给面向对象编程带来什么好处?
4. Java 是否支持类之间的多重继承?
5. 类变量和实例变量有什么区别?

二、选择题

1. 假设有以下类:

```
public class Test1{
    public float aMethod(float a, float b) { }
}
```

以下哪些方法可以合理地加入在第 3 行之前(多选)? (   )
    A. public int aMethod(int a, int b){ }
    B. public float aMethod(float a, float b){ }
    C. public float aMethod(float a, float b, int c) throws Exception{ }

D. public float aMethod(float c, float d){ }

E. private float aMethod(int a, int b, int c) { }

2. 下列哪些说法是正确的? (　　)

A. Java 语言只允许单一继承

B. Java 语言只允许实现一个接口

C. Java 语言不允许同时继承一个类并实现一个接口

D. Java 语言的单一继承使得代码更加可靠

3. 假设有以下类的定义:

```
public class Test extends Base{
  public Test(int j) {…}
  public Test(int j, int k) { super(j,k);}
}
```

以下哪些对 Test 构造方法的调用是合法的? (　　)

A. Test t = new Test();   B. Test t = new Test(1);

C. Test t = new Test(1, 2);   D. Test t = new Test(1, 2, 3);

E. Test t = (new Base()).new Test(1);

三、程序阅读题

阅读下列程序,写出程序的运行结果。

```
public class Test extends TT{
public void main(String args[]){
Test t =new Test("Tom");
}
public Test(String s){
super(s);
System.out.println("How do you do?");
}
public Test(){
this("I am Tom");
}
}
class TT{
public TT(){
System.out.println("What a pleasure!");
}
public TT(String s){
this();
System.out.println("I am "+s);
}
}
```

结果: _____。

四、编程题

1. 编写 Track 类、Duration 类 和 Driver 类。 其中,Duration 类包含 3 个属性: 小时、分钟和秒,以及两个重载的构造方法;Track 类包含两个属性: 名称和长度(它是 Duration 对象类型),以及 get()和 set()方法;Driver 类包含一个主方法,用来设定 Track 的长度和名称,然后把它们的值打印出来。

2. 编写 Shape 类、Rectangle 类和 Circle 类。 其中,Shape 类是父类,其他两个类是子类。Shape 类包含两个属性: x 和 y,以及一个方法 draw( );Rectangle 类增加了两个属性: 长度和宽度;Circle 类增加了一个属性: 半径。 使用一个主方法来测试 Shape 中的数据和方法可以被子类继承。 然后分别在两个子类中重写 draw()方法并实现多态。

本章学习目的与要求

本章主要讲解 Java 语言中一些高级特性。通过本章的学习,掌握一些用来修饰类成员的修饰符,抽象方法与抽象类的关系;掌握如何声明和实现一个或多个接口;认识内部类,掌握如何定义内部类,如何访问内部类;掌握自动装箱与拆箱以及枚举、注解和 Lambda 表达式等。

本章主要内容

本章主要介绍以下内容:
- 静态变量、静态方法。
- 最终类、常量。
- 抽象方法和抽象类。
- 接口。
- 内部类。
- 自动装箱与拆箱。
- 枚举。
- 注解。
- Lambda 表达式。

5.1 静态变量、方法和初始化块

类定义的内容主要包括成员变量、成员方法、构造方法和初始化块等,在定义方法和变量时,可以在之前用关键字 static(静态)修饰,表明它们是属于类的,称为静态方法(类方法)或静态变量(类变量)。

5.1.1 静态变量

用 static 修饰的成员变量即为静态变量(类变量),若无

static 修饰的成员变量则是实例变量。静态变量或类变量是一种全局变量,它属于某个类,不属于某个对象实例,是在各对象实例之间共享。如果想访问静态变量可以直接通过类名来访问,可以不通过实例化访问它们。实例变量必须通过对象实例来访问它们。

【例 5-1】 静态变量与实例变量的访问。

```
class Example05_1 {
    int a =1;
    static int b =2;
}
class Example05_1Demo {
    public static void main(String args[]) {
        System.out.println("b=" +Example05_1.b);
        Example05_1.b * =2;
        Example05_1 o1 =new Example05_1();
        o1.a =10;
        System.out.println("o1.a="+o1.a);
        System.out.println("b="+o1.b);
        Example05_1 o2=new Example05_1();
        System.out.println("o2.a=" +o2.a);
        System.out.println("b="+o2.b);
    }
}
```

在类 Example05_1 中定义了两个成员变量 a、b,其中变量 b 由 static 修饰,所以变量 b 为静态变量,如果想访问静态变量 b,通过类名来访问 Example05_1.b 即可。如果想访问实例变量 a,就要通过对象实例来访问 o1.a 或 o2.a。静态变量 b 是在各对象实例间共享,而实例变量 a 是每个对象实例都独有的。

程序运行结果:

```
b=2
o1.a=10
b=4
o2.a=1
b=4
```

5.1.2 静态方法

同样,用 static 修饰的成员方法即为静态方法(类方法),调用静态方法可以通过类名来调用,即不用实例化即可调用它们。

【例 5-2】 静态方法的调用。

```
class Example05_2{
    public static int add(int x, int y){
```

```
        return x+y;
    }
}
class Example05_2Test{
    public void method(){
        int a=1;
        int b=2;
        int c=Example05_2.add(a,b);
    }
}
```

add(int x,int y)方法是一个用 static 修饰的静态方法,所以可以通过类名来调用 Example05_2.add(a,b)。

成员变量可以分为实例变量和静态变量两种;同样,方法也可以分为实例方法和静态方法两种。在方法使用变量时,需要注意以下规则:

- 实例变量或者类变量在定义初始化时,都不能超前引用。
- 实例方法既可以使用实例变量,又可以使用静态变量;而静态方法只能使用静态变量,不能直接使用实例变量。

【例 5-3】 以下实例使用了不正确的操作。

```
class Example05_3{
    String str="hello";
    public static void main(String args[])    {
        System.out.println(str);
    }
}
```

编译时错误信息如下:

```
nonstatic variable str cannot be referenced from a static context "System.out.
println(str);"
```

为什么不正确? 因为静态方法不能直接使用实例变量。

解决的方法:

方法一:将变量改成静态变量。例如:

```
static String str="hello";
```

方法二:先创建一个类的实例,在用该实例调用实例变量。例如:

```
System.out.println(new Example05_3().str);
```

main()方法也是一个静态方法,为什么要把一个 main()方法定义为一个静态方法? 执行一个 Java 程序的时候,Java 都是以类作为程序的组织单位,就是由类组成的,那么要执行的时候,并不知道这个 main()方法要放到哪一个类当中,也不知道是否需要产生这个类的对象实例,为了解决程序的运行问题,就将 main()方法定义为是静态方法,当加载所含 main()方法的类时,main()方法就被加载了,不需要产生该类的对象;否则,如果 main()方法被定义一个成员方法或非静态方法,那必须要产生一个类对象之后,才能调用 main()方法,当然程序也就没有办法运行起来了。

5.1.3 静态初始化块

类变量的初始化也可以通过静态初始化块来进行。静态初始化块是一个块语句,代码放置在一对大括号内,大括号前用关键字 static 修饰:

```
static {…}
```

一个类中可以定义一个或多个静态初始化块。静态初始化块会在加载类时调用而且只被调用一次。

【例 5-4】 静态初始化块。

```
class Example05_4  {
    static int i = 5;
    static int j = 6;
    static int k;
    static void method() {
        System.out.println("k="+k);
    }
    static  {
        if(i * 5 >=j * 4) k =10;
    }
    public static void main(String args[]) {
      Example05_4.method();
    }
}
```

程序运行结果:

```
k=10
```

method()方法是静态方法,所以最后一行代码 Example05_4.method()通过类名就可以调用该方法,另外,类里定义的静态变量 i、j、k 和第 8 行的静态初始化块在类载入时就已经建立和执行初始化了。

5.2 最终类、变量和方法

final(最终)也是一个重要的关键字,它可以用来修饰类、变量和方法。其中:
• 如果 final 在类之前,则表示该类不能被继承,即 final 类不能作为父类,任何 final

类中的方法自动成为 final 方法，一个类不能同时用 abstract 和 final 修饰。

- 如果 final 在方法之前，则防止该方法被覆盖，final 方法不能被重写，因此，如果在子类中有一个同样签名的方法，那么将得到一个编译时错误。
- 如果 final 在变量之前，则定义一个常量，一个 final 变量的值不能被改变，并且必须在一定的时刻赋值。

【例 5-5】 用 final 修饰类，打印字符串"amethod"。

```
final class Example05_5{
  public void amethod(){
     System.out.println("amethod");
  }
}
class Fin {
  public static void main(String[] args){
     Example05_5 b=new Example05_5();
     b.amethod();
  }
}
```

程序运行结果：

```
amethod
```

5.3 抽象方法与抽象类

Java 中可以定义一些不含方法体的方法，它的方法体的实现交给该类的子类根据自己的情况去实现，这样的方法就是 abstract 修饰符修饰的抽象方法。包含抽象方法的类就称为抽象类，也要用 abstract 修饰符修饰。

5.3.1 抽象方法

用 abstract 来修饰一个方法时，该方法即为抽象方法。形式如下：

```
abstract [修饰符] <返回类型>  方法名称([参数表]);
```

抽象方法并不提供实现，即方法名称后面只有小括号而没有大括号的方法实现。包含抽象方法的类必须声明为抽象类，抽象超类的所有具体子类都必须为超类的抽象方法提供具体实现。

5.3.2 抽象类

使用关键字 abstract 声明抽象类，形如：

```
[public] abstract class 类名
```

抽象类通常包含一个或多个抽象方法(静态方法不能为抽象方法)。

说明:

- 抽象类必须被继承,抽象方法必须被重写。
- 抽象类不能被直接实例化。因此,它一般作为其他类的超类,使用抽象超类来声明变量,用以保存抽象类所派生的任何具体类的对象的引用。程序通常使用这种变量来多态地操作子类对象。与 final 类正好相反。
- 抽象方法只须声明,无须实现。定义了抽象方法的类必须是用 abstract 修饰的抽象类。

如果声明如下一个类:

```
class Shapes{
    abstract double getArea();
    void showArea(){
      System.out.println("Area="+getArea());
    }
}
```

那么在编译的时候就会报错,因为在 Shape 类中定义了两个方法,其中 getArea()方法是用 abstract 修饰的抽象方法,showArea()方法是成员方法,只要在类定义中出现至少一个抽象方法,那么该类也必须要定义成抽象类,所以要把 Shape 类也声明成抽象的,即第 1 行修改为

```
abstract class Shapes{}
```

5.3.3 扩展抽象类

抽象类不能被直接实例化,其目的是提供一个合适的超类,以派生其他类。

用于实例化对象的类称为具体类,这种类实现它们声明的所有方法。抽象超类是一般类,可以被看作是对其所有子类的共同行为的描述,并不创建出真实的对象。在创建对象之前,需要更为专业化的类,所以要得到抽象超类的任何一个具体类(非抽象子类),就必须提供该抽象类中的所有抽象方法的实现。例如:

【例 5-6】 扩展抽象类 Example05_6 使用如下。

```
abstract class A
{
    int x;
    abstract int m1();
    abstract int m2();
}
abstract class B extends A
{
    int y;
    int m1()
    {
```

```
        return x+y;
    }
}
class C extends B
{
    int z;
    int m2()
    {
        return x+y+z;
    }
}
```

子类 B 和 C 会继承其父类中的所有方法(包括成员方法和抽象方法),那么这个子类只有覆盖实现其父类中的所有抽象(abstract)方法才能被定义成非抽象类(如子类 C),否则也只能被定义成抽象类(如子类 B)。

5.4 接口

从本质上讲,接口(interface)是一种特殊的抽象类,这种抽象类中只包含常量和方法的定义,而没有方法的实现。那么,为什么要使用接口呢? 这是因为以下几个原因:
- 通过接口可以实现不相关类的相同行为,而无须考虑这些类之间的层次关系。
- 通过接口可以指明多个类需要实现的方法。
- 通过接口可以了解对象的交互界面,而无须了解对象所对应的类。

5.4.1 接口的定义

在 Java 中,接口是由一些常量和抽象方法所组成的,接口中也只能包含这两种要素,一个接口的声明跟类的声明是一样的,只不过把关键字 class 换成了 interface,接口定义的一般格式如下:

[public] interface<接口名>[extends<直接超接口名表>]{
<类型><有名常量名>=<初始化表达式>;…
<返回类型><方法名>(<行参表>);…
}

有 public 修饰的接口,能被任何包中接口或类访问;没有 public 修饰的接口,只能在所在包内被访问。

接口中的方法不提供具体的实现,其方法体用分号代替。其中,接口中的变量必须是用 public static final 修饰的,接口中的方法必须是用 public abstract 修饰的。如果不使用这些修饰符,Java 编译器会自动加上。

【例 5-7】 接口定义示例。

```
interface A{
    void method1(int i);
```

```
    void method2(int j);
}
```

在接口 A 中定义了两个方法,这两个方法虽然只有返回类型,但是系统会自动为这两个方法加上 public abstract 修饰符。

5.4.2　接口的实现

有了接口之后,任何想要拥有接口所定义的类,就必须去实现这个接口。继承类是用 extends 关键字,而实现接口则使用 implements 关键字。在子类中可以使用接口中定义的常量,而且必须实现接口中定义的所有方法,否则子类就变为抽象类了。

下面是一个实现例 5-7 中接口 A 的实现类:

```
class B implements A{
    public void method1(int i){…}
    public void method2(int j){…}
}
```

利用接口可以实现多重继承,即一个类可以实现多个接口,在 implements 子句中用逗号分隔。

【例 5-8】　一个类在继承同时实现多个接口。

```
interface Sittable{
    void sit();
}
interface Lie{
    void sleep();
}
interface HealthCare{
    void massage();
}
class Chair implements Sittable{
    public void sit(){};
}
/* interface Sofa extends Sittable,Lie        //接口可以实现多重继承,用逗号相隔
{
}*/
class Sofa extends Chair implements Lie,HealthCare
                           //一个类既可从父类中继承,同时又可实现多个接口
{
    public void sleep(){};
    public void massage(){};
}
```

上面例 5-8 中定义了 3 个接口 Sittable、Lie 和 HealthCare。定义了 Chair 类来实现 Sittable 接口;Sofa 类继承自 Chair 接口,又实现了 Lie 和 HealthCare 接口。

接口最主要的功能是让不同实现的类拥有相同的访问方式,用户不需要知道具体是用什么方式实现的,只要知道这个接口提供了那些方法即可。

说明:自 JDK8 以后,可以使用默认方法和静态方法这两个概念来扩展接口的声明。使用 default 关键字修饰默认方法,使用 static 关键字修饰静态方法,并提供默认的实现。接口的默认方法和静态方法的引入,其实可以认为是引入了 C++ 中抽象类的理念,这样有利于代码的可复用性。

JDK8 中能够在接口中定义带方法体的默认方法和静态方法,这样会导致一个问题:当两个默认方法或者静态方法中包含一段相同的实现逻辑时,程序必然考虑将这段实现逻辑抽取成工具方法,而工具方法应该是隐藏的。所以,JDK9 更新弥补了这一缺陷,增加了可带方法体的私有方法。

【例 5-9】 用默认方法和静态方法拓展接口的声明。

```java
package sample;
interface DefaultImplementation {
    default void implementmethod() {
        System.out.println("default implementation");
    }
    static void staticmethod() {
        System.out.println("static implemetation");
    }
class DefaultableImpl implements DefaultImplementation {
}
class OverridableImpl implements DefaultImplementation {
    public void implementmethod() {
        System.out.println("override default implementation");
    }
    static void staticmethod(){
        System.out.println("override static implemetation");
    }
}
public static void main(String[] args) {
    DefaultableImpl dimpl =new DefaultableImpl();
    OverridableImpl oimpl =new OverridableImpl();
    dimpl.implementmethod();
    oimpl.implementmethod();
    oimpl.staticmethod();
    }
}
```

程序运行结果：

```
default implementation
override default implementation
override static implemetation
```

5.5　内部类

嵌套在另一个类中定义的类就是内部类(Inner Classes)。包含内部类的类称为外部类。

5.5.1　认识内部类

内部类在 Java 最初的 1.0 版本中是不允许的,在后面的 Java 1.1 版本中才添加了内部类。内部类产生的原因主要是图形用户界面程序中的事件处理(将在后面详细讲解对于某些类型的事件内部类如何被用来简化代码)。它的存在的主要有两个目的：

(1) 可以让程序设计中逻辑上相关的类结合在一起。有些类必须要伴随着另一个类的存在才有意义,如果两者分开,则可能在类的管理上比较麻烦,所以可以把这样的类写成一个 Inner Class。

(2) Inner Class 可以直接访问外部类的成员。因为 Inner Class 在外部类中,可以访问任何的成员,包括声明为 private 的成员。

下面的程序定义了一个内部类。创建内部类的基本语法如下。

【例 5-10】　内部类的声明。

```
class Outer                    //这是一个外部类
{
  int outer_x =100;            //外部类成员
  class Inner                  //这是一个内部类
  {
     void display()            //内部类成员
     {
       System.out.println("display: outer_x =" +outer_x);
     }
  }
}
```

在本程序中,类 Inner 嵌套在另一个 Outer 类中定义,类 Inner 就是内部类(Inner Classes)。包含内部类的 Outer 类就是外部类。

按照 Inner Class 声明的位置,可以把它分成两种：一种是类成员式的,就像属性、方法一样,把一个类声明为另一个类的成员；另一种是区域式的,也就是把类声明在一个方法中。由这两种方式所派生出来的,按它的存在范围又分成 4 种级别,第一种是对象级别,第二种是类级别,第三种是区域变量级别,第四种是匿名级别。前两种级别是属于成员式的,后两个级别是属于区域式的,下面介绍这 4 种级别的内部类。

5.5.2 成员式内部类——对象成员内部类

1. 创建对象成员内部类(非静态内部类)

创建对象成员(member)内部类即非静态内部类很容易,只需要定义一个类让该类作为其他类的非静态成员。该非静态内部类和成员变量或成员方法没有区别,同样可以在非静态内部类前面加可以修饰成员的修饰符。例 5-10 就声明了一个非静态的内部类 Inner 类,还可以在 Inner 内部类前面加上修饰成员的修饰符 private。这对于一个正常的类是不可能做到的,但是作为对象成员的内部类是可以的。

例如,可将例 5-10 程序的第 4 行修改为 private class Inner。

2. 在内部类中访问外部类

在内部类中访问外部类,就像所有的同一个类中成员互相访问一样,是没有限制的,包括将成员声明为 private 私有的。

【例 5-11】 在内部类中访问外部类成员。

```
class Outer{
    int i=100;
    class Inner
    {
      public void method()    {
        System.out.println("外部类中的成员变量:"+i);
      }
    }
}
public class InnerTest1{
    public static void main(String[] args)      {
        Outer ot=new Outer();
        Outer.Inner In=ot.new Inner();
        In.method();
    }
}
```

程序运行结果:

```
外部类中的成员变量:100
```

在程序的第 5 行,内部类定义了一个 method 方法,可以在该方法内访问外部类中的成员变量 i,就像成员方法之间调用一样。

3. 在外部类中访问内部类

在外部类中访问内部类是比较容易的，只要把内部类看成一个类，然后创建该类的对象，使用对象来调用内部类中的成员就可以了。

【例 5-12】 在外部类中访问内部类成员。

```
class Outer{
    class Inner{
        int i=50;
    }
    public void method(){
        Inner n=new Inner();
        int j=n.i;
        System.out.println("内部类的变量值为"+j);
    }
}
public class InnerTest2{
    public static void main(String[] args){
        Outer ot=new Outer();
        ot.method();
    }
}
```

程序运行结果：

```
内部类的变量值为 50
```

内部类本身仍然是一个类，所以在它内部定义变量 i，如果想要访问变量 i，就要先产生一个内部类的对象 n，通过对象来访问成员变量 i。外部类中定义的成员方法 method 方法，需要通过创建外部类对象 ot 来调用 method 方法。

4. 在外部类外访问内部类

在外部类外访问内部类的基本语法如下：

```
Outer.Inner on=new Outer().new Inner();
```

或者拆分成如下两条语句：

```
Outer ot=new Outer();
Outer.Inner on=ot.new Inner();
```

上面语句的意思就是先创建一个外部类的对象，然后让该外部类的对象调用创建一个内部类对象。

【例 5-13】 在外部类外访问内部类成员。

```
class Outer{
    class Inner{
        int i=50;
        int j=100;
    }
}
public class InnerTest3{
    public static void main(String[] args)    {
        Outer.Inner on1=new Outer().new Inner();
        Outer ot=new Outer();
        Outer.Inner on2=ot.new Inner();
        System.out.println("内部类中的变量 i 的值为:"+on1.i);
        System.out.println("内部类中的变量 j 的值为:"+on2.j);
    }
}
```

程序运行结果:

```
内部类中的变量 i 的值为:50
内部类中的变量 j 的值为:100
```

在外部类外访问内部类时,是不能够直接创建内部类对象的,因为内部类只是外部类的一个成员。所以要想创建内部类对象,首先要创建外部类对象,然后以外部类对象为标识来创建内部类对象。

另外,如果内部类被修饰成 private,成为私有的成员,那么就不能在外部类外来访问私有的内部类了。

5.5.3 成员式内部类——静态内部类

1. 创建静态内部类

创建静态(static)内部类的形式和创建非静态内部类的形式相似,只是使用 static 修饰符来声明一个内部类。

```
class Outer{
    static class Inner              //静态内部类
    {
        //内部类成员
    }
    //外部类成员
}
```

需要注意的是,凡是内部类,其名字都不能和封装它的类的名字相同。对于静态内部类来说,它只能访问其封装类中的静态成员(包括方法和变量)。

2. 在外部类中访问静态内部类

在外部类中访问静态内部类和在外部类中访问非静态内部是一样的,类似成员之间的访问。

【例 5-14】 在外部类中访问静态内部类成员。

```java
class Outer{
  static class Inner{
    int i=50;
  }
  public void method(){
    Inner n=new Inner();
    int j=n.i;
    System.out.println("静态内部类的变量值为"+j);
  }
}
public class InnerTest4 {
    public static void main(String[] args) {
        Outer ot=new Outer();
        ot.method();
    }
}
```

程序运行结果:

```
静态内部类的变量值为 50
```

3. 在外部类外访问静态内部类

静态内部类是外部类的静态成员,所以伴随不需要外部类对象而存在,在外部类外对静态内部类进行访问时是不需要创建外部类对象的。

【例 5-15】 在外部类外访问静态内部类成员。

```java
class Outer
{
  static class Inner
    {
      int i=50;
    }
}
public class InnerTest5
{
    public static void main(String[] args)
    {
        Outer.Inner ot=new Outer.Inner();        //创建内部类对象
```

```
    System.out.println("内部类中的变量 i 的值为:"+ot.i);
    }
}
```

程序运行结果：

内部类中的变量 i 的值为:50

比较例 5-13 和例 5-15 可以看出,在访问静态内部类是不需要创建外部类的,直接创建
内部类对象即可(如程序第 12 行),但是在创建内部类对象时还是要指明该内部类是哪一
个外部类的内部类。

5.5.4 局部内部类

1. 创建局部内部类

局部(local)内部类是定义在方法体或更小的语句块中的类。它的使用如同方法体中
的局部变量,所以不能为它声明访问控制修饰符。与成员内部类相同,也不能含有 static
成员。这里需要注意的是,在局部内部类和后面将介绍的匿名内部类中可以引用方法中声
明的变量,但这些变量必须是 final 的。

【例 5-16】 创建和访问局部内部类。

```
class Outer{
    public void method(){
      class Inner                                       //定义一个局部内部类
      {
          int i=50;                                     //局部内部类的成员变量
      }
      Inner n=new Inner();
      System.out.println("局部内部类的成员变量为:"+n.i);
                                                        //通过内部类对象 n 来调用变量 i
    }
}
public class InnerTest6{
    public static void main(String[] args){
        Outer ot=new Outer();                           //创建外部类对象
        ot.method();                                    //调用内部类中成员
    }
}
```

程序运行结果：

局部内部类的成员变量为:50

2. 在局部内部类中访问外部类成员变量

在局部内部类中可以直接调用外部类的成员变量。

【例 5-17】 在局部内部类中访问外部类成员变量。

```java
class Outer{
    int i=30;
    public void method()    {
        class Inner                    //定义一个局部内部类
        {
            public void innerMethod() {
                System.out.println("外部类的成员变量值为:"+i);
            }
        }
        Inner n=new Inner();
        n.innerMethod();
    }
}
public class InnerTest7{
    public static void main(String[] args){
        Outer ot=new Outer();          //创建外部类对象
        ot.method();                   //调用内部类中成员
    }
}
```

程序运行结果:

```
外部类的成员变量值为:30
```

从运行结果可以看出,在内部类中可以成功访问外部类的成员变量。

5.5.5 匿名内部类

匿名(anonymous)内部类,顾名思义就是没有类名的类,所以没有构造方法,而且也没有任何修饰符来声明它。一般来说,匿名内部类经常用于 AWT 和 Swing 中的事件处理。

匿名内部类总是用来扩展一个现有的类,或者实现一个接口。

匿名内部类是没有名字的,所以在创建匿名内部类时同时创建匿名内部类的对象,具体语法格式如下:

```java
new InnerFather()
//InnerFather 是匿名内部类继承的父类的类名,是用 new 来创建匿名内部类的对象
{
    //匿名内部类
};
```

【例 5-18】 创建匿名内部类的程序。

```
class InnerFather
{
    public void method()                    //父类中的方法
    {
      System.out.println("这是内部类父类的方法");
    }
}
public class InnerTest8
{
    public static void main(String[] args)
    {
        InnerFather nf=new InnerFather()    //创建匿名内部类
        {
            public void method()            //重写父类中的方法
            {
            System.out.println("这是匿名内部类的方法");
            }
        };
        nf.method();                        //调用匿名内部类中的方法
    }
}
```

程序运行结果：

这是匿名内部类的方法

注意：在创建匿名内部类同时必须创建匿名内部类对象，否则以后将不能创建匿名内部类对象。

说明：在 Java8 之前，Java 中局部内部类、匿名内部类访问局部变量是需要用 final 修饰的，在 Java8 及以上版本中，访问局部变量取消了要用 final 的限制，但是会默认将变量赋值为 final 类型。

5.6 自动装箱与拆箱

从前面的章节中已经了解到 Java 中数据类型分为两种，分别是基本数据类型和引用数据类型，由于 Java 面向对象的特性，自 Java5 以后，针对基本数据类型都提供了包装类，目的是将原始类型值自动地转换成对应的对象，从而引出自动装箱和自动拆箱的概念。自动装箱与拆箱的机制，可以让我们在 Java 的变量赋值或者是方法调用等情况下使用基本数据类型更加简单直接。

5.6.1 自动装箱与拆箱介绍

自动装箱就是 Java 自动地将原始类型值转换成对应的对象，可以将原始类型数据打

包,其中基本数据类型与其包装类之间的对应关系如下:

int→Integer

byte→Byte

short→Short

char→Character

long→Long

double→Double

float→Float

boolean→Boolean

例如,将 int 的变量转换成 Integer 对象,这个过程称为装箱;反之,将 Integer 对象转换成 int 类型值,每当需要一个值时,被包装对象中的值就被自动地提取出来,这个过程称为拆箱。

自动装箱只需将该值赋给一个类型包装器引用,Java 会自动创建一个对象。

自动拆箱只需将该对象值赋给一个基本类型即可。

例如:

```
Integer A =5;          //自动装箱
int a=A;               //自动拆箱
```

说明:

(1) Integer A = 5;A = A+1; 经历的过程为装箱→拆箱→装箱。

(2) 为了优化,虚拟机为包装类提供了缓冲池,Integer 池的大小为一个字节(−128～127)。

(3) String 池:Java 为了优化字符串操作提供了这个缓冲池。

5.6.2　自动装箱与拆箱实例

下面给出一个自动装箱与拆箱实例。

【例 5-19】 自动装箱与拆箱。

```
public class AutoPackingTest
{
    public static void main(String[] args)
    {
        Integer A =3;
        int a =A;
        System. out.println(a);
        Integer A1 =3;
        System.out.println(A ==A1);
        A =129;A1 =129;
        System.out.println(A ==A1);
    }
}
```

程序运行结果：

```
3
true
false
```

从例 5-19 可知,Integer A = 3;是将 A 打包成 Integer 类型,是一个装箱的过程;int
a = A;是将对象 A 赋给一个基本类型为 int 的 a,是一个拆箱的过程。例中在-128~127
内的 Integer 对象用的频率比较高,会作为同一个对象,因此结果为 true;超出-128~127
的就不是同一个对象,因此结果为 false。

5.7 枚举

自 Java5 之后,新增了枚举(enum)的语法,它是一种特殊的数据类型,之所以特殊是因
为它既是一种类(class)类型却又比类类型多了些特殊的约束,但是这些约束的存在也造就
了枚举类型的简洁性、安全性和便捷性。

5.7.1 基本概念

枚举就是一个特殊的 Java 类,可以定义属性、方法,可以构造函数、实现接口、继承类。
简单的用法:Java Enum 简单的用法一般用于代表一组常用常量,可用来代表一类相同类
型的常量值。

枚举格式如下:

```
[public|private] enum name{
membername[=constantexpression],
membername[=constantexpression],
...
}
```

例如:

```
enum Day {
    MONDAY, TUESDAY, WEDNESDAY,THURSDAY, FRIDAY, SATURDAY, SUNDAY
}
```

复杂用法:Java 为枚举类型提供了一些内置的方法,同时枚举常量还可以有自己的方
法。可以很方便地遍历枚举对象。

Enum 是所有 Java 语言枚举类型的公共基本类(注意 Enum 是抽象类),以下是它的常
见方法:

int compareTo(E o):比较此枚举与指定对象的顺序。

Class<E> getDeclaringClass():返回与此枚举常量的枚举类型相对应的 Class
对象。

Java 程序设计与项目案例教程

String name()：返回此枚举常量的名称，在其枚举声明中对其进行声明。

int ordinal()：返回枚举常量的序数(它在枚举声明中的位置,其中初始常量序数为零)。

String toString()：返回枚举常量的名称,它包含在声明中。

static $<$T extends Enum$<$T$>>$ T valueOf(Class$<$T$>$ enumType，String name)：返回带指定名称的指定枚举类型的枚举常量。

说明：$<$E$>$表示泛型的一种格式写法,后面的章节中会具体介绍。

5.7.2 实例说明

【例 5-20】 枚举示例。

```
enum Day {
    MONDAY, TUESDAY, WEDNESDAY, THURSDAY, FRIDAY, SATURDAY, SUNDAY
}
public class EnumTest {
    public static void main(String[] args) {
        //创建枚举数组
        Day[] days = new Day[] { Day.MONDAY, Day.TUESDAY, Day.WEDNESDAY,
                    Day.THURSDAY, Day.FRIDAY, Day.SATURDAY, Day.SUNDAY };
        //打印枚举常量的序号以及枚举值
        for (int i = 0; i < days.length; i++) {
            System.out.println("day[" + days[i].ordinal() + "]:"
                    + days[i].name());
        }
        //通过 compareTo 方法比较,实际上其内部是通过 ordinal()值比较的
        System.out.println("day[1] VS day[2]:" + days[1].compareTo(days[2]));
    }
}
```

程序运行结果：

```
day[0]:MONDAY
day[1]:TUESDAY
day[2]:WEDNESDAY
day[3]:THURSDAY
day[4]:FRIDAY
day[5]:SATURDAY
day[6]:SUNDAY
day[1] VS day[2]:-1
```

5.8 注解

自 Java5 开始,Java 增加了对元数据(metadata)的支持,也就是注解(annotation),本章中的注解不同于注释,它其实是程序中的标签,这些标签可以在编译、类加载、运行时被

读取,并执行相应的处理。

5.8.1 注解介绍

同 class 和 interface 一样,注解也属于一种类型。它的形式跟接口类似,不过前面多了一个@符号。

1. 注解的定义

注解的定义如下:

```
//定义注解类型
@元注解
    ⋮
@元注解
public @interface 注解名称 {
    //定义成员变量
    成员变量类型 成员变量名() [default 默认值]
    成员变量类型 成员变量名() [default 默认值]
        ⋮
}
```

注解通过 @interface 关键字进行定义。例如:

```
public @interface AnnotationTest {
}
```

上面的代码即创建了一个名字为 AnnotaionTest 的注解,也可以简单理解为创建了一张名字为 AnnotationTest 的标签。

2. 注解的使用

前面创建了一个注解 AnnotationTest,那么该如何去使用这个注解呢? 例如,创建了一个类 AnnoTest,如果要使用注解,则在类的上面加上@AnnotationTest 就可以注解这个类了。可以简单理解为,将 AnnotationTest 这张标签贴到 AnnoTest 这个类上面。

```
@AnnotationTest
public class AnnoTest {
}
```

3. 元注解

只是通过@interface 关键字进行定义注解是不能够单独工作的,那么怎么才能够让它正常工作呢? 这里提出了一个概念:元注解。元注解是可以注解到注解上的注解,或者说元注解是一种基本注解,但是它能够应用到其他的注解上面。也可以简单地理解为:元注解也是一张标签,但是它是一张特殊的标签,它的作用和目的就是给其他普通的标签进行解释或说明的。

下面介绍几种元注解。

- @Retention：只能用于修饰 Annotation，用于指定被修饰的 Annotation 可以保留多长时间。
- @Documented：用于指定被该元注解修饰的 Annotation 类将被 Javadoc 工具提取成文档，如果定义 Annotation 类时使用了 @Documented 修饰，则所有使用该 Annotation 修饰的程序元素的 API 文档中将会包含该 Annotation 说明。
- @Target：只能用于修饰 Annotation，用于指定被修饰的 Annotation 能用于修饰哪些程序元素。
- @Inherited：用于指定被它修饰的 Annotation 将具有继承性。如果定义 Annotation 类时使用了 @Inherited 修饰，那么当使用该 Annotation 修饰了某个类时，则这个类的子类也将自动被此 Annotation 修饰。

5.8.2　基本注解

在 Java 中已经提供了一些基本的注解，只需要在其前面增加 @ 符号，并把注解当成一个修饰符使用，用于修饰它支持的程序元素。这些注解都定义在 java.lang 包下，有兴趣的读者可以查阅相关 API 进行深入了解，下面简单介绍 Java 提供的 5 个基本的注解的用法。

1. @Override

当我们想要重写父类中的方法时，需要使用该注解去告知编译器我们想要重写这个方法。这样，当父类中的方法移除或者发生更改时，编译器将提示错误信息。

举例说明：

【例 5-21】　@Override 注解示例。

```
public class OverrideTest {
String name;
    @Override
    public String toString(){  //不报错,OverrideTest 的父类 Object 有 toString 方法
        return name;
    }
    @Override
    public String fromString(){ //报错,OverrideTest 的父类 Object 没有 fromString 方法
        return name;
    }
}
```

2. @Deprecated

当我们希望编译器知道某一方法不建议使用时，应该使用这个注解。Java 在 Javadoc 中推荐使用该注解，说明为什么该方法不推荐使用以及替代的方法。

举例说明：

【例 5-22】 @Deprecated 注解示例。

```
public class DeprecatedTest {
    @Deprecated
    public void hi() {        //表示 hi()方法被弃用
        System.out.println("say hi");
    }
    public void hello() {
        System.out.println("say hello");
    }
}
```

3. @SuppressWarings

这个注解是告诉编译器忽略特定的警告信息,它会一直作用于该程序元素的所有子元素,如果使用@SuppressWarnings 修饰某个类,则取消显示某个编译器警告,同时又修饰该类里的某个方法取消显示另一个编译器警告,那么该方法将会同时取消显示这两个编译器警告。例如:

```
@SuppressWarnings("deprecation")          //忽略 hi()方法被弃用的警告
    public void test1(){
        AssignTest hero =new AssignTest();
        hero.hi();
        hero.hello();
    }
```

4. @SafeVarargs

Java7 中加入了参数安全类型注解@SafeVarargs,其目的是提醒开发者不要用参数做一些不安全的操作,该注解会阻止编译器产生 unchecked 这样的警告。当开发者不想看到这样的警告时,就可使用@SafeVarargs 修饰引发该警告的方法或者构造器,Java9 中增强了这种注解,允许使用该注解修饰私有方法。例如:

```
@SafeVarargs
public static <T>T getFirstOne(T... elements) {
    return elements.length >0 ?elements[0] : null;
}
```

当使用可变数量的参数,而参数的类型又是泛型 T(泛型的概念后面会讲到)时,就会出现警告。这时就可使用@SafeVarargs 来去除这个警告。注意,@SafeVarargs 注解只能用在参数长度可变的方法或构造方法上,且方法必须声明为 static 或 final,否则会出现编译错误。

5. @FunctionalInterface

Java8 中引入了称为函数式接口注解的新特性,Java8 中规定如果接口中只有一个抽象方法,那么该接口就是函数式接口。@FunctionalInterface 就是用来指定某个接口必须是函数式接口,而且它只能用来修饰接口,不能修饰其他元素。例如:

```
@FunctionalInterface
    public interface FITest {
        public void test1();
    }
```

FITTest 接口中只有一个抽象方法,所以它是函数式接口,那么就可以被注解为 @FunctionalInterface,但是如果再在 FITest 接口中增加一个 public void test2(),就会出现编译错误,因为它不满足函数式接口的条件,所以编译不能通过。

5.9 Lambda 表达式

Java8 的更新中,最重要的更新特性之一就是 Lambda 表达式,使用它设计的代码会更加简洁,Lambda 表达式可以使用一种简洁的方式来创建只有一个抽象方法的接口(函数式接口)的实例,它允许把函数作为一个方法的参数(函数作为参数传递进方法中),简化了匿名内部类的烦琐写法。

5.9.1 基本概念

Lambda 表达式的语法格式如下:

(Parameters) ->Expression

或

(Parameters) -> { Statements; }

从语法格式来看,Lambda 表达式由以下 3 个部分组成。

(1) 形参列表:形参列表可以省略形参类型。若形参列表中只有一个参数,则可以省略形参列表的圆括号()。

(2) 箭头(->):由英文的中画线和大于号组成。

(3) 代码段:若代码段中只有一条语句,则可以省略花括号"{}";若代码段中只有一条 return 语句,则可以省略 return 关键字;若代码段中只有一条没有 return 的语句,则可以自动返回这条语句的值。

前面介绍的匿名内部类的例子中,是采用 new 对象创建匿名内部类并完成对方法的访问的。

```
InnerFather nf=new InnerFather()           //创建匿名内部类
{
    public void method()
    {
        System.out.println(val);           //访问局部变量
    }
};
```

上面的程序可以采用 Lambda 表达式的简化写法如下：

```
InnerFather nf =( ) ->System.out.println(val);
```

相对于匿名内部类的语法来说，Lambda 表达式的语法省略了接口的类型和方法名称，使用->将参数和实现逻辑分离。

下面再举一个例子。

```
int sum =(x, y) ->x +y;
```

这时候应该思考这段代码不是之前的 x 和 y 数字相加，而是创建了一个函数，用来计算两个操作数的和。后面用 int 类型进行接收，在 Lambda 表达式中省略了 return。

有关 Lambda 表达式更多的内容后面还会介绍。

5.9.2　函数式接口

前面有提到函数式接口的概念，那么什么是函数式接口呢？当接口中只包含一个抽象方法，那么称这个接口为函数式接口。函数式接口可以包含多个默认方法、类方法，但只能声明一个抽象方法。函数式接口和 Lambda 表达式有什么关系呢？

每一个 Lambda 表达式都对应一个类型，通常是接口类型。而每一个函数式接口类型的 Lambda 表达式都会被匹配到这个抽象方法。所以，可以将 Lambda 表达式当作任意只包含一个抽象方法的接口类型，即 Lambda 表达式的类型必须是"函数式接口"。

说明：Lambda 表达式的类型必须是明确的函数式接口，否则会编译失败。例如：

```
Object nf =( ) ->System.out.println(val);
```

接口默认继承 java.lang.Object，所以如果接口显示声明覆盖了 Object 中的方法，那么也不算抽象方法。由于代码中将 Lambda 表达式直接赋值给 Object 变量 nf，编译器将确定 Lambda 表达式的类型为 Object，而 Object 不是函数式接口，所以会出现编译失败的情况。如何避免这种情况产生呢？有以下 3 种方式表明 Lambda 表达式类型为确定的函数式接口：

（1）将 Lambda 表达式赋值给函数式接口类型的变量。

（2）将 Lambda 表达式作为函数式接口类型的参数传给某个方法。

（3）使用函数式接口对 Lambda 表达式进行强制类型转换。

上述出错代码可修改为

```
Object nf =(InnerFather) ( ) ->System.out.println(val);
```

对其进行强制类型转换。

说明：Java8 在 java.util.function 的 API 包含了很多内建的函数式接口，包括 Function、Consumer、Predicate、Supplier 等，读者可以在相关的 API 中详细了解。

5.9.3　方法引用与构造函数引用

当想要为函数接口定义操作时，Lambda 表达式体现出其简洁的优点。Lambda 表达式允许定义一个匿名方法,并允许以函数式接口的方式使用它。我们也希望能够在已有的方法上实现同样的特性。方法引用和 Lambda 表达式拥有相同的特性,例如它们都需要一个目标类型并需要被转化为函数式接口的实例,不过我们并不需要为方法引用提供方法体,可以直接通过方法名称引用已有方法。所以,可以采用方法引用和构造函数引用来简化 Lambda 表达式。

Lambda 表达式支持多种引用方式,详见表 5-1。

表 5-1　Lambda 表达式支持的引用方式

种　类	示　例	说　明	对应 Lambda 表达式
引用类方法	类型::类方法	函数式接口中被实现方法的全部参数传给该类方法作为参数	(a,b,…)->类名.类方法(a,b,…)
引用特定对象的实例方法	特定对象::实例方法	函数式接口中被实现方法的全部参数传给该方法作为参数	(a,b,…)->特定对象.实例方法(a,b,…)
引用某类对象的实例方法	类名::实例方法	函数式接口中被实现方法的第一个参数作为调用者,后面的参数全部传给该方法作为参数	(a,b,…)->a.实例方法(b,…)
引用构造器	类名::new	函数式接口中被实现方法的全部参数传给该构造器作为参数	(a,b,…)->new 类名(a,b,…)

5.10　项目案例

5.10.1　学习目标

本节学习目标如下:
(1)通过本案例,对静态变量、静态方法的声明及使用有一个感性的认识。
(2)通过本案例,了解掌握接口以及抽象类在系统中的作用。

5.10.2　案例描述

在系统开发过程中总是需要一些变量,用它们来规定一些与服务器交互的端口号等信息,这时就需要用到静态变量,这些静态变量作为整个系统共享的一些属性。为了实现模块化操作,需要定义一个抽象类,在这个抽象类中定义一些抽象的方法,在其实现类中完成操作。

5.10.3　案例要点

本案例要点如下:
(1)编写一个接口类 ProtocolPort.java,规定一些共享的常量,需要用到这些常量的类来实现这个接口。
(2)编写一个抽象类 DataAccess.java,定义一些共享的属性和一些数据操作方法。

5.10.4　案例实施

具体案例设计和实施步骤如下。

（1）编写接口类 ProtocolPort.java。

```java
package chapter05;
public interface ProtocolPort {
    public static final int OP_GET_PRODUCT_CATEGORIES =100;
    public static final int OP_GET_PRODUCTS =101;
    public static final int OP_GET_USERS =102;
    public static final int OP_ADD_USERS =103;
    public static final int DEFAULT_PORT =5150;
    public static final String DEFAULT_HOST ="localhost";
}
```

（2）编写抽象类 DataAccessor.java。

```java
package chapter05;
import chapter04.User;
/**
 * 这个抽象类定义了如何读取一个数据文件
 * 它提供的方法可以用来获得产品的分类和具体的产品信息
 * @author ascent
 * @version 1.0
 */
public abstract class DataAccessor {
    /**
     * 默认构造方法
     */
    public DataAccessor() {
    }
    /**
     * 从文件中读取数据
     */
    public abstract void load();
    /**
     * 向文件中保存数据
     */
    public abstract void save(User user);
    /**
     * 日志方法
     */
    protected void log(Object msg) {
        System.out.println("数据存取类  DataAccessor:  " +msg);
    }
}
```

（3）编写客户端的操作类 ProductDataClient.java，实现 ProtocolPort 接口。

```
public class ProductDataClient implements ProtocolPort {
}
```

（4）编写服务端的操作类 ProductDataServer.java，实现 ProtocolPort 接口。

```
public class ProductDataServer implements ProtocolPort {
}
```

（5）编写 DataAccessor 的实现类 ProductDataAccessor.java。

```
package chapter05;
import chapter04.User;
/**
 * 产品数据读取的实现类
 * @author ascent
 * @version 1.0
 */
public class ProductDataAccessor extends DataAccessor {
    /**
     * 默认构造方法
     */
    public ProductDataAccessor() {
        this.load();
    }
    /**
     * 读取数据的方法
     */
    @Override
    public void load() {
        System.out.println("重写的加载方法……");
    }
    /**
     * 保存数据
     */
    @Override
    public void save(User user) {
        System.out.println("重写的保存方法……");
    }

    /**
     * 日志方法
     */
    @Override
```

```
    protected void log(Object msg) {
        System.out.println("ProductDataAccessor 类: " +msg);
    }

}
```

（6）编写测试类 Test.java。

```
public class Test {
    public static void main(String[] args){
        DataAccessor pda=new ProductDataAccessor();
        pda.save(new User("zhang","123"));
    }

}
```

本项目案例程序运行结果：

```
重写的加载方法……
重写的保存方法……
```

5.10.5 特别提示

特别提示如下：

（1）抽象类内部可以有非抽象类的方法，抽象类的属性在它的实现类中共享；接口里面的属性必须是 public final static 类型的，其方法不能有方法体。在接口中声明方法时，不能使用 native、static、final、synchronized、private、protected 等修饰符。

（2）具体的加载与保存 User 对象的方法需要用到数据流的操作，以后的章节中会逐步学习。

5.10.6 拓展与提高

本案例中只用了一个抽象类的实现类，而对于不同的实现类可以有各自的实现方法。例如，一个抽象类 Shape.java 包含计算面积的抽象方法，可以写出它的各个实现类中各自的抽象方法的具体实现，如三角形、正方形、圆形类等。

本章总结

本章主要内容小结如下：

- 类定义的内容主要包括方法、变量、初始化块和构造方法等，如果在方法、变量和初始化块前用 static 修饰，则称为是静态的，例如静态的方法、静态的变量和静态初始化块。静态的方法和变量属于某个类而不属于某个对象，在访问静态成员时只需用类名来访问即可，而不需要创建对象实例。
- 可以用最终的 final 来修饰类、变量和方法。最终的类不能有子类，最终的变量称为常量,最终的方法不能被覆盖,即不能被重写。

- 用 abstract 修饰的方法称为抽象方法。抽象方法是没有实现的方法,即没有方法体的方法,包含抽象方法的类称为抽象类,也必须用 abstract 来修饰。抽象类不能被实例化,即不能创建对象实例。

- 接口的定义和类的定义相似,就是用 interface 来定义一个接口,接口定义的内容就主要分两部分:一个是有名常量,默认是用 public static final 修饰的;另一个是抽象方法,默认是用 public abstract 修饰的。

- 嵌套在另一个类中定义的类就是内部类(Inner Classes)。包含内部类的类称为外部类。内部类大体按它的存在范围又分成 4 种级别:对象级别、类级别、区域变量级别和匿名级别。前两个级别是属于成员式的,后两个级别是属于区域式的。

- Java 针对基本数据类型提供了包装类,目的是将原始类型值自动地转换成对应的对象,从而引出自动装箱和自动拆箱的概念。自动装箱与拆箱的机制可以在 Java 的变量赋值或者是方法调用时使用基本数据类型更加简单直接。

- 枚举就是一个特殊的类,可以定义属性、方法,还可以构造函数、实现接口、继承类。

- 注解不同于注释,它其实是程序中的标签,这些标签可以在编译、类加载、运行时被读取,并执行相应的处理。

- Lambda 表达式可以使用一种简洁的方式来创建只有一个抽象方法的接口(函数式接口)的实例,它允许把函数作为一个方法的参数(函数作为参数传递进方法中),简化了匿名内部类的烦琐写法。

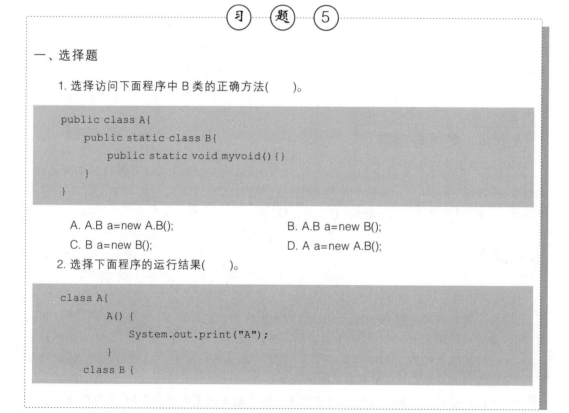

习 题 ⑤

一、选择题

1. 选择访问下面程序中 B 类的正确方法(　　)。

```
public class A{
    public static class B{
        public static void myvoid(){}
    }
}
```

A. A.B a=new A.B();　　　　　　　　B. A.B a=new B();

C. B a=new B();　　　　　　　　　　D. A a=new A.B();

2. 选择下面程序的运行结果(　　)。

```
class A{
    A() {
        System.out.print("A");
    }
    class B {
```

```
        B(){
            System.out.print("B");
        }
        public void myVoid1(){
            System.out.println("C");
        }
    }
    public static void main(String args[]){
        A a=new A();
        a.myVoid2();
    }
    public void myVoid2(){
        B b=new B();
        b.myVoid1();
    }
}
```

  A. ABC   B. AB   C. AC   D. B

3. 下面的程序的运行结果是( )。

```
public class A implements B {
public static void main(String args[]) {
    int i;
      A c1 =new A();
    i=c1.k;
        System.out.println("i="+i);
}
}
interface B {
int k =10;
}
```

  A. i=0   B. i=10

  C. 程序有编译错误   D. i=true

二、填空题

  内部类可以分为_____、_____、_____、_____。

三、简答题

  1. 类及类成员的访问控制符有哪些?

  2. 关键字 static 可以修饰哪些类的组成部分?

  3. 阅读下面的程序,说明它们的输出。

```
public class UseRef{
    public static void main(String args[]){
      MyClass1 myobj,myref;
      myobj=new MyClass1(-1);
      myref=myobj;
      System.out.println("the original data is:"+myobj.getData());
      myref.setData(10);
      System.out.println("now the data is:"+myobj.getData());
    }
}
class MyClass1{
    int data;
    MyClass1(int d){
      data=d;
    }
    int getData(){
      return data;
    }
    void setData(int d){
      data=d;
    }
}
```

4. 抽象方法有什么特点？抽象方法的方法体在何处定义？定义抽象方法有什么好处？

5. final 修饰符可以用来修饰什么？被 final 修饰符修饰后有何特点？

6. 接口中包括什么？接口中的各成员的访问控制符是一样的吗？具体是什么？

7. 创建接口使用什么关键字？接口可以有父接口吗？试编写语句创建一个名为 MyInterface 的接口,它是继承了 MySuperInterface1 和 MySuperInterface2 两个接口的子接口。

8. 实现接口的类是否必须覆盖该接口的所有抽象方法？

9. 实现接口的抽象方法时,方法头应该与接口中定义的方法头完全一致,但是有时也需要增加一个 public 修饰符,为什么？

10. 简述 Java 提供的 5 个基本的注解及其作用。

11. 什么是函数式接口？

12. Lambda 表达式由哪几部分组成？

四、编程题

1. 编写一个类实现复数的运算。 要求至少实现复数相加、复数相减、复数相乘等功能。

2. 编程创建一个 Box 类,在其中定义 3 个变量表示一个立方体的长、宽和高,定义一个构造方法对这 3 个变量进行初始化,然后定义一个方法求立方体的体积。 创建一个对象,求给定尺寸的立方体的体积。

3. 定义一个学生类(Student),属性包括学号、班号、姓名、性别、年龄、班级总人数;方法包括获得学号、获得班号、获得姓名、获得性别、获得年龄、获得班级总人数、修改学号、修改班号、修改姓名、修改性别、修改年龄，以及一个 toString()方法将 Student 类中的所有属性组合成一个字符串。 定义一个学生数组对象。 设计程序进行测试。

4. 设计一个人员类(Person),其中包含一个方法 pay,代表人员的工资支出。 再从 Person 类派生出教师类(Teacher)和大学生类(CollegeStudent)，其中:

教师: 工资支出= 基本工资+ 授课时数 * 30

大学生: 奖学金支出

将人员类定义为抽象类,pay 为抽象方法,设计程序实现多态性。

第 **6** 章 Java 实用类及接口

本章学习目的与要求

第 5 章介绍了面向对象技术的一些高级特性,本章介绍 Java 的实用类及接口,包括字符串处理类、时间及日期处理类、集合和泛型以及其他的一些实用类。通过本章的学习,要求掌握字符串处理的常用方法,如何获取、设置和格式化日期和时间,如何使用集合来处理常见的数据结构和算法,如何使用泛型将类型参数化以达到代码复用的目的,以及掌握与数学计算相关的一些工具类。

本章主要内容

本章主要介绍以下内容:
- 字符串类(String、StringBuffer 和 StringTokenizer 类)。
- 时间及日期处理类(Date 类、Calendar 类和 DateFormat 类)。
- 集合(Collection)和泛型。
- 其他实用类(Math、Random 和 Arrays 类)。

6.1 字符串处理

在前面的学习已经使用到 String 相关的对象或方法,下面来深入了解字符串的处理,字符串是对象,字符串对象可以用文字表示。当程序正文中出现字符串文字时,运行系统会为其创建一个 String 实例。实例的内容即为字符串文字所表示的字符序列,而字符串文字则变成为对该实例的引用。例如:

```
String s = "Hello";
```

另外,运算符"＋"既可以执行算术加操作,也可以执行

字符串连接操作。只要有一个操作数的类型为 String 型,该运算符就执行字符串连接操作。例如,下面表达式:

```
"x =" +10 +20
```

输出的表达式结果就为字符串"x=1020"。

java.lang 包中有两个处理字符串的类 String 和 StringBuffer。String 类描述固定长度的字符串,其内容是不变的,适用于字符串常量。StringBuffer 类描述长度可变且内容可变的字符串,适用于需要经常对字符串中的字符进行各种操作的字符串变量。

简单地讲,String 类表示不变的串,StringBuffer 类表示变化的串。

此外,还将介绍 java.util 包下的 StringTokenizer 类,它可以通过分割符来分解字符串。

6.1.1 String 类

1. 产生 String 对象

可以通过两种方式创建字符串对象,一种是用西文双引号""""输入字符串文字,另一种是用 new 关键字调用构造方法。例如:

```
String str1="Java";
String str2=new String("Java");
```

上面两行代码产生的字符串对象内容都是"Java",但是却是两个不同的字符串对象。第一行用字符串文字产生的字符串对象会放在一个称为字符串池里,字符串池中不会出现两个内容完全相同的 String 实例。当我们用双引号产生字符串对象时,计算机会先去字符串池中寻找里面是否有相同的字符串,如果有就直接拿出来用,如果没有就产生一个新的字符串放到字符串池中。而第二行代码产生的字符串不放入字符串池中,它有自己的地址空间。

String 类中有一个 equals()方法,用来比较两个字符串对象内容是否相同。例如,如果有下列程序代码:

```
String str1="Java";
String str2="Java";
String str3=new String("Java");
String str4=str3;
```

那么下列 3 句程序代码的结果都是 true。

```
str1.equals(str2);
str1.equals(str3);
str1.equals(str4);
```

如果使用比较操作符来判断,例如:

```
str1==str2;
```

则结果为 true。

```
str1==str3;
```

则结果为 false。

```
str3==str4;
```

则结果为 true。

通过结果可以看出,对象 str1 和对象 str2 是同一个对象。对象 str3 和对象 str4 是同一个对象,而对象 str1 和对象 str3 不是同一个对象。

2. String 类的构造方法

可以通过构造方法来创建字符串对象。java.lang.String 类中提供了如下多个重载的构造方法:

- String( )。
- String(byte[] byte)。
- String(byte[] bytes,int offset,int length)。
- String(char value[])。
- String(char[] value,int offset,int count)。
- String(StringBuffer buffer)。
- String(String original)。

【例 6-1】 利用构造方法创建字符串对象。

```
class Example6_1 {
public static void main(String args[]){
    char charArray[] ={'b', 'i', 'r', 't', 'h', ' ', 'd', 'a', 'y'};
    byte byteArray[] ={(byte) 'n', (byte) 'e', (byte) 'w', (byte) ' ',
                        (byte) 'y', (byte) 'e', (byte) 'a', (byte) 'r'};
    String s =new String("hello");
    //调用 6 个不同的构造函数来创建 String 对象
    String s1 =new String();
    String s2 =new String(s);
    String s3 =new String(charArray);
    String s4 =new String(charArray, 6, 3);
    String s5 =new String(byteArray, 4, 4);
    String s6 =new String(byteArray);
    System.out.println("s1 =" +s1 +"\ns2 =" +s2 +"\ns3 =" +s3 +
        "\ns4 =" +s4 +"\ns5 =" +s5 +"\ns6 =" +s6);
    }
}
```

程序运行结果:

```
s1 =
s2 =hello
```

```
s3 =birth day
s4 =day
s5 =year
s6 =new year
```

3. String 类的常用方法

（1）valueOf（）方法：这种方法是将其他数据类型转换成字符串对象，其参数可以是除 byte 类型以外的任何数据类型。它们都是静态的，也就是说直接通过类名就可以调用该方法。

以下都是 valueOf（）方法的各个重载方法：

- static String valueOf(Object obj)。
- static String valueOf(char data[])。
- static String valueOf(char data[]，int offset，int count)。
- static String valueOf(boolean b)。
- static String valueOf(char c)。
- static String valueOf(int i)。
- static String valueOf(long l)。
- static String valueOf(float f)。
- static String valueOf(double d)。

【例 6-2】　valueOf（）方法的应用。

```
class Example6_2{
    //覆盖 Object 类中的 toString()方法
    public String toString(){
        return "example";
    }
}
class ValueOfTest {
    public static void main(String[] args)    {
        char c=0x41;
        int i=0x41;
        boolean b=i==c;
        Example6_2 obj=new Example6_2();
        char[] chars={'a','1','b','2'};
        System.out.print(String.valueOf(b)+" ");
        System.out.print(String.valueOf(c)+" ");
        System.out.print(String.valueOf(i)+" ");
        System.out.print(String.valueOf(obj)+" ");
        System.out.println(String.valueOf(chars)+" ");
    }
}
```

程序运行结果：

```
true A 65 example a1b2
```

（2）字符串获取和判断方法。主要包括以下方法。

- int length()方法：获取调用字符串的长度。
- char charAt(int index)方法：取得此调用字符串中指定参数位置的字符。
- boolean startsWith(String str)方法：判断参数子串 str 是不是某个调用字符串的开头。
- boolean startsWith(String str, int offset)方法：判断调用字符串在位置 offset 处开始是否以子串 str 开头。
- boolean endsWith(String str)方法：判断调用字符串是否以子串 str 结尾。
- void getChars(int sourceStart, int sourceEnd, char target[ ], int targetStart)方法：获取指定位置的子字符串。其中，sourceStart 指定子字符串开始的下标，sourceEnd 指定子字符串结束的下一个字符的下标。因此，子字符串包含了从 sourceStart 到 sourceEnd−1 的字符。获得字符的数组由 target 指定。将被复制子字符串与其中的 target 的下标由 targetStart 指定。必须确保数组 target 足够大，以保证能容纳被指定子字符串中的字符。

【例 6-3】　length()、charAt()和 getChar()方法的应用。

```java
class Example6_3{
    public static void main(String args[]) {
        String s1 ="hello there";
        char charArray[] =new char[5];
        System.out.println("s1: " +s1);
        System.out.println("\nLength of s1: " +s1.length());
                                            //调用 String 类的 length 方法
        System.out.print("\nThe string reversed is: ");
        for (int count =s1.length() -1; count >=0; count--)
            System.out.print(s1.charAt(count) +" ");
                                            //调用 String 类的 charAt 方法
        s1.getChars(0, 5, charArray, 0);        //调用 String 类的 getChars 方法
        System.out.print("\nThe character array is: ");
        for (int count =0; count <charArray.length; count++)
            System.out.print(charArray[count]);
            System.out.println();
    }
}
```

程序运行结果：

```
s1: hello there

Length of s1: 11
```

```
The string reversed is: e r e h t   o l l e h
The character array is: hello
```

（3）字符串检索定位：包括 indexOf()方法和 lastIndexOf()方法。

以下 4 个重载方法返回调用字符串对象中指定的字符或子串首次出现的位置，从字符串对象开始处或者从偏移量 fromIndex 处查找。若未找到，则返回－1。

- int indexOf(int ch)。
- int indexOf(int ch, int fromIndex)。
- int indexOf(String str)。
- int indexOf(String str, int fromIndex)。

以下 4 个重载方法是返回字符串对象中指定的字符或者子串最后一次出现的位置。

- int lastIndexOf(int ch)。
- int lastIndexOf(int ch, int fromIndex)。
- int lastIndexOf(String str)。
- int lastIndexOf(String str, int fromIndex)。

【例 6-4】 字符串检索。

```
class IndexOfExample{
    public static void main(String[] args)    {
        String letters="abcdefghabcdefgh";
        System.out.println("'c'is located at index "+letters.indexOf('c'));
        System.out.println("'a'is located at index "+letters.indexOf('a',1));
        System.out.println("last'a'is located at index "+letters.lastIndexOf
('a',10));
    }
}
```

程序运行结果：

```
'c'is located at index 2
'a'is located at index 8
last'a'is located at index 8
```

（4）取子串方法：substring()方法，包括以下两种取子串方法。

- String substring(int beginIndex)。
- String substring(int beginIndex, int endIndex)。

其中，第一个方法是取从 beginIndex 处开始到字符串串尾的子串，第二个方法是取从 beginIndex 开始到 endIndex－1 上的子串。

【例 6-5】 字符串截取和定位。

```
class SubStringExample{
    public static void main(String[] args)    {
        String s="hello Java 语言";
```

```
        int n1=s.indexOf('a');
        int n2=s.indexOf("a 语");
        System.out.println("n1="+n1+" n2="+n2);
        char c=s.charAt(2);
        String s1=s.substring(6,10);
        String s2=s.substring(4,7);
        System.out.println("c="+c+" s1="+s1+" s2="+s2);
    }
}
```

程序运行结果：

```
n1=7 n2=9
c=l s1=Java s2=o J
```

（5）字符串比较，主要有以下几种方法。

- boolean equals(Object anotherObject)：字符串相等性比较（区分大小写）。
- boolean equalsIgnoreCase(String anotherString)：字符串相等性比较（忽略大小写）。
- int compareTo(String anotherString)：字符串大小比较（区分大小写）。
- int compareTolgnoreCase(String Str)：字符串大小比较（忽略大小写）。

比较两个字符串大小的方法（比较两个字符串对象的顺序）返回的是一个整数值。如果调用的字符串对象大，则返回正整数；如果调用的字符串对象小，则返回负整数；如果两个字符串相等，则返回 0。返回的值是两个字符串首次出现不同字符的 ASCII 的差值。

【例 6-6】 字符串比较方法的应用。

```
class StringCompare {
    public static void main(String args[]){
        String s1 =new String("hello");
        String s2 ="goodbye";
        String s3 ="Happy Birthday";
        String s4 ="happy birthday";
        System.out.println("s1 =" +s1 +"\ns2 =" +s2 +"\ns3 =" +s3 +
            "\ns4 =" +s4 +"\n");
        if (s1.equals("hello"))        //调用 String 类的 equals()方法判断字符串是否相等
            System.out.println("s1 equals \"hello\"\n");
        else
            System.out.println("s1 does not equal \"hello\"\n");
        //调用 String 类的 equalsIgnoreCase()方法
        //在不区分大小写的情况下判断两个字符串是否相等
        if (s3.equalsIgnoreCase(s4))
            System.out.println("s3 equals s4\n");
        else
            System.out.println("s3 does not equal s4\n");
```

```
                //调用 String 类的 compareTo()方法进行两个字符串的大小比较
                System.out.println("s1.compareTo(s2) is " +s1.compareTo(s2) +
                    "\ns2.compareTo(s1) is " +s2.compareTo(s1) +
                    "\ns1.compareTo(s1) is " +s1.compareTo(s1) +
                    "\ns3.compareTo(s4) is " +s3.compareTo(s4) +
                    "\ns4.compareTo(s3) is " +s4.compareTo(s3) +"\n");

        }
}
```

程序运行结果：

```
s1 =hello
s2 =goodbye
s3 =Happy Birthday
s4 =happy birthday

s1 equals "hello"

s3 equals s4

s1.compareTo(s2) is 1
s2.compareTo(s1) is -1
s1.compareTo(s1) is 0
s3.compareTo(s4) is -32
s4.compareTo(s3) is 32
```

（6）修改字符串的常见方法，主要包括以下几种。
- concat()方法：字符串连接方法。
- String concat(String str)：将子串 str 连接到调用串对象的后面。如下代码：

```
"cares".concat("s")
```

返回"caress"。

```
"to".concat("get").concat("her")
```

返回"together"。
- replace()方法：字符串替换方法。
- String replace(char oldChar, char newChar)：将串对象中的 oldChar 字符用 newChar 字符替换。每次对字符串进行修改后，都会产生新的字符串对象。应用代码如下：

```
String s1="abcDEFabc";
s1.replace('c','a')
```

则返回"abaDEFaba"。

如果要替换的旧的字符在主串中找不到,那么就不产生新字符串对象,返回原来的字符串对象。如下代码:

```
s1==s1.replace('x','y')
```

返回 true。

- String trim():取掉字符串前后空白的方法。
- String toLowerCase():将字符串中的字母转换成小写的方法。应用代码如下:

```
"abcDEF".toLowerCase()
```

则返回"abcdef"。

- String toUpperCase():将字符串中的字母转换成大写的方法。应用代码如下:

```
"abcDEF".toUpperCase()
```

则返回"ABCDEF"。

注意,字符串表示了定长、不可变的字符序列,即字符串对象的内容是不可修改的,任何修改字符串对象内容的方法,都会产生一个新的字符串对象。

(7) 字符串的加强。目前,为了对字符串有一个更好的处理,JDK11 中的 String API 中增加了如下一系列的字符串处理方法:

- isBlank():判断字符串是否是空白。
- strip():去除首尾空格,还可以去除 Unicode 空格。
- stripTrailing():去除尾部空格。
- stripLeading():去除首部空格。
- repeat(int):复制字符串,int 参数为复制的次数。
- lines():通过换行符把字符串分开,并返回一个字符串流。

【例 6-7】 新增的字符串处理方法的应用。

```
public class Example6_7{
    public static void main(String args[]) {
        String s =" Hello, Java,  Stri\tng ";
        System.out.println("s 原始值:" +s);
        System.out.println("判断字符串是否为空:" +s.isBlank());
        System.out.println("去除首尾空格:" +s.strip());
        System.out.println("去除尾空格:" +s.stripTrailing());
        System.out.println("去除首空格:" +s.stripLeading());
        System.out.println("字符串重复:" +s.repeat(3));
        System.out.println("行数统计:" +s.lines().count());

    }
}
```

程序输出结果:

```
s 原始值：Hello, Java,  Stri    ng
判断字符串是否为空:false
去除首尾空格:Hello, Java,  Stri    ng
去除尾空格：Hello, Java,  Stri    ng
去除首空格:Hello, Java,  Stri    ng
字符串重复:Hello, Java,  Stri    ng Hello, Java,  String
行数统计:1
```

6.1.2 StringBuffer 类

对于 String 对象内容的修改会产生新的 String 对象,进而影响系统的性能。可是,有时需要对字符串进行增减等运算,Java 提供了另一个类来对字符串做修改处理,而不会产生新的对象,这个类就是 StringBuffer,它表示了可变长和可写的字符序列。StringBuffer 可以插入其中或者追加其后的字符或子字符串,StringBuffer 可以针对这些自动地增加空间;同时,它通常还有比实际需要有更多的预留字符,从而允许增加空间。

1. StringBuffer 类的构造方法

StringBuffer 定义了下面 3 个构造方法。
* StringBuffer()。
* StringBuffer(int length)。
* StringBuffer(String str)。

第一个是默认的构造方法(无参数),用来产生一个空的 StringBuffer 对象,预留了 16 个字符的空间,往后还可以通过此方法的操作来增减 StringBuffer 对象中的字符串内容。如果存放的字符数超过原本设置的大小,Java 会自动增加容量。

第二个构造方法接收一个整数参数,用这个数值来产生默认大小的 StringBuffer 对象。

第三个构造方法是传入一个 String 对象,将它转换为 StringBuffer 对象,设置 StringBuffer 对象的初始内容,同时多预留 16 个字符的空间。当没有指定缓冲区的大小时,StringBuffer 分配 16 个附加字符的空间,这是因为再分配空间在时间上代价很大,而且频繁地再分配会产生内存碎片。StringBuffer 通过给一些额外的字符分配空间,减少了再分配操作发生的次数。

2. length()和 capacity()方法

StringBuffer 类对象的长度是指该对象所表示的字符串的长度,即当前字符串包含的字符个数,通过调用 length()方法可以得到当前 StringBuffer 类对象的长度。

StringBuffer 类对象的容量是指该对象在当前所占存储空间状态下能够表示的最长的字符串的长度,通过调用 capacity()方法可以得到总的分配容量。

【例 6-8】 length()和 capacity()方法的使用。

```
class StringBufferExample{
  public static void main(String args[]) {
```

```
    StringBuffer sb = new StringBuffer("Hello");
    System.out.println("buffer =" +sb);
    System.out.println("length =" +sb.length());
    System.out.println("capacity =" +sb.capacity());
  }
}
```

程序运行结果：

```
buffer =Hello
length =5
capacity =21
```

以上结果说明了 StringBuffer 如何为另外的处理预留额外的空间。由于 sb 在创建时由字符串"Hello"初始化，因此它的长度为 5。因为给 16 个附加的字符自动增加了存储空间，因此它的存储容量为 21。

3. setLength()和 ensureCapacity()方法

用 setLength(int newlen)方法可以改变一个 StringBuffer 类对象的长度，该方法将实例的长度设置为 newlen。即缓冲区的长度，这个值必须是非负的。

当增加缓冲区的大小时，空字符将被加在现存缓冲区的后面。如果用一个小于 length() 方法返回的当前值的值调用 setLength()方法，那么在新长度之后存储的字符将丢失。

为了确保实例的容量总是大于或等于实例的长度，在调整 StringBuffer 实例长度之前，可以使用 ensureCapacity()方法设置缓冲区的大小。这在事先已知要在 StringBuffer 上追加大量小字符串的情况下是有用的。

ensureCapacity()方法的一般形式如下：

```
void ensureCapacity(int capacity)
```

该方法可以改变一个 StringBufffer 类实例的容量。

4. charAt()和 setCharAt()方法

使用 charAt()方法可以从 StringBuffer 类中得到单个字符的值。可以通过 setCharAt() 方法给 StringBuffer 类中的字符置值。它们的一般形式如下：

```
char charAt(int index)
void setCharAt(int index, char ch)
```

对于 charAt()方法，index 指定获得的字符的下标。对于 setCharAt()方法，index 指定被置值的字符的下标，而 ch 指定了该字符的新值。以上两种方法中的 index 必须是非负的，同时不能指定在缓冲区之外的位置。

【例 6-9】 charAt()和 setCharAt()方法的使用。

```
class CharAtExample {
  public static void main(String args[]) {
```

```
        StringBuffer sb =new StringBuffer("Hello");
        System.out.println("buffer before =" +sb);
        System.out.println("charAt(1) before =" +sb.charAt(1));
        sb.setCharAt(1, 'i');
        sb.setLength(2);
        System.out.println("buffer after =" +sb);
        System.out.println("charAt(1) after =" +sb.charAt(1));
    }
}
```

程序运行结果：

```
buffer before =Hello
charAt(1) before =e
buffer after =Hi
charAt(1) after =i
```

5. getChars() 方法

使用 getChars() 方法可以将 StringBuffer 的子字符串复制给数组。其一般形式如下：

```
void getChars(int sourceStart,int sourceEnd,char target[],int targetStart)
```

其中，sourceStart 指定子字符串开始时的下标，而 sourceEnd 指定该子字符串结束时下一个字符的下标。这意味着子字符串包含了从 sourceStart 到 sourceEnd−1 位置上的字符。接收字符的数组由 target 指定。在 target 内将被复制子字符串的位置下标由 targetStart 传递。

注意：必须确保 target 数组足够大，以便能够保存指定的子字符串所包含的字符。

6. append() 和 insert() 方法

append() 方法可以将任一其他类型数据的字符串形式连接到调用 StringBuffer 对象的后面。

append() 方法是 StringBuffer 中最常用的方法之一，对所有内置的类型和 Object，它都有如下重载形式：

- StringBuffer append(Object obj)。
- StringBuffer append(String str)。
- StringBuffer append(char ch)。
- StringBuffer append(char asc[])。
- StringBuffer append(char asc[], int offset，int len)。
- StringBuffer append(boolean b)。
- StringBuffer append(int i)。
- StringBuffer append(long l)。
- StringBuffer append(float f)。

- StringBuffer append(double d)。

每个参数调用 String.valueOf() 方法获得其字符串表达式,运行结果追加在当前 StringBuffer 对象的后面。对每一种 append() 形式,返回缓冲区本身。它允许后续的调用被连成一串。

insert() 方法将一个字符串插入另一个字符串中。和 append() 方法一样,它调用 String.valueOf() 方法得到调用它的值的字符串表达式,随后这个字符串被插入所调用的 StringBuffer 对象中。insert() 方法的形式如下:

- StringBuffer insert(int index,Object obj)。
- StringBuffer insert(int index,String str)。
- StringBuffer insert(int index,char ch)。
- StringBuffer insert(int index,char asc[])。
- StringBuffer insert(int index,int i)。
- StringBuffer insert(int index,ling l)。
- StringBuffer insert(int index,float f)。
- StringBuffer insert(int index,double d)。

这里,index 指定将字符串插入所调用的 StringBuffer 对象中的插入点的下标。

【例 6-10】 append() 和 insert() 方法的使用。

```java
class AppendExample{
    public static void main(String[] args)  {
        Object o="Hello";
        String s="good bye";
        char charArray[]={'a','b','c','d','e','f'};
        boolean b=true;
        char c='A';
        int i=7;
        long l=10000000;
        float f=2.5f;
        double d=666.666;
        StringBuffer buf=new StringBuffer();
        buf.insert(0,o).insert(0," ").insert(0,s);
        buf.insert(0," ").insert(0,charArray);
        buf.insert(0," ").insert(0,b);
        buf.append(" ").append(l).append(" ").append(f);
        buf.append(" ").append(d);
        System.out.println(buf.toString());
    }
}
```

程序运行结果:

```
true abcdef good bye Hello 10000000 2.5 666.666
```

7. delete()和 deleteCharAt()方法

StringBuffer deleteCharAt(int loc)：删除由 loc 指定下标处的字符,返回结果的 StringBuffer 对象。

StringBuffer delete(int startIndex,int endIndex)：从调用对象中删除一串字符。这里,startIndex 指定了需删除的第一个字符的下标,而 endIndex 指定了需删除的最后一个字符的下一个字符的下标。因此,要删除的子字符串从 startIndex 到 endIndex-1,返回结果的 StringBuffer 对象。

【例 6-11】 delete()和 deleteCharAt()方法的使用。

```
class DeleteExample{
  public static void main(String args[]) {
    StringBuffer sb =new StringBuffer("This is a test.");
    sb.delete(4, 7);
    System.out.println("After delete: " +sb);
    sb.deleteCharAt(0);
    System.out.println("After deleteCharAt: " +sb);
  }
}
```

程序运行结果：

```
After delete: This a test.
After deleteCharAt: his a test.
```

8. replace()

replace()方法完成在 StringBuffer 内部用一组字符代替另一组字符的功能。replace()方法的形式如下：

• StringBuffer replace(int startIndex, int endIndex, String str)。

被替换的子字符串由下标 startIndex 和 endIndex 指定,因此,从 startIndex 到 endIndex-1 的子字符串被替换。替代字符串在 str 中传递,返回结果的 StringBuffer 对象。

【例 6-12】 replace()方法的使用。

```
class ReplaceExample {
  public static void main(String args[]) {
    StringBuffer sb =new StringBuffer("This is a test.");
    sb.replace(5, 7, "was");
    System.out.println("After replace: " +sb);
  }
}
```

程序运行结果：

```
After replace: This was a test.
```

9. reverse()方法

reverse()方法返回被调用对象翻转后的对象。reverse()方法形式如下：

- StringBuffer reverse()。

【例 6-13】 reverse()方法的使用。

```
class ReverseExample {
  public static void main(String args[]) {
    StringBuffer s = new StringBuffer("abcdef");
    System.out.println(s);
    s.reverse();
    System.out.println(s);
  }
}
```

程序运行结果：

```
abcdef
fedcba
```

10. substring()方法

Java 2 中也增加了 substring()方法，它返回 StringBuffer 的一部分值。有如下两种形式：

- String substring(int startIndex)：返回调用 StringBuffer 对象中从 startIndex 下标开始直至结束的一个子字符串。
- String substring(int startIndex, int endIndex)：返回从 startIndex 开始到 endIndex−1 结束的子字符串。

这两种方法与前面在 String 中定义的方法具有相同的功能。

6.1.3 StringTokenizer（字符串标记）

有时候程序从外界读取数据时，往往读进来的数据可能是一长串，所以在程序中需要把这一长串的数据分解开。例如，当用 Excel 来进行数据输入并存档时，我们可以保存为 Excel 专用的文件，也可以保存为其他格式的文件；如果保存为纯文本文件时，Excel 默认会使用 Tab 符号将每个字段的数据区分开来，假设有如下的数据：

专业　姓名　　出生　　　性别
软件　张启　1989.1.12　男
应用　王璇　1988.12.3　女

在程序中从这个文本文件把数据读进来时，比较方便是一次读取一整行的数据，可是如何把一行数据中的每个字段数据取出来呢？当然可以用前面介绍的 String 或 StringBuffer 类所提供的方法，一个字符一个字符地检查，如果读到一个 Tab 定位符号，就表示一个字段数据的结束,这里要介绍一个名叫 StringTokenizer 的类来处理这件烦琐的事情。

StringTokenizer 类放在 java.util 包下,所以使用它之前要先 import 进来。

使用 StringTokenizer 时,指定输入一个要分解字符串和一个包含了分割符的字符串。分割符(delimiters)是分割标记的字符。分割符字符串中的每一个字符被当成一个有效的分割符。例如,",;:"建立逗号、分号和冒号分割符。默认建立 5 个分割符有空白符字符、空格、Tab 键、换行及回车。StringTokenizer 的构造方法如下:

- StringTokenizer(String str)。
- StringTokenizer(String str,String delimiters)。
- StringTokenizer(String str,String delimiters,boolean delimAsToken)。

在上述 3 种形式中,str 都表示将被标记化的字符串。在第一种形式中,使用默认的分割符。在第二种和第三种形式中,delimiters 是用来指定分割符的一个字符串。在第三种形式中,如果 delimAsToken 为 true,那么当字符串被分析时分割符也被作为标记而返回;否则,不返回分割符。在第一种和第二种形式中,分割符不会作为标记而返回。

一旦创建了 StringTokenizer 对象之后,nextToken()方法将被用于抽取连续的标记。当有更多的标记被抽取时,hasMoreTokens()方法返回 true。因为 StringTokenizer 实现枚举(enumeration),因此,hasMoreElements()和 nextElement()方法也被实现,同时它们的作用也分别与 hasMoreTokens()和 nextToken()方法相同。由 StringTokenizer 定义的方法列在表 6-1 中。

表 6-1　由 StringTokenizer 定义的方法

方　　法	描　　述
int countTokens()	使用当前分割符集,该方法确定还没被分析的标记个数并返回结果
boolean hasMoreElements()	如果在字符串中包含一个或多个标记,则返回 true;如果在字符串中不包含标记,则返回 false
boolean hasMoreTokens()	如果在字符串中包含一个或多个标记,则返回 true;如果在字符串中不包含标记,则返回 false
Object nextElement()	将下一个标记作为 Object 返回
String nextToken()	将下一个标记作为 String 返回
String nextToken(String delimiters)	将下一个标记作为 String 返回,并且将分割符字符串设为由 delimiters 指定的字符串

下面是一个创建用于分析"key＝value"对的 StringTokenizer 的例子。连续的多组"key＝value"对将用分号分开。

【例 6-14】　演示 StringTokenizer 的使用。

```
package sample;
import java.util.StringTokenizer;
class StringTokenizerExample {
  static String in ="title=Mastering Core Java;" +
```

```
    "author=Lixin;" +
    "publisher=Publishing House of Electronic Industry;" +
    "copyright=2007";
  public static void main(String args[]) {
    StringTokenizer st =new StringTokenizer(in, "=;");
    while(st.hasMoreTokens()) {
      String key =st.nextToken();
      String val =st.nextToken();
      System.out.println(key +"\t" +val);
    }
  }
}
```

程序运行结果：

```
title    Mastering Core Java
author   Lixin
publisher        Publishing House of Electronic Industry
copyright        2007
```

6.2 时间及日期处理

在 Java 应用开发中，对时间的处理是很常见的。Java 提供了 3 个日期类：Date、Calendar 和 DateFormat。在程序中，对日期的处理主要是如何获取、设置和格式化，Java 的日期类提供了很多方法以满足程序员的各种需要。Date 和 Calendar 类在 java.util 包中，DateFormat 类在 java.text 包中，所以在使用前程序必须引入这两个包。

6.2.1 Date（日期）类

Date 类封装当前的日期。主要用于创建日期对象并获取日期。

Date 类支持下面两种形式的构造方法：

- Date()。
- Date(long millisec)。

第一种形式的构造方法用当前的日期和时间初始化对象。第二种形式的构造方法接收一个参数，该参数等于从 1970 年 1 月 1 日午夜起至今的毫秒数的大小。由 Date 类定义的常用方法列在表 6-2 中。随着 Java2 的出现，Date 类也实现了 Comparable 接口。

表 6-2 由 Date 定义的常用方法

方　　法	描　　述
boolean after(Date date)	如果调用 Date 对象所包含的日期迟于由 date 指定的日期，则返回 true；否则，返回 false
boolean before(Date date)	如果调用 Date 对象所包含的日期早于由 date 指定的日期，则返回 true；否则，返回 false

续表

方　　法	描　　述
Object clone()	复制调用 Date 对象
Int compareTo(Date date)	将调用对象的值与 date 的值进行比较。如果这两者数值相等,则返回 0;如果调用对象的值早于 date 的值,则返回一个负值;如果调用对象的值晚于 date 的值,则返回一个正值
Int compareTo(Object obj)	如果 obj 属于 Date 类,则其操作与 compareTo(Date)相同;否则,引发一个 ClassCastException 异常
boolean equals(Object date)	如果调用 Date 对象包含的时间和日期与由 date 指定的时间和日期相同,则返回 true;否则,返回 false
long getTime()	返回自 1970 年 1 月 1 日起至今的毫秒数的大小
Int hashCode()	返回调用对象的哈希值
void setTime(long time)	按 time 的指定设置时间和日期,表示自 1970 年 1 月 1 日午夜至今的以毫秒为单位的时间值
String toString()	将调用 Date 对象转换成字符串并且返回结果

正如从表 6-2 中看到的那样,Date 功能部件不允许单独获得日期或时间分量。仅能获得以毫秒为单位的日期和时间,或者通过调用 toString()方法获得其默认的字符串表达式。为了获得关于日期和时间的更加详细的信息,可以使用 Calendar 类(将在后面详细介绍)。

【例 6-15】 Date 类的使用。

```
import java.util.Date;
class DateExample {
  public static void main(String args[]) {
    //创建 Date 对象
    Date date =new Date();
    //显示代表当前日期的字符串
    System.out.println(date);
    //显示代表当前日期的整数
    long msec =date.getTime();
    System.out.println("Milliseconds since Jan. 1, 1970 GMT =" +msec);
  }
}
```

程序运行结果:

```
Thu Jan 13 05:12:58 GMT 2011
Milliseconds since Jan. 1, 1970 GMT =1294895578479
```

我们经常需要比较日期。有 3 种方法可用于比较两个 Date 对象。首先,可以对两个对象使用 getTime()方法获得它们各自自 1970 年 1 月 1 日午夜起至今的毫秒数的大小,然后比较这两个值的大小。其次,可以使用 before()、after()和 equals()方法,例如由于每个月的 12 号出现在 18 号之前,所以 new Date(99,2,12).before(new Date (99,2,18))将返回 true。最后，可以使用由 Comparable 接口定义、被 Date 实现的 compareTo()方法。

说明：JDK8 的更新中对日期和时间进行了加强处理。在 java.time 包中提供了很多新的 API，它涵盖了所有处理日期、时间、日期/时间、时区、时刻(instants)、过程(during)与时钟(clock)的操作。下面介绍 time 包中新增的几个比较重要的 API。

(1) Clock(时钟类)：Clock 提供了访问当前日期和时间的方法，Clock 是时区敏感的，可以用来取代 System.currentTimeMillis()来获取当前的微秒数。某一个特定的时间点也可以使用 Instant 类来表示，Instant 类也可以用来创建旧的 java.util.Date 对象。

(2) TimeZones(时区类)：在新 API 中时区使用 ZoneId 来表示。时区可以很方便地使用静态方法 of()来获取到。时区定义了到 UTS 时间的时间差，这在 Instant 时间点对象到本地日期对象之间转换的时候是极其重要的。

(3) LocalTime(本地时间类)：LocalTime 定义了一个没有时区信息的时间，例如晚上10 点，或者 17:30:15。

(4) LocateDate(本地日期类)：LocalDate 表示了一个确切的日期，例如 2014-03-11。该对象值是不可变的，用起来和 LocalTime 基本一致。要注意的是，这些对象是不可变的，操作返回的总是一个新实例。

(5) LocalDateTime(本地日期时间类)：LocalDateTime 同时表示了时间和日期，相当于前两个内容合并到一个对象上了。LocalDateTime 和 LocalTime 还有 LocalDate 一样，都是不可变的。

上述 API 具体的使用方法有兴趣的读者可以查询相关 API 文档深入了解。

6.2.2 Calendar(日历)类

前面提到，为了获得关于日期和时间的更加详细的信息，可以使用 Calendar 类。Calendar 类提供了一组方法，这些方法允许将以毫秒为单位的时间转换为一组有用的分量。一些可以提供信息的类型是：年、月、日、小时、分和秒。

Calendar 类定义了几个受保护的实例变量。areFieldsSet 是一个指示时间分量是否已经建立的 boolean 型变量。fields 是一个包含了时间分量的 ints 数组。isSet 是一个指示特定时间分量是否已经建立的 boolean 数组。time 是一个包含了该对象的当前时间的 long型变量。isTimeSet 是一个指示当前时间是否已经建立的 boolean 型变量。

由 Calendar 定义的一些常用的方法列在表 6-3 中。

表 6-3 由 Calendar 定义的常见方法

方　法	描　述
abstract void add(int which, int val)	将 val 加到由 which 指定的时间或日期分量上。为了实现减功能，可以加一个负数。which 必须是由 Calendar 定义的域之一，如 Calendar.HOUR
boolean after(Object calendarObj)	如果调用 Calendar 对象所包含的日期晚于由 calendarObj 指定的日期，则返回 true；否则，返回 false
boolean before(Object calendarObj)	如果调用 Calendar 对象所包含的日期早于由 calendarObj 指定的日期，则返回 true；否则，返回 false
final void clear()	对调用对象的所有时间分量置 0

方　　法	描　　述
final void clear(int which)	在调用对象中,对由 which 指定的时间分量置 0
object clone()	返回对调用对象的复制(副本)
boolean equals(Object calendarObj)	如果调用 Calendar 对象所包含的日期与由 calendarObj 指定的日期相等,则返回 true;否则,返回 false
final int get(int calendarField)	返回调用对象的一个分量的值,该分量由 calendarField 指定。可以被请求的分量的实例有:Calendar.YEAR、Calendar.MONTH、Calendar.MINUTE 等
static Locale[ ] getAvailableLocales()	返回一个 Locale 对象的数组,其中包含了可以使用日历的地区
static Calendar getInstance()	对默认的地区和时区,返回一个 Calendar 对象
static Calendar getInstance(Locale locale)	对由 locale 指定的地区,返回一个 Calendar 对象,而时区使用默认的时区
static Calendar getInstance(TimeZone tz,Locale locale)	对由 tz 指定的时区,同时由 locale 指定的地区,返回一个 Calendar 对象
final Date getTime()	返回一个与调用对象的时间相等的 Date 对象
TimeZone getTimeZone()	返回调用对象的时区
final boolean isSet(int which)	如果指定的时间分量被设置,则返回 true;否则,返回 false
final void set(int which, int val)	在调用对象中,将由 which 指定的日期和时间分量赋给由 val 指定的值。which 必须是由 Calendar 定义的域之一,如 Calendar.HOUR
final void set(int year, int month,int dayOfMonth)	设置调用对象的各种日期和时间分量
final void set(int year, int month,int dayOfMonth, int hours,int minutes)	设置调用对象的各种日期和时间分量
final void set(int year, int month,int dayOfMonth, int hours, int minutes, int seconds)	设置调用对象的各种日期和时间分量
final void setTime(Date d)	设置调用对象的各种日期和时间分量。该信息从 Date 对象 d 中获得
void setTimeZone(TimeZone tz)	将调用对象的时区设置为由 tz 指定的时区

Calendar 定义了下面的 int 常数,这些常数用于得到或设置日历分量。

AM	FRIDAY	PM
AM_PM	HOUR	SATURDAY
APRIL	HOUR_OF_DAY	SECOND
AUGUST	JANUARY	SEPTEMBER
DATE	JULY	SUNDAY
DAY_OF_MONTH	JUNE	THURSDAY
DAY_OF_WEEK	MARCH	TUESDAY

DAY_OF_WEEK_IN_MONTH	MAY	UNDECIMBER
DAY_OF_YEAR	MILLISECOND	WEDNESDAY
DECEMBER	MINUTE	WEEK_OF_MONTH
DST_OFFSET	MONDAY	WEEK_OF_YEAR
ERA	MONTH	YEAR
FEBRUARY	NOVEMBER	ZONE_OFFSET
FIELD_COUNT	OCTOBER	

【例 6-16】 Calendar 方法的使用。

```java
import java.util.Calendar;
class CalendarExample {
  public static void main(String args[]) {
    String months[] = {
      "Jan", "Feb", "Mar", "Apr",
      "May", "Jun", "Jul", "Aug",
      "Sep", "Oct", "Nov", "Dec"};
    //创建 Calendar 对象
    Calendar calendar = Calendar.getInstance();
    //显示日期信息
    System.out.print("Date: ");
    System.out.print(months[calendar.get(Calendar.MONTH)]);
    System.out.print(" " +calendar.get(Calendar.DATE) +" ");
    System.out.println(calendar.get(Calendar.YEAR));
    System.out.print("Time: ");
    System.out.print(calendar.get(Calendar.HOUR) +":");
    System.out.print(calendar.get(Calendar.MINUTE) +":");
    System.out.println(calendar.get(Calendar.SECOND));

    calendar.set(Calendar.HOUR, 10);
    calendar.set(Calendar.MINUTE, 29);
    calendar.set(Calendar.SECOND, 22);
    System.out.print("Updated time: ");
    System.out.print(calendar.get(Calendar.HOUR) +":");
    System.out.print(calendar.get(Calendar.MINUTE) +":");
    System.out.println(calendar.get(Calendar.SECOND));
  }
}
```

程序运行结果：

```
Date: Jan 3 2011
Time: 7:15:44
Updated time: 10:29:22
```

6.2.3 DateFormat 类

DateFormat 类主要用来创建日期格式化器，通过格式化器将日期转换为各种日期格式串输出。getDateInstance()方法可以返回一个 DateFormat 类的实例，这个对象可以格式化日期信息。例如：

```
static final DateFormat getDateInstance()
static final DateFormat getDateInstance(int style)
static final DateFormat getDateInstance(int style, Locale locale)
```

在这里，参数 style 是下列值中的一个：DEFAULT、SHORT、MEDIUM、LONG 或者 FULL。这些都是 DateFormat 类定义的整数常量，代表着日期显示的不同方式。参数 locale 是由 Locale 类定义的静态引用之一。如果 style 或者 locale 没有被指定，将使用默认方式。

在这个类中最常用的方法是 format()，它有几种重载方式，其中的一种如下：

```
final String format(Date d)
```

这个方法的参数是一个将要显示的 Date 对象，该方法返回一个包含了格式化信息的字符串。

getTimeInstance()方法返回了一个 DateFormat 的实例，用来格式化时间信息。这个方法如下：

```
static final DateFormat getTimeInstance()
static final DateFormat getTimeInstance(int style)
static final DateFormat getTimeInstance(int style, Locale locale)
```

参数 style 是 DEFAULT、SHORT、MEDIUM、LONG 或 FULL 中的一个。这些整数常量是由 DateFormat 类定义的，它们决定了时间显示的不同方式。参数 locale 是由 Locale 类定义的静态引用之一。如果 style 或者 locale 没有被指定，将使用默认方式。

getDateTimeInstance()方法返回了一个 DateFormat 的实例，用来格式化日期信息，也可以用来格式化时间信息。

6.2.4 SimpleDateFormat 类

SimpleDateFormat 类是 DateFormat 类的一个子类，用来自定义显示日期和时间信息的格式化模型。它的一个构造方法如下：

• SimpleDateFormat(String formatString)。

formatString 参数描述了如何显示日期和时间信息。例如：

```
SimpleDateFormat sdf =SimpleDateFormat("dd MMM yyyy hh:mm:ss zzz");
```

在格式化字符串中使用的格式符号决定了信息的显示方式。表 6-4 中列举了这些符号并且分别给出了解释。

表 6-4　SimpleDateFormat 中用于格式化字符串的符号

符号（Symbol）	描　　　　述
A	上午(AM)或下午(PM)
D	一个月中的某天(1～31)
H	上午或下午的某小时(1～12)
K	一天中的某小时(1～24)
M	一小时里的某分钟(0～59)
S	一分钟里的某一秒(0～59)
W	一年中的某星期(1～52)
Y	年
Z	时区
D	一年里的某一天(1～366)
E	一星期里的某天(如星期四)
F	某月的工作日数
G	纪元(即 AD 或 BC)
H	一天中的某小时(0～23)
K	上午或下午的某小时(0～11)
M	月份
S	秒中的毫秒
W	某月中的某个星期(1～5)

在大多数情况下,字符数中一个符号重复的次数决定了如何显示日期。如果模式字母被重复的次数不超过 4 次,那么文本信息将用压缩的形式显示;否则,将使用没有压缩的形式显示。例如,一个 zzzz 模式可以显示太平洋白天时间,所以一个 zzz 模式可以显示 PDT。

对于数字,时间数字中一个模式字符被重复的次数决定了多少数字将出现。例如,hh:mm:ss 可以表示 01:51:15,但是 h:m:s 显示相同的值为 1:51:15。

M 或者 MM 将使月份用一个和两个数字来显示。然而,3 个以上 M 的重复将使月份作为文本字符来显示。

【例 6-17】　使用 SimpleDateFormat 类。

```
package sample;
import java.text.*;
import java.util.*;
class SimpleDateFormatExample {
  public static void main(String args[]) {
    Date date =new Date();
```

```
    SimpleDateFormat sdf;
    sdf =new SimpleDateFormat("yyyy-MM-dd hh:mm:ss");
    System.out.println(sdf.format(date));
    sdf =new SimpleDateFormat("hh:mm:ss");
    System.out.println(sdf.format(date));
    sdf =new SimpleDateFormat("dd MMM yyyy hh:mm:ss zzz");
    System.out.println(sdf.format(date));
    sdf =new SimpleDateFormat("E MMM dd yyyy");
    System.out.println(sdf.format(date));
  }
}
```

程序运行结果：

```
2011-01-03 08:59:57
08:59:57
03 一月 2011 08:59:57 GMT
星期一 一月 03 2011
```

6.3 集合框架和泛型

首先来看什么是集合(Collection)库。简单地说，Collection 库里面的类是用来存放数据的，不同的接口有不同存放数据的特性和方式，下面介绍 Collection 库和不同访问接口的使用。

Collection 是集中、收集的意思。简单地说，Collection 就是把一些数据收集在一起，用特定的方式来访问这些数据。Collection 库是在 java.util 包下的一些接口和类，类是用来产生对象存放数据用的，而接口是访问数据的方式。Collection 库跟数组最大的区别在于，数组有容量大小的限制，而 Collection 库没有这样的限制。不过 Collection 库只能用来存放对象，对于基本数据类型的数据，必须使用 Wrapper Class 来将基本数据类型的数据转换成对象类型。

在集合框架中，主要有以下接口：
- Collection 接口是一组允许重复的对象。
- Set 接口继承了 Collection 接口，但不允许重复，使用自己内部的一个排列机制。
- List 接口继承了 Collection 接口，允许重复，以元素安插的次序来放置元素，不会重新排列。
- Map 接口是一组成对的键-值对象，即所持有的是 key-value 对。Map 中不能有重复的 key。其拥有自己的内部排列机制。

6.3.1 Collection 接口

Collection 接口是其他接口的父接口，它定义了一些最基本的访问方法，让人们能用统一的方式通过它或其子接口来访问数据。除了 Collection 接口外,其他常用的接口还有 Set、List 两大类,每一类往下又有其他特殊的访问接口。

1. Collection 接口的特性

存放在 Collection 库中的数据称为元素,而每个接口的特性就是依据这些元素存放的方式而有所不同。Collection 接口的特性是其中的元素没有特定的顺序,元素也可以重复。

2. 实现 Collection 接口的类

实现 Collection 接口的类是 AbstractCollection 类,这个类也是 Collection 库中其他类的父类,它有两个子类 AbstractSet 和 AbstractList 类,这些类都是抽象类,所以不能直接使用。

3. Collection 接口的主要使用方法

1)单元素添加、删除操作

- boolean add(Object o):将对象添加给集合。add 方法会返回一个 boolean 值,告诉是否成功地把数据加了进去。
- boolean remove(Object o):如果集合中有与 o 相匹配的对象,则删除对象 o。

2)查询操作

- int size():返回当前集合中元素的数量。
- boolean isEmpty():判断集合中是否有元素。
- boolean contains(Object o):查找集合中是否含有对象 o。
- Iterator iterator():返回一个迭代器,用来访问集合中的各个元素。

3)组操作:作用于元素组或整个集合

- boolean containsAll(Collection c):查找集合中是否含有集合 c 中的所有元素。
- boolean addAll(Collection c):将集合 c 中所有元素添加给该集合。
- void clear():删除集合中所有元素。
- void removeAll(Collection c):从集合中删除集合 c 中的所有元素。
- void retainAll(Collection c):从集合中删除集合 c 中不包含的元素。

4)Collection 转换为 Object 数组

如果想把 Collection 对象中的数据转换成用对象数组的方式来访问,可以使用 toArray()这个方法,它会返回一个对象数组,到时候就可以用数组的访问方式来使用里面的数据了。不过并没有对应的方法,能把数组对象转换成 Collection 对象。

- Object[] toArray():返回一个内含集合所有元素的 array。
- Object[] toArray(Object[] a):返回一个内含集合所有元素的 array。运行期返回的 array 和参数 a 的类型相同,需要转换为正确类型。

此外,还可以把集合转换成任何其他的对象数组。但是,不能直接把集合转换成基本数据类型的数组,因为集合只能存放对象。

Collection 不提供 get()方法。如果要遍历 Collection 中的元素,就必须用 Iterator。

6.3.2　Set 接口

Set 接口继承了 Collection 接口,它的特性是存放在里面的元素是没有特定顺序的,并且元素不可以重复。

Set 接口所提供的方法除了继承 Collection 接口的方法外,还多了个 clear()方法,可以一次将里面的数据全部清除。这个方法不用输入参数,也没有返回值。再次提醒,如果在不同的对象上用错方法,这里介绍的所有方法都有可能会产生 UnsupportedOperationException 异常。

实现 Set 接口的类是 HashSet 类。其实使用 Collection 库时,我们在乎的是访问的接口,至于是用什么类对象来存放数据,影响的只是访问的效率,只要方法用对就可以了。

【例 6-18】 Set 接口的 HashSet 类的使用。

```
import java.util.*;
public class SetExample{
    public static void main(String argv[])  {
        Set set =new HashSet();
        set.add(new Integer(5));
        set.add("abc");
        set.add(new Double(1.2));
        set.add(new Integer(5));
        set.add("abc");
        System.out.println(set);
    }
}
```

例 6-18 产生一个 HashSet 类对象 set,然后使用 Set 接口来访问它。接着分别添加了两个 Integer 对象、两个字符串和一个 Double 对象。最后把 set 对象使用 System.out.println 方法打印出来。

程序运行结果:

```
[1.2, abc, 5]
```

存放在 Set 接口中的数据是没有顺序的,并且数据不能重复,所以从程序的运行结果中可以看出,打印的顺序和添加数据的顺序不一样,而且后面的 Integer 对象 5 和"abc"并没有加到里面去。

Set 接口有另外一个子接口:SortedSet 接口,放在 SortedSet 中的数据是有顺序的。实现 SortedSet 接口的类是 TreeSet 类,TreeSet 类对于数据的存放限制更为严格,除了不能有重复的数据外,连数据的类型也必须一样,也就是说只能添加同一类的对象,否则会产生 ClassCastException 异常。

集合框架支持 Set 接口两种普通的实现类:HashSet 和 TreeSet(TreeSet 实现 SortedSet 接口)。在更多的情况下,我们会使用 HashSet 存储重复自由的集合。考虑到效率,添加到 HashSet 的对象需要采用恰当分配哈希码的方式来实现 hashCode()方法。虽然大多数系统类覆盖了 Object 中默认的 hashCode()和 equals(),但创建自己的要添加到 HashSet 的类时,别忘了覆盖 hashCode()和 equals()。

当从集合中以有序的方式插入和抽取元素时,TreeSet 实现类会有用处。为了能顺利地进行操作,添加到 TreeSet 的元素必须是可排序的。

1）HashSet 类

- HashSet()：构建一个空的哈希集。
- HashSet(Collection c)：构建一个哈希集，并且添加集合 c 中所有元素。
- HashSet(int initialCapacity)：构建一个拥有特定容量的空哈希集。
- HashSet(int initialCapacity，float loadFactor)：构建一个拥有特定容量和加载因子的空哈希集。LoadFactor 是 0.0～1.0 的一个数。

2）TreeSet 类

- TreeSet()：构建一个空的树集。
- TreeSet(Collection c)：构建一个树集，并且添加集合 c 中所有元素。
- TreeSet(Comparator c)：构建一个树集，并且使用特定的比较器对其元素进行排序。

Comparator 比较器没有任何数据，它只是比较方法的存放器。这种对象有时称为函数对象。函数对象通常在运行过程中被定义为匿名内部类的一个实例。

- TreeSet(SortedSet s)：构建一个树集，添加有序集合 s 中所有元素，并且使用与有序集合 s 相同的比较器排序。

【例 6-19】 Set 接口的 TreeSet 类的使用。

```java
import java.util.*;
public class SortedSetExample{
    public static void main(String argv[])    {
        SortedSet set =new TreeSet();
        set.add(new Integer(5));
        set.add(new Integer(1));
        set.add(new Integer(8));
        set.add(new Integer(5));
        set.add(new Integer(3));
        System.out.println(set);
    }
}
```

程序运行结果：

```
[1, 3, 5, 8]
```

从运行结果中发现，数据是从小到大进行排列的，并且没有重复的数据。

6.3.3 List 接口

List 接口继承了 Collection 接口，以定义一个允许重复项的有序集合。所以，存放在 List 中的数据是有特定顺序的，也是可以重复的。该接口不但能够对列表的一部分进行处理，还添加了面向位置的操作。

既然 List 中的数据是有序的，那么除了之前介绍的方法外，还有一些跟顺序有关的方法，例如 add()方法就有另外一个重载的方法，remove()方法同样也有一个重载的方法，如果想要取得某一个位置的数据时可以使用 get()方法,如果想要转移到数据对象是放在哪个位置可以使用 indexOf()方法。

- void add(int index,Object element):在指定位置 index 上添加元素 element。
- boolean addAll(int index,Collection c):将集合 c 的所有元素添加到指定位置 index 上。
- Object get(int index):返回 List 中指定位置的元素。
- int indexOf(Object o):返回第一个出现元素 o 的位置,否则返回−1。
- int lastIndexOf(Object o):返回最后一个出现元素 o 的位置,否则返回−1。
- Object remove(int index):删除指定位置上的元素。
- Object set(int index,Object element):用元素 element 取代位置 index 上的元素,并且返回旧的元素。

List 接口不但以位置序列迭代地遍历整个列表,还能处理集合的了集。

- ListIterator listIterator():返回一个列表迭代器,用来访问列表中的元素。
- ListIterator listIterator(int index):返回一个列表迭代器,用来从指定位置 index 开始访问列表中的元素。
- List subList(int fromIndex, int toIndex):返回从指定位置 fromIndex(包含)到 toIndex(不包含)范围中各个元素的列表视图。
  所有的 List 实现类都可以调用这些方法来操作元素。与 Set 集合相比,List 集合增加了根据索引来插入、删除、替换集合元素的方法,在 Java8 中,还为 List 接口添加了两个默认方法。
- void replaceAll(UnaryOperator operator):根据 operator 指定的计算规则重新设置 List 集合的所有元素,由于其是一个函数接口,所以可以用 Lambda 表达式作为参数。
- void sort(Comparator c):根据 Comparator 参数对 List 集合的元素排序,程序也可以用 Lambda 表达式作为参数。

在集合框架中有两种常用的 List 实现类:ArrayList 和 LinkedList。具体使用两种 List 实现类的哪一种则取决于特定的需要。差异在于数据访问方式的不同,如果要支持随机访问,而不必在除尾部外的任何位置插入或除去元素,那么 ArrayList 提供了可选的集合。如果不需要频繁地从列表的中间位置添加和除去元素,而只要顺序地访问列表元素,那么 LinkedList 实现类更好。

ArrayList 和 LinkedList 都实现 Cloneable 接口,都提供了两个构造方法,一个是无参数的,一个接受另一个 Collection。

1) LinkedList 类

LinkedList 类添加了一些处理列表两端元素的方法。

- void addFirst(Object o):将对象 o 添加到列表的开头。
- void addLast(Object o):将对象 o 添加到列表的结尾。
- Object getFirst():返回列表开头的元素。
- Object getLast():返回列表结尾的元素。
- Object removeFirst():删除并且返回列表开头的元素。
- Object removeLast():删除并且返回列表结尾的元素。

- LinkedList()：构建一个空的链接列表。
- LinkedList(Collection c)：构建一个链接列表,并且添加集合 c 的所有元素。

2）ArrayList 类

ArrayList 类封装了一个动态再分配的 Object[]数组。每个 ArrayList 对象都有一个 capacity,这个 capacity 表示存储列表中元素数组的容量。当元素添加到 ArrayList 时,它的 capacity 在常量时间内自动增加。

在向一个 ArrayList 对象添加大量元素的程序中,可使用 ensureCapacity()方法增加 capacity。这样可以减少增加重分配的数量。

- void ensureCapacity(int minCapacity)：将 ArrayList 对象容量增加 minCapacity。
- void trimToSize()：整理 ArrayList 对象容量为列表当前大小。程序可使用这个操作减少 ArrayList 对象存储空间。

另外,还有一个 RandomAccess 接口。它是一个特征接口,该接口没有任何方法,但可以使用该接口来测试某个集合是否支持有效的随机访问。ArrayList 和 Vector 类用于实现该接口。

【例 6-20】 List 接口的使用。

```java
import java.util. * ;
public class ListExample{
    public static void main(String argv[])    {
            List list1 = new LinkedList();
            List list2 = new ArrayList();
            list1.add("abc");
            list1.add(new Integer(3));
            list1.add(new Boolean(true));
            list1.add(new Integer(3));
            list2.add("abc");
            list2.add(new Integer(3));
            list2.add(new Boolean(true));
            list2.add(new Integer(3));
            System.out.println("LinkedList: "+list1);
            System.out.println("ArrayList: "+list2);
    }
}
```

程序运行结果:

```
LinkedList: [abc, 3, true, 3]
ArrayList: [abc, 3, true, 3]
```

6.3.4 Iterator 接口

看完 Set 和 List 这两类的接口使用方法之后,发现除了 List 接口提供了把数据取出的方法外,Set 类好像都是只能把数据删除,并没有取出来的方法。另外,我们除了能够知道

Collection 对象数据的总数和判断有没有数据之外,也无法知道到底里面存放了哪些数据,所以 Java 提供了 Iterator 接口,让我们能够把 Collection 对象中的数据一个一个地读取出来。

Collection 接口的 iterator()方法返回一个 Iterator 对象。Iterator 接口方法能以迭代方式逐个访问集合中的各个元素,并安全地从 Collection 中去除适当的元素。Iterator 的常用方法如下。

- boolean hasNext():判断是否存在另一个可访问的元素。
- Object next ( ):返回要访问的下一个元素。如果到达集合结尾,则抛出 NoSuchElement Exception 异常。
- void remove():删除上次访问返回的对象。本方法必须紧跟在一个元素的访问后执行。如果上次访问后集合已被修改,则抛出 IllegalStateException 异常。该方法可以把目前指向的数据(next 方法取得的数据)删除。要特别注意的是,调用这个方法后,原来放在 Collection 对象中的数据也会被删除,而不只是删除 Iterator 对象中的数据。还有,Iterator 对象数据的读取是单向的,也就是说读过的数据就不能再读一次了。其实 Iterator 对象跟产生它的 Collection 对象是连在一起的,所以不论谁做修改,对方的数据也会一起被修改。
- void forEachRemaining(Consumer action):该方法可以使用 Lambda 表达式来遍历集合元素,这是 Java8 为 Iterator 新增的默认方法。

【例 6-21】 Iterator 接口的使用。

```java
import java.util.*;
public class IteratorExample{
    public static void main(String argv[]){
        List list =new LinkedList();
        list.add("abc");
        list.add(new Integer(3));
        list.add(new Boolean(true));
        list.add(new Integer(3));
        System.out.println(list);
        Iterator it =list.iterator();
        while (it.hasNext())
        System.out.println(it.next());
        it.remove();
    }
}
```

程序运行结果:

```
[abc, 3, true, 3]
abc
3
true
3
```

6.3.5　Map 接口

Map 接口不是 Collection 接口的继承。Map 接口与 Set 接口和 List 接口不同的地方在于,Map 接口存放数据时,需要有个关键值(key),这个关键值会对应到一个指定的数据(value)。所以,与 Collection 系列的集合一样,系统并不真正把对象放到 Map 接口中,Map 接口中存放的只是键和值对象的引用。下面是 Map 接口中的常用方法。

1) 添加、删除操作

* Object put(Object key, Object value):将互相关联的一个关键字与一个值放入该映像。如果该关键字已经存在,那么与此关键字相关的新值将取代旧值。方法返回关键字的旧值,如果关键字原先并不存在,则返回 null。
* Object remove(Object key):从映像中删除与 key 相关的映射。
* void putAll(Map t):参数 t 为包含需要添加键值对的 Map,该方法将 t 中包含的元素添加进该方法所在的 Map。
* void clear():从映像中删除所有的映射。

键和值都可以为 null。但是,不能把 Map 作为一个键或值添加给自身。

2) 查询操作

* Object get(Object key):获得与关键字 key 相关的值,并且返回与关键字 key 相关的对象。如果没有在该映像中找到该关键字,则返回 null。
* boolean containsKey(Object key):判断映像中是否存在关键字 key,若存在则返回 true。
* boolean containsValue(Object value):判断映像中是否存在值 value。
* int size():返回当前映像中映射的数量。
* boolean is Empty():判断映像中是否有任何映射。

Java8 中继续对 MAP 集合的功能进行增强,新增了很多的方法,常用的有以下几种方法。

* Object replace(Object key,Object value):将 Map 中指定 key 对应的 value 替换成新的 value。与传统的 put()方法不同的是,该方法不可能添加新的 key-value 对。如果尝试替换新的 key 在原 Map 中不存在,那么该方法不会添加 key-value 对,而是返回 null。
* Object computeIfAbsent(Object key,Function mappingFunction):若传给该方法的 key 参数在 Map 中对应的 value 值为 null,则使用 mappingFunction 根据 key 计算一个新结果;反之,则覆盖原有 value。若原 Map 不包括该 key,那么该方法可能会添加一组 key-value 对。
* Object computeIfPresent(Object key,BiFunction remappingFunction):若传给该方法的 key 参数在 Map 中对应的 value 值不为 null,则使用 remappingFunction 根据原 key、value 计算一个新的结果,如果计算结果不为 null,则使用该结果覆盖原来的 value;反之,删除原 key-value 对。
* Object merge(Object key,Object value,BiFunction remappingFunction):该方法会先根据 key 参数获取该 Map 中对应的 value。如果获取的 value 为 null,则直接

传入的 value 覆盖原有的 value 值；反之，则使用 rempapingFunction 函数根据原 value、新 value 计算一个新的结果，并用得到的结果去覆盖原有的 value。

集合框架提供两种常规的 Map 实现类：HashMap 和 TreeMap（TreeMap 实现 SortedMap 接口）。在 Map 中插入、删除和定位元素时，HashMap 是最好的选择。但如果要按自然顺序或自定义顺序遍历键，那么 TreeMap 会更好。使用 HashMap 要求添加的键类明确定义了 hashCode() 和 equals() 的实现。

这个 TreeMap 没有调优选项，因为该树总处于平衡状态。

1) HashMap 类

为了优化 HashMap 空间的使用，可以调优初始容量和负载因子。

- HashMap()：构建一个空的哈希映像。
- HashMap(Map m)：构建一个哈希映像，并且添加映像 m 的所有映射。
- HashMap(int initialCapacity)：构建一个拥有特定容量的空的哈希映像。
- HashMap(int initialCapacity，float loadFactor)：构建一个拥有特定容量和加载因子的空的哈希映像。

【例 6-22】 HashMap 类的使用程序。

```java
import java.util.*;
public class HashMapExample{
    public static void main(String[] args){
        //创建 HashMap 对象
        HashMap hm=new HashMap();
        //向 HashMap 对象中添加内容不同的键-值对
        hm.put(1,"A");
        hm.put(3,"B");
        hm.put(4,"C");
        hm.put(2,"D");
        hm.put(5,"E");
        System.out.println("添加元素后的结果为: ");
        System.out.println(hm);
        //移除了 HashMap 对象中键为 97001 的值
        hm.remove(3);
        //替换键值 97002 对应的值
        hm.put(4,"F");
        //打印输出 HashMap 中的内容
        System.out.print("删除和替换元素后结果为:");
        System.out.println(hm);
        //取出指定键对应的值
        Object o=hm.get(2);      //使用自动打包功能
        String s=(String)o;
        System.out.println("键 2 对应的值为:"+s);
    }
}
```

程序运行结果：

```
添加元素后的结果为:
{2=D, 4=C, 1=A, 3=B, 5=E}
删除和替换元素后结果为:{2=D, 4=F, 1=A, 5=E}
键 2 对应的值为:D
```

例 6-22 程序首先创建一个 HashMap 对象，然后使用 put()方法向该对象中添加元素，在向 HashMap 中添加元素时，还要为每一个元素设置一个 Hash 码，在 HashMap 对象中同样能够使用 remove()方法删除元素和使用 put()方法为指定的 Hash 码来重新设置元素，在 HashMap 对象中还可以以 Hash 码为 get()方法的参数来获取指定的元素。Hash 码不只可以为字符串，它们的操作都是一样的。

2) TreeMap 类

TreeMap 没有调优选项，因为该树总处于平衡状态。

• TreeMap()：构建一个空的映像树。

• TreeMap(Map m)：构建一个映像树，并且添加映像 m 中的所有元素。

• TreeMap(Comparator c)：构建一个映像树，并且使用特定的比较器对关键字进行排序。

• TreeMap(SortedMap s)：构建一个映像树，添加映像树 s 中的所有映射，并且使用与有序映像 s 相同的比较器排序。

6.3.6 泛型

泛型在 Java 中有很重要的地位，在面向对象编程以及各种设计模式中有着非常广泛的应用。

Java 泛型(generics)是 JDK 5 中引入的一个新特性，泛型提供了编译时类型安全检测机制，该机制允许程序员在编译时检测到非法的类型。

泛型的本质是为了参数化类型(在不创建新的类型的情况下，通过泛型指定的不同类型来控制形参具体限制的类型)。也就是说，在泛型使用过程中，操作的数据类型被指定为一个参数，这种参数类型可以用在类、接口和方法中，分别被称为泛型类、泛型接口、泛型方法。

最初，Java 中泛型的形式定义如下形式：

```
List<String>strList =new ArrayList<String >();
```

但是从 Java7 开始，Java 允许在构造器后不需要带完整的泛型信息，只要给出一对尖括号(<>)即可，Java 可以推断尖括号里应该是什么泛型信息，即上面语句可以改写为如下形式：

```
List<String>strList =new ArrayList<>();
```

后来 Java9 增强了菱形语法，允许在匿名内部类上适合使用菱形语法。

1. 泛型类

泛型类是在实例化类的时候指明泛型的具体类型。通过泛型可以完成对一组类的操作,对外开放相同的接口。最典型的就是各种容器类,例如 List、Set、Map。其中,泛型接口与泛型类的定义及使用基本相同,泛型接口常被用在各种类的生产器中。

注意:泛型的类型参数只能是类类型,不能是简单类型。

不能对确切的泛型类型使用 instanceof 操作。例如,下面的操作是非法的,编译时会出错。

```
if(ex_num instanceof Generic<Number>){ }
```

【例 6-23】 泛型类的使用。

```
public class GenericClass <T>{
        private T t;
        public void print(T t) {
          System.out.println(t);
        }

        public static void main(String[] args) {
          GenericClass< Integer>integervar =new GenericClass<>();
          GenericClass<String>stringvar =new GenericClass<>();

          integervar.print(new Integer(3));
          stringvar.print(new String("three"));
        }
}
```

程序输出结果:

```
3
three
```

2. 泛型方法

泛型方法是在调用方法的时候指明泛型的具体类型。我们可以写一个泛型方法,该方法在调用时可以接收不同类型的参数。根据传递给泛型方法的参数类型,编译器适当地处理每一个方法调用。

下面是定义泛型方法的规则:

- 所有泛型方法声明都有一个类型参数声明部分(由尖括号分隔),该类型参数声明部分在方法返回类型之前(在下面例子中的<E>)。
- 每一个类型参数声明部分包含一个或多个类型参数,参数间用逗号隔开。一个泛型参数也称为一个类型变量,是用于指定一个泛型类型名称的标识符。
- 类型参数能被用来声明返回值类型,并且能作为泛型方法得到的实际参数类型的占位符。
- 泛型方法体的声明和其他方法一样。注意类型参数只能代表引用型类型,不能是原始类型(如 int、double、char 等)。

【例 6-24】 泛型方法的使用。

```
public class GenericMe {
    public static <E>void genericMethods(E[] arrays) {
        //输出数组元素 <E>
        for (E array : arrays) {
            System.out.print(array +",");
        }
    }

    public static void main(String args[]) {
        //创建不同类型的数组, Integer 和 String 类型
        Integer[] intArray ={1, 2, 3, 4, 5};
        String[] stringArray ={"one", "two", "three", "four", "five"};

        System.out.println("整型数组元素为:");
        genericMethods(intArray);          //输出整型数组

        System.out.println("\n 字符串型数组元素为:");
        genericMethods(stringArray);       //输出字符串型数组
    }
}
```

程序输出结果:

```
整型数组元素为:
1,2,3,4,5,
字符串型数组元素为:
one,two,three,four,five,
```

从上面的例子可以看到,这是一个利用泛型打印不同类型的数组元素的例子,泛型方法就好比一个接口,它能够使方法独立于类而产生变化,这样有利于代码的可读性以及可复用性。

3. 类型通配符

类型通配符一般是使用问号"?"代替具体的类型参数。当具体类型不确定的时候,这个通配符就是"?"。操作的时候,不需要使用类型的具体功能,只使用 Object 类中的功能,这种情况下可以用"?"通配符来表未知类型。例如,List＜?＞ 在逻辑上是 List＜String＞、List＜Integer＞等所有 List＜具体类型实参＞的父类。

【例 6-25】 类型通配符的使用。

```
public class Example6_25 {
    public static void getData(List<?>data) {
        System.out.println("data :" +data.get(0));
    }
}
```

```
public static void main(String[] args) {
    List<String>name = new ArrayList<>();
    List<Integer>age = new ArrayList<>();
    name.add("Java");
    age.add(2);
    getData(name);
    getData(age);
    }
}
```

程序输出结果：

```
data :Java
data :2
```

6.3.7 集合的增强功能

1. Java8 新增了 Predicate 集合

- Java8 为 Collection 集合新增了一些需要 Predicate 参数的方法，这些方法可以对集合元素进行过滤。程序可使用 Lambda 表达式构建 Predicate 对象。

2. Java8 新增了 Stream 操作

Java8 还新增了 Stream、IntStream、LongStream、DoubleStream 等流式 API。

独立使用 Stream 的步骤如下：

（1）使用 Stream 或 XxxStream 的 builder()类方法创建该 Stream 对应 Builder。

（2）重复调用 Builder 的 add()方法向该流中添加多个元素。

（3）调用 Builder 的 build()方法获取对应的 Stream。

（4）调用 Stream 的聚集方法。

Collection 接口提供了一个 stream()默认方法，该方法可返回该集合对应的流，接下来即可通过流 API 来操作集合元素。由于 Stream 可以对集合元素进行整体的聚集操作，因此 Stream 极大地丰富了集合的功能。

3. Java9 新增了不可变集合

程序调用 Set、List、Map 的 of()方法即可创建包含 N 个元素的不可变集合，这样一行代码就可创建包含 N 个元素的集合。

不可变意味着程序不能向集合添加元素，也不能从集合中删除元素。

创建不可变的 Map 集合有两种方法：一种方法是使用 of()方法时只要依次传入多组 key-value 对即可；另一种方法是使用 ofEntries()方法，该方法可接受多个 Entry 对象。

4. Java11 新增了 Lambda 表达式作为参数

例如：

```
Set<String>names =Set.of("Fred", "Wilma", "Barney", "Betty");
    //JDK11 之前我们只能这么写
System.out.println(Arrays.toString(names.toArray(new String[names
.size()])));
    //JDK11 之后,可以直接这么写了
    System.out.println(Arrays.toString(names.toArray(size ->new
String[size])));
    System.out.println(Arrays.toString(names.toArray(String[]::new)));
```

6.4 其他实用类

6.4.1 Math 类

Math 类是一个最终类,Math 类包含执行初等指数、对数、平方根及三角函数等基本数值操作所用的方法(静态方法)。Math 类的定义形式如下:

* public final class Math extends Object

下面列出其中常用的属性和方法的定义。

(1) 两个 double 型常量的定义如下:

* public static final double E(近似值为 2.72)
* public static final double PI(近似值为 3.14)

(2) 三角函数的定义如下:

* public static double sin(double a)
* public static double cos(double a)
* public static double tan(double a)
* public static double asin(double a)
* public static double acos(double a)
* public static double atan(double a)

(3) 角度、弧度转换函数的定义如下:

* public static double toRadians(double a)
* public static double toDegrees(double a)

(4) 代数函数的定义如下:

* public static double exp(double a):以 e 为底的指数函数。
* public static double log(double a):自然对数函数。
* public static double sqrt(double a):计算平方根。
* public static double ceil(double a):返回与大于或等于参数的最小整数相等的 double 类型数。
* public static double floor(double a):返回与小于或等于参数的最大整数相等的 double 类型数。
* public static double random():返回一个 0.0~1.0 的 double 类型随机数。

还有 3 个其他数据类型的重载方法：

- public static int abs(int a)：返回参数的绝对值。
- public static int max(int a,int a)：返回两个参数中的较大者。
- public static int min(int a,int a)：返回两个参数中的较小者。

【例 6-26】 Math 类中的 min()方法使用。

```
public class Minimum{
    public static void main(String[] args)    {
        int[] a={75,43,52,14,32,41,22,11,33,84,89};
        int min=a[0];
        for(int i=1;i<a.length;i++)
        {
            min=Math.min(min,a[i]);
        }
        System.out.println("The minimum value is:"+min);
    }
}
```

程序运行结果：

```
The minimum value is:11
```

6.4.2 Random 类

使用 Math 类中的 random 方法可产生一个 0~1 的伪随机数，这种方式比较简单。为了适应网络时代编程对随机数的需要，Java 在 Random 类中提供了更多的功能，Random 类是伪随机数的产生器。之所以称为伪随机数，是因为它们是简单的均匀分布序列。为了使 Java 程序有良好的可移植性，应该尽量可能使用 Random 类来生成随机数。Random 类定义了下面的构造方法。

- Random()：创建一个使用系统当前时间作为起始值或称为初值的数字发生器。
- Random(long seed)：允许人为指定一个初值。

如果用初值初始化了一个 Random 对象，就对随机序列定义了起始点。如果用相同的初值初始化另一个 Random 对象，将获得同一随机序列。如果要生成不同的序列，应当指定不同的初值。实现这种处理的最简单的方法是使用当前时间作为产生 Random 对象的初值。这种方法减少了得到相同序列的可能性。

由 Random 类定义的方法列在表 6-5 中。

表 6-5 由 Random 类定义的方法

方　　法	描　　述
boolean nextBoolean()	返回下一个布尔型(boolean)随机数(在 Java2 中新增加的)
Void nextBytes(byte vals[ ])	用随机产生的值填充 vals
double nextDouble()	返回下一个双精度型(double)随机数

方 法	描 述
float nextFloat()	返回下一个浮点型(float)随机数
double nextGaussian()	返回下一个高斯随机数
Int nextInt()	返回下一个整型(int)随机数
Int nextInt(int n)	返回下一个介于 0～n 的整型(int)随机数(在 Java2 中新增加的)
Long nextLong()	返回下一个长整型(long)随机数
Void setSeed(long newSeed)	将由 newSeed 指定的值作为种子值(也就是随机数产生器的开始值)

正如从表 6-5 所看到的,从 Random 对象中可以提取多种类型的随机数。从 nextBoolean()方法中可以获得随机布尔型随机数,通过调用 nextBytes()方法可以获得随机字节数,通过调用 nextInt()方法可以获得随机整型数,通过调用 nextLong()方法可以获得均匀分布的长整型随机数,通过调用 nextFloat()和 nextDouble()方法可以分别得到 0.0～1.0 的均匀分布的 float 和 double 随机数。最后,调用 nextGaussian()方法返回中心在 0.0、标准偏差为 1.0 的 double 值,这就是著名的钟形曲线。

【例 6-27】 Random 类中方法的应用。

```java
import java.util.*;
class RandomExample{
    public static void main(String[] args){
        Random r1=new Random(1234567890L);
        Random r2=new Random(1234567890L);
        boolean b=r1.nextBoolean();
        int i1=r1.nextInt(100);
        int i2=r2.nextInt(100);
        double d1=r1.nextDouble();
        double d2=r2.nextDouble();
        System.out.println(b);
        System.out.println(i1);
        System.out.println(i2);
        System.out.println(d1);
        System.out.println(d2);
    }
}
```

程序运行结果:

```
true
42
77
0.975287909828516
0.5557035353077635
```

例 6-27 创建了两个随机数生成器,使用的种子数相同,从结果可以看出由这两个生成器产生的随机数是不同的,程序中生成了 boolean、int 和 double 型随机数,Random 类还可以生成其他类型的随机数,如 long、float 型的随机数等。注意,Random 类包含在 java.util 包中,程序需要先引入该包。

6.4.3 Arrays 类

Java 提供的 Array 类里包含的一些 static() 修饰的方法可以直接操作数组,这个 Arrays 类里包含了几个 static() 方法(static 修饰的方法可以直接通过类名调用),主要有 copyOf、copyOfRange、toString、fill、sort、binarySearch。有关方法的使用通过下面的例子来说明。

【例 6-28】 Arrays 类中方法的应用。

```java
package sample;
import java.util.Arrays;
public class ArraysTest {
    public static void main(String args[]) {
        int[] a1 =new int[] {1, 2, 3, 4};
        int[] a2 =new int[] {1, 2, 3, 4};
        //1.比较方法
        System.out.println("a1==a2?:" +Arrays.equals(a1, a2));      //比较数组元素
        //2.复制方法 copyOf、copyOfRange
        int[] b1 =Arrays.copyOf(a1, 5);
            //复制 a1 数组,产生新数组 b,未赋值的元素后面补 0
        int[] b2 =Arrays.copyOfRange(a1, 2, 4);   //有范围复制,前闭后开
        //3.toString 方法
        System.out.println("b1:" +Arrays.toString(b1));
        System.out.println("b2:" +Arrays.toString(b2));
        //4.赋值方法 fill
        Arrays.fill(b1, 0, 2, 5);                 //有范围赋值,表示将 [0,2) 的元素赋值为 5
        Arrays.fill(b2, 5);                       //全部赋值,b2 所有元素赋值为 5
        System.out.println("有范围赋值--b1:" +Arrays.toString(b1));
        System.out.println("全部赋值--b2:" +Arrays.toString(b2));
        //5.排序方法 sort,默认升序
        Arrays.sort(b1, 0, 4);                    //有范围排序,排序 [0,4) 的元素
        System.out.println("有范围排序--b1:" +Arrays.toString(b1));
        Arrays.sort(b1);                          //全排序
        System.out.println("全排序--b1:" +Arrays.toString(b1));
        //查询方法 binarySearch,数组必须已是升序排列,若存在值则返回该值,否则返回负数
        System.out.println(Arrays.binarySearch(b1, 4));
                                                  //全部搜索,搜索数组中元素
        System.out.println(Arrays.binarySearch(b1, 0, 3, -13));
                                                  //有范围搜索,搜索数组中 [0,3) 的元素
    }
}
```

程序输出结果：

```
a1==a2:true
b1:[1, 2, 3, 4, 0]
b2:[3, 4]
有范围赋值--b1:[5, 5, 3, 4, 0]
全部赋值--b2:[5, 5]
有范围排序--b1:[3, 4, 5, 5, 0]
全排序--b1:[0, 3, 4, 5, 5]
2
-1
```

说明：由于计算机的飞速发展，并行处理技术已经成为计算机技术发展的主流，根据计算机中的并行处理机制，自 Java8 后，增强了 Arrays 类的功能，为 Arrays 类增加了一些工具方法，这些工具方法可以充分利用 CPU 并行的能力来提高设值、排序的性能。具体工具类可参考 Java 官方文档。

6.5 项目案例

6.5.1 学习目标

（1）熟练掌握字符串的合并、拆开处理操作。
（2）可以在不同的日期格式之间熟练地实现转换。
（3）熟练掌握集合中元素的增加、删除、修改、查找操作。

6.5.2 案例描述

前面的操作中，我们把用户的信息放在了一个数组中，这在项目开发过程中是不可取的，因为我们需要对这些信息进行查找和修改的操作。本章学习了集合类，可以把人员的信息放到一个集合中，这样更方便操作。

6.5.3 案例要点

（1）本案例中接收到的数据是以逗号"，"隔开的字符串，例如"liu,123,0"。
（2）本案例中用到的集合是 HashMap 类，存放的 key 对应用户名，value 对应用户对象。

6.5.4 案例实施

（1）在第 5 章的 DataAccessor 中加上一个属性。

```
/**
 * 存放用户信息的 HashMap/Hashtable .
 */
protected HashMap<String,User>userTable;
```

（2）在构造方法里为其初始化。

```
/**
 * 默认构造方法
 */
public DataAccessor() {
    userTable = new HashMap<String,User>();
}
```

（3）添加其 getter 方法。

```
/**
 * 获取用户
 * @return userTable Key:用户名,Value:用户对象
 */
public HashMap<String,User>getUsers() {
    return this.userTable;
}
```

（4）在 ProductDataAccessor 里添加 String 类型数组。

```
/**
 * 模拟数据文件 user.db 数据
 */
String[] str = new String[]{"user1,123,0","user2,456,0","user3,123,0","user4,
789,0"};
```

（5）重写第 5 章中的 load()方法。

```
/**
 * 读取数据的方法
 */
@Override
public void load() {
    for (int i = 0; i < str.length; i++) {
        String s = str[i];
        StringTokenizer st = new StringTokenizer(s,",",false);
        String username = st.nextToken().trim();
        String password = st.nextToken().trim();
        String authority = st.nextToken().trim();
        User u = new User(username,password,Integer.parseInt(authority));
        userTable.put(username, u);
    }
}
```

（6）编写测试方法 Test.java()。

```java
package chapter06;

import java.util.Collection;
import java.util.HashMap;
import chapter04.User;

public class Test {
    public static void main(String[] args){
        DataAccessor da =new ProductDataAccessor();
        HashMap map =da.getUsers();
        Collection
        for(User u : coll){
            System.out.println(u);
        }
    }
}
```

程序运行结果：

```
用户名:user2  密码:456
用户名:user1  密码:123
用户名:user4  密码:789
用户名:user3  密码:123
```

6.5.5 特别提示

（1）如果这个集合不用 HashMap 类也是可以实现的，只不过其他类的集合的操作不可直接查询是否包含的操作，读者可以自行测试操作。

（2）User 类的输出之所以可以把用户名与密码一起输出，是因为重写了 User 类的 toString()方法。

（3）各个不同的集合之间存在着一定的差异，这些差异主要表现在：性能差异、是否排序、是否支持重复数据、安全性等。读者可以根据存入不同的数据再顺序输出做一下测试。

6.5.6 拓展与提高

在我们向集合里面插入数据的时候，并没有判断是否插入了重复的数据，这在实际的项目中是不可行的，因此再插入数据的时候，首先要判断是否已经有相应的数据存在。在实现注册操作的时候特别注意需要首先判断，这一功能留给读者做拓展之用。

本章总结

本章主要介绍了面向对象的一些高级特性。包括：

字符串文字代表一个 String 对象，字符串文字是对该字符串对象的引用。运算符＋出现在字符串的操作上时,执行的是字符串连接操作,如果另一个操作数不是 String 型,系统会在连接前自动将其转换成字符串。

java.lang 包中有两个处理字符串的类 String 和 StringBuffer。String 类描述固定长度的字符串,其内容是不变的,适用于字符串常量。StringBuffer 类描述长度可变且内容可变的字符串,适用于需要经常对字符串中的字符进行各种操作的字符串变量。

使用 StringTokenizer 时,指定输入一个要分解字符串和一个包含了分割符的字符串。StringTokenizer 类放在 java.util 包下,所以使用它之前要先 import 进来。

Java 提供了 3 个日期类:Date、Calendar 和 DateFormat。在程序中,对日期的处理主要是如何获取、设置和格式化,Java 的日期类提供了很多方法以满足程序员的各种需要。Date 和 Calendar 类在 java.util 包中,DateFormat 类在 java.text 包中,所以在使用前程序必须引入这两个包。

Collection 库里的类是用来存放数据的,不同的接口有不同存放数据的特性和方式。在集合框架中,主要有以下接口:

- Collection 接口是一组允许重复的对象。
- Set 接口继承了 Collection 接口,但不允许重复,使用自己内部的一个排列机制。
- List 接口继承了 Collection 接口,允许重复,以元素安插的次序来放置元素,不会重新排列。
- Map 接口是一组成对的键-值对象,即所持有的是 key-value pairs。Map 接口中不能有重复的 key。其拥有自己的内部排列机制。

泛型的本质是为了参数化类型(在不创建新的类型的情况下,通过泛型指定的不同类型来控制形参具体限制的类型)。也就是说,在泛型使用过程中,操作的数据类型被指定为一个参数,这种参数类型可以用在类、接口和方法中,分别被称为泛型类、泛型接口、泛型方法。

程序经常使用的 Math 类,要了解 Math 类的常量及方法的使用,了解 Random 类和 Arrays 的使用。

习 题 6

一、选择题

1. 下列程序段执行后的结果是( )。

```
String s=new String("abcdefg");
for(int i=0;i<s.length();i+=3){
  System.out.print(s.charAt(i));
}
```

    A. adg   B. ACEG   C. abcdefg   D. abcd

2. 应用程序的 main()方法中有以下语句,则输出的结果是 ( )。

```
String s1="0.5",s2="12";
String s3=s1+s2;
System.out.println(s3);
```

    A. 0.512   B. 120.5   C. 12   D. "12.5"

3. 下面的程序段执行后输出的结果是(   )。

```
StringBuffer buf=new StringBuffer("hellojava");
buf.insert(5,"@");
System.out.println(buf.toString());
```

    A. @ hellojava   B. hello@ jav a   C. hellojava@   D. hello# java

4. 下列方法属于 java.lang.Math 类的有(   )。

    A. random()   B. run()   C. sqrt()   D. sin()

二、填空题

1. 下面语句的输出结果是_____。

```
string s1="java";
string s2="is";
string s3="easy";
System.outl.println(s1+s2+s3);
```

2. 表达式 new String("Hello").length()的值为_____。

3. 表达式 new String("Hi").toUpperCase()的结果是_____。

4. 下面的程序段执行后输出的结果是_____。

```
StringBuffer buf=new StringBuffer("helloqhd");
buf.insert(5,"!");
System.out.println(buf.toString());
```

三、简答题

1. 分别使用 String 类和 StringBuffer 类创建两个字符串对象,并将其内容输出打印。

2. 哪些接口存放的数据是有序的?

3. 哪些接口存放的数据可以重复?

四、编程题

1. 使用 String 类的 public String concat(String str)方法可以把调用该方法的字符串与参数指定的字符串连接,把 str 指定的串连接到当前串的尾部获得一个新的串。 编写程序,通过连接两个串得到一个新串,并输出这个新串。

2. String 类的 public char charAt(int index)方法可以得到当前字符串 index 位置上的一个字符。 编写程序,使用该方法得到一个字符串中的第一个和最后一个字符。

3. 编写程序,按照年月日小时分秒的格式打印系统当前日期。

本章学习目的与要求

本章主要讲解 Java 语言中的异常处理机制。通过本章的学习,要求掌握异常处理中的控制方法,学会抛出异常,能够编写自己的异常处理程序。

本章主要内容

本章主要介绍以下内容:
- 什么是异常,异常是如何产生的。
- 异常分类,异常分为受检查异常和不受检查异常,二者的区别。
- 捕获处理异常,对于异常通常采用的解决方式。
- 自定义异常类型。

7.1 异常处理概述

"异常"是指程序运行时出现的非正常情况。在用传统的语言编程时,程序员只能通过方法的返回值发出错误信息,通常是用全局变量 errno 来存储"异常"的类型。这会导致很多错误,因为通常需要知道错误产生的内部细节。

Java 对异常的处理是面向对象的,即异常是一种对象,一个 Java 的 Exception 是一个描述异常情况的对象。当出现某种运行错误时,就产生了一个 Exception 对象,并且将其传递到产生这个异常的成员方法里。

7.1.1 程序中错误

编程人员在编写程序的时候出现错误是不可避免的。一般错误可分为编译错误和运行错误。

编译错误能够通过编译器检查出来,此时程序不能继续运行。

运行错误是在程序运行过程中产生的错误,要排除运行错误,通常会采用单步运行机制和设置断点来暂停程序运行,一步一步地发现错误。

程序在运行之后才发现错误,就有可能造成不可挽回的损失,如果在程序运行期间,程序本身就能发现错误,并能使程序停止运行或纠正错误,那么程序的健壮性将会极大地增强,Java 中的异常处理机制就实现了这个目的。

7.1.2 异常定义

异常是方法代码运行时出现的非正常状态,这种非正常状态使程序无法或不能再正常继续往下运行,一些常见的异常包括数组下标越界、除数为 0、内存溢出、文件找不到、方法参数无效等。

【例 7-1】 异常范例。下面程序中有一个表达式在计算时会引发被 0 除的意外。

```java
class Example7_1{
  static void method() {
    int a = 0;
    int b = 10 / a;
  }
  public static void main(String[] args) {
    method();
  }
}
```

例 7-1 编译可以正常通过,但是运行的时候出现如下显示:

```
Exception in thread "main" java.lang.ArithmeticException: / by zero
        at Example7_1.method(Example7_1.java:4)
        at Example7_1.main(Example7_1.java:7)
```

例 7-1 在运行过程中出现异常,程序中断执行,运行系统调用默认的异常处理程序。首先显示异常对象类型的名称和描述,接着显示方法调用栈的内容。先调用的方法在栈的底部,先调用 main()方法,在 main()方法中调用了 method()方法,在 method()方法中第 4 行引发除数为 0 的算术异常。

7.2 异常分类

因为 Java 里的异常处理是面向对象的,所以要知道异常类的层次结构,如图 7-1 所示。

在异常类层次的最上层有一个单独的类称为 Throwable,Throwable 类是 Object 类的直接子类,Throwable 类及其子类统称为异常类,每个异常类表示一种异常类型。Throwable 有两个直接的子类:Exception 类与 Error 类。RuntimeException 类是 Exception 类的直接子类。

(1) Error 类及其子类:表示普通程序很难恢复的异常。例如:

• NoClassDefFoundError:类定义没找到异常。

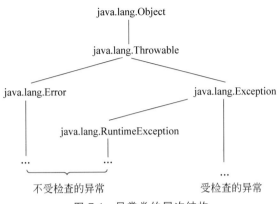

图 7-1 异常类的层次结构

- OutOfMemoryError：内存越界异常。
- NoSuchMethodError：调用不存在的方法异常。

一般情况，这类异常比较少发生。

（2）RuntimeException 类及其子类：表示设计或实现方面的问题。例如：

- ArithmeticException：算术运算异常。
- ClassCastException：强制类型转换异常。
- NullPointerException：空引用异常。
- ArrayIndexOutOfBoundsException：数组下标越界异常。
- NumberFormatException：数字格式异常。

一般情况下，这类例外应尽量直接处理，而不要把它们传送给调用者处理。

（3）Exception 类及其非 RuntimeException 子类：表示运行时因环境的影响而引发的异常。例如：

- IOException：输入输出异常，其子类包括 EOFException、FileNotFoundException、InterruptedIOException 等。
- InterruptedException：中断异常。

这类异常并非因设计或实现引起，是无法避免的。但是，一般情况下，程序员应该提供相应的代码捕捉和处理。

常见的异常类见表 7-1。

表 7-1 常见的异常类

异　常　类	说　　　明
ArithmeticException	算术错误，如被 0 除
ArrayIndexOutOfBoundsException	数组下标出界
ArrayStoreException	数组元素赋值类型不兼容
ClassCastException	非法强制转换类型
IllegalArgumentException	调用方法的参数非法
IllegalMonitorStateException	非法监控操作，如等待一个未锁定线程

异　常　类	说　　明
IllegalStateException	环境或应用状态不正确
IllegalThreadStateException	请求操作与当前线程状态不兼容
IndexOutOfBoundsException	某些类型索引越界
NullPointerException	非法使用空引用
NumberFormatException	字符串到数字格式非法转换
SecurityException	试图违反安全性
StringIndexOutOfBounds	试图在字符串边界之外索引
UnsupportedOperationException	遇到不支持的操作
ClassNotFoundException	找不到类
CloneNotSupportedException	试图克隆一个不能实现 Cloneable 接口的对象
IllegalAccessException	对一个类的访问被拒绝
InstantiationException	试图创建一个抽象类或者抽象接口的对象
InterruptedException	一个线程被另一个线程中断
NoSuchFieldException	请求的字段不存在
NoSuchMethodException	请求的方法不存在

7.3　异常处理

7.3.1　如何处理异常

　　Java 编译系统将所有的异常分为受检查的异常和不受检查的异常两大类,如图 7-1 所示,受检查异常要受到编译系统的检查。不受检查异常不受编译系统的检查。

　　发生异常后,怎么处理异常呢? 处理异常基本上分为以下两步。

1. 抛出异常

　　在程序运行的时候,当语义规则被违反时将会抛出(throw)异常,即产生一个异常事件,生成一个异常对象。

　　如果抛出的是受检查的异常,就必须要进行捕捉处理或声明抛出,两者必选其一,否则编译系统将会报错。

　　如果抛出的是不受检查的异常,就可以捕捉或声明抛出,也可以不加理会。

2. 捕获异常

　　异常抛出后,异常对象提交给运行系统,系统就会从产生异常的代码处开始,沿着方法调用栈进行查找,直到找到包含相应处理的方法代码,并把异常对象交给该方法进行处理,这个过程称为捕获(catch)异常。

7.3.2　处理异常的基本语句

Java 的异常处理是通过 5 个关键词 try、catch、throw、throws 和 finally 来实现的。

1. 引发异常（throw 语句）

如果程序在运行中出现异常情况，异常可以由 Java 运行系统自动引发。例如，例 7-1 程序在运行时，运行系统发现除数为 0，会引发一个异常，程序会中断，运行系统会调用默认的异常处理程序，于是会输出如下的结果：

```
Exception in thread "main" java.lang.ArithmeticException: / by zero
        at Example7_1.method(Example7_1.java:4)
        at Example7_1.main(Example7_1.java:7)
```

有的时候，某段语句中可能不会产生异常，但是我们有时候希望它产生异常，也可以用 throw 语句来明确地抛出一个"异常"。例如，在例 7-2 中，如果要在第 3 行后抛出一个 ArithmeticException 类型的异常，那么就可以在第 4 行加入下面的语句：

```
throw new ArithimeticException("x<y");
```

【例 7-2】　下面程序在第 3 行当 x＜y 时将引发 ArithmeticException 异常。

```
class Example7_2 {
  static int method(int x, int y) {
    if(x < y)
      throw new ArithmeticException("x<y");
    return x - y;
  }
  public static void main(String[] args) {
    method(6, 9);
  }
}
```

关键字 throw 就是抛出异常的含义，new ArithmeticException() 动态地创建了一个 ArithmeticException 类的对象，产生了一个异常。第 4 行调用的是带有指定描述信息串的构造方法。

程序运行结果：

```
Exception in thread "main" java.lang.ArithmeticException: x<y
        at Example7_2.method(Example7_2.java:4)
        at Example7_2.main(Example7_2.java:8)
```

2. 抛出语句（throws 语句）

例 7-1 和例 7-2 程序运行中引发的异常是不受检查的异常，那么当异常产生时可以不进行处理，程序中断执行，并由运行系统调用默认的处理程序进行处理，但是如果引发的是受检查的异常,那就必须进行处理或者声明抛出。

【例 7-3】 下面程序与例 7-2 中的程序基本相同,只是 method()方法可能抛出的是一个受检查的 Exception 异常。

```java
class Example7_3 {
  static int method(int x, int y) {
    if(x < y)
      throw new Exception("x<y");
    return x - y;
  }
  public static void main(String[] args) {
    int r = method(6, 9);
    System.out.println("r="+r);
  }
}
```

例 7-3 编译时出错。因为在例 7-3 中第 4 行,抛出的是受检查的 Exception 异常,但它既没有捕捉也没有声明抛出,所以是不能通过编译的。如果不进行捕捉处理,我们就必须用 throws 子句声明可能抛出这类异常,更改上面的程序如下:

```java
class Example7_3 {
  static int method(int x, int y) throws Exception {
    if(x < y)
      throw new Exception("x<y");
    return x - y;
  }
  public static void main(String[] args) throws Exception {
    int r = method(6, 9);
    System.out.println("r="+r);
  }
}
```

异常是沿着方法调用的反方向传播,寻找并转入合适的异常处理代码执行。如果方法及其所有调用者都没有提供合适的处理代码,那么异常将最终传播到运行系统,由默认的异常处理代码进行处理,并终止程序执行。异常传播过程如图 7-2 所示。

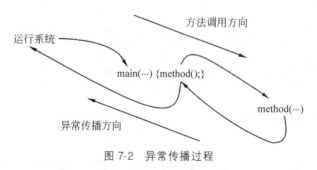

图 7-2 异常传播过程

3. 捕捉处理语句（try…catch 语句）

前面讲过，如果引发一个受检查的异常，那么就要进行捕捉处理或者不处理直接把异常抛出给调用者来处理。但是通常情况下我们希望自己来处理异常并继续运行，防止异常继续往外传播。Java 是用 try…catch…finally 语句来捕捉处理可能发生的异常，该语句的语法格式如下：

```
try {
    //此处是可能发生异常的代码
} catch( <异常类型 1><异常引用变量>) {
    //<异常类型 1>异常的处理代码
} catch( <异常类型 2><异常引用变量>) {
    //<异常类型 2>异常的处理代码
}
…
finally {
//总是要执行的代码
}
```

通常可以用 try 来指定一块预防所有异常的程序。紧跟在 try 程序后面，应包含至少一个 catch 子句来指定想要捕获的异常的类型。在某些情况下，同一段程序可能产生不止一种异常情况。我们可以放置多个 catch 子句，其中每一种异常类型都将被检查，第一个与之匹配的 catch 语句会被首先执行。特别要说明的是，如果一个异常类和其子类都同时存在，那么应把子类放在前面；否则，将永远不会到达子类。或者两个 catch 子句捕捉同一类型的异常，编译系统都将给出错误信息。

如果 try 子句内的代码没有发生任何异常，那么就跳过 catch 子句，直接执行 try 语句后面的代码。当 try 子句发生异常时，如果没有一个 catch 子句能够捕捉到，则异常从该 try 语句抛出并向外传播。

【例 7-4】 下面是一个有两个 catch 子句的程序例子。

```
class Example7_4 {
  public static void main(String args[]) {
    try {
      int a =args.length;
      System.out.println("a =" +a);
      int b =42/a;
      int c[] ={1};
      c[42] =99;
    }catch(ArithmeticException e){
      System.out.println("div by 0: " +e);
    }catch(ArrayIndexOutOfBoundsException e){
      System.out.println("array index oob: " +e);
    }
  }
}
```

如果在程序运行时不跟参数,将会引起一个 0 作为除数的异常,因为 a 的值为 0。
程序运行结果:

```
C:\>java Example7_4
a =0
div by 0: java.lang.ArithmeticException: / by zero
```

如果我们提供一个命令行参数,将不会产生这个异常,因为 a 的值大于 0。但会引起一
个 ArrayIndexOutOfBoundexception 异常,因为整型数组 c 的长度是 1,却给 c[42]赋值。
运行结果如下:

```
C:\>java Example7_4 1
a =1
array index oob: java.lang.ArrayIndexOutOfBoundsException: 42
```

4. finally 子句

当一个异常被抛出时,程序可能跳过某些行,或者由于没有与之匹配的 catch 子句而提
前返回。如果我们想确保一段代码不管发生什么异常都能被执行,那么就可用关键词
finally 来标识这段代码。使用 finally 子句的好处是:控制流不管以何种原因离开 try 语
句,都要先执行 finally 子句。

即使没有 catch 子句,finally 程序块也会在执行 try 程序块后的程序之前执行。每个
try 语句可以有多个 catch 子句,而且至少有一个 catch 子句或 finally 子句。

【例 7-5】 finally 子句举例。

```java
class FinallyExample {
  static void method(int i) {
    try {
      if(i ==2) {
        System.out.println("第 2 种情况: 发生算术运算异常");
        throw new ArithmeticException();
      } if(i ==3) {
        System.out.println("第 3 种情况: 发生数字格式异常");
        throw new NumberFormatException();
      } if(i ==4) {
        System.out.println("第 4 种情况: 发生数组下标越界异常");
        throw new ArrayIndexOutOfBoundsException();
      }
      System.out.println("第 1 种情况: 没有发生异常");
    } catch(ArithmeticException e) {
    System.out.println("异常被捕捉处理"");
  } catch(ArrayIndexOutOfBoundsException e) {
    System.out.println("异常被捕捉,但又被重新引发");
    throw e;
```

```
    } finally {
      System.out.println("这是 finally 子句");
        }
      System.out.println("这是 try 语句后的代码");
        }
      public static void main(String args[]) {
        for(int i =1; i < 5; i++) {
          try {
      method (i);
        } catch(RuntimeException e){
          System.out.println("由 main 方法捕捉到异常");
        }
      }
    }
}
```

程序运行结果：

```
第 1 种情况：没有发生异常
这是 finally 子句
这是 try 语句后的代码
第 2 种情况：发生算术运算异常
异常被捕捉处理
这是 finally 子句
这是 try 语句后的代码
第 3 种情况：发生数字格式异常
这是 finally 子句
由 main 方法捕捉到异常
第 4 种情况：发生数组下标越界异常
异常被捕捉，但又被重新引发
这是 finally 子句
由 main 方法捕捉到异常
```

5. 再引发异常

如果 try 子句中发生异常，并由后面的某个 catch 子句捕捉处理了，但是在执行 catch 子句时可能又会引发新的异常，那么原来的异常被认为处理完了，新的异常或者由外层 try 语句的 catch 子句捕捉，或者向外传播给方法的调用者去处理。

【例 7-6】 再引发例外举例。

```
import java.io.IOException;
class ExceptionAgain {
  static void method() throws IOException {
    try {
```

```
      throw new RuntimeException("demo_1");
    } catch(RuntimeException e) {
      System.out.println("caught"+e +" in m1");
      throw new IOException("demo_2");
    }
  }
  public static void main(String args[]) {
    try {
      method();
    } catch(IOException e){
      System.out.println("caught " +e +" in main");
    }
    System.out.println("exiting from main");
  }
}
```

程序在执行 catch 子句的时候引发了新的受检查异常,并且没有相应的处理代码,所以 method()方法必须声明抛出该异常。

程序运行结果:

```
caughtjava.lang.RuntimeException: demo_1 in m1
caught java.io.IOException: demo_2 in main
exiting from main
```

6. 异常处理的功能增强

自 Java7 以后,对异常处理的功能进行了增强,其中一个 catch 块可以捕捉多个异常,多个异常之间用|(竖线)隔开,异常处理格式可改为

```
try {
    //此处是可能发生异常的代码
} catch( <异常类型 1>| <异常类型 2>|…|<异常类型 n>   <异常引用变量>) {
    //异常的处理代码
}finally {
//总是要执行的代码
}
```

由于每次使用 finally 块,导致代码十分臃肿,程序可读性降低。有没有什么方式进行简化呢? Java7 中还新增了自动关闭资源的 try 语句,try 的后面可以没有 catch 和 finally 的存在。它允许在 try 关键字后面紧跟一对括号,里面可以声明、初始化一个或者多个资源,这里的资源指的是那些必须在程序结束时显示关闭的资源,例如数据库连接、网络连接等,try 语句会在该语句结束时自动关闭这些资源。自动关闭资源的 try 语句相当于包含了隐式的 finally 块(用于关闭资源),因此这个 try 语句可以既没有 catch 块,也没有 finally 块。

异常处理格式可进一步改进,例如:

```
try(
    //此处声明的资源，系统可以自动关闭它
)
{
    //代码块
}
```

注意：

（1）被关闭的资源必须放在 try 语句后的圆括号中声明、初始化。如果程序有需要，自动关闭资源的 try 语句后可以带多个 catch 块和一个 finally 块。

（2）被自动关闭的资源必须实现 Closeable 或 AutoCloseable 接口。Closeable 是 AutoCloseable 的子接口，Closeable 接口里的 close（）方法声明抛出了 IOException，AutoCloseable 接口里的 close（）方法声明抛出了 Exception。

7.4 自定义异常

除了 Java 系统提供的异常类外，我们还可以开发自己的异常类。这个工作实际上很简单，自定义异常往往会从 Exception 派生而来。创建用户自定义异常的语法格式如下：

class 自定义异常类名 extends 父类异常类名{类体；}

只要重载构造方法并提供错误消息即可，如下所示。

【例 7-7】 自定义异常实例。

```
class MyException extends Exception {
  public MyException(String msg) { super(msg); }
  public MyException() { this("My Exception"); }
  //public String toString(){…}


}
//之后可以使用如下的自定义异常
public class ExceptionTest {
    private static int i =1;
    public ExceptionTest() {
    }
    public static void main(java.lang.String[] arg) {
        try{
            a();
        }catch(MyException e){System.out.println(e.getMessage());}
    }
    private static void a() throws MyException {
        int i =0;
        if(i <10) throw new MyException("new desc");
    }
}
```

程序运行结果：

```
new desc
```

7.5 项目案例

7.5.1 学习目标

（1）掌握异常的起因、异常的处理等操作。
（2）了解及熟悉常用异常的分类。
（3）可以编写自定义的异常类。

7.5.2 案例描述

（1）自己编写一个测试程序，造成一个异常，感觉异常的起因及现象。
（2）自定义一个异常程序，并进行测试。

7.5.3 案例要点

异常是在程序运行过程中发生的异常事件。例如，除 0 溢出、数组越界、文件找不到等，这些事件的发生将阻止程序的正常运行。本案例通过同一个异常的不同操作测试来展现。

7.5.4 案例实施

（1）编写一个测试类：TestArithmetic.java。

```
public class TestArithmetic  {
    public Test(){}
    public static void ceshi1(){
        int i=0;
        int t=10/i;
    }
    public static void ceshi2(){
        try {
            int i=0;
            int t=10/i;
        } catch (Exception e) {
            System.out.println("出现异常.............");
        }
    }
    public static void main(String[] args){
        ceshi1();
        //ceshi2();
    }
}
```

（2）查看调用两个不同方法的结果。

（3）编写一个自定义异常类：OwnException.java。

```java
public class OwnException extends Exception {
    public OwnException() {
        this("发生异常了");
    }
    public OwnException(String message) {
        super(message);
    }
}
```

（4）编写可能发生异常的测试类：OwnExceptionSource。

```java
public class OwnExceptionSource {
    public int divisor(int n, int m) throws OwnException{
        int z = 0;
        if(m==0) {
            throw new OwnException("除数不能为零!");
        }else{
            z=n/m;
        }
        return z;
    }
}
```

（5）编写 OwnExceptionHandler 类。

```java
public static void main(String[] args) {
    OwnExceptionSource oes =new OwnExceptionSource();
    try {
        oes.divisor(2, 0);
    } catch (OwnException e) {
        System.out.println(e.getMessage());
    } finally{
        oes =null;
    }
}
```

7.5.5 特别提示

（1）异常还有很多其他的类型，在以后的编程过程中会逐渐接触到。

（2）如果无论是否发生异常，都要做相应处理的程序段，可以放在一份 finally{}块中进行处理。

7.5.6 拓展与提高

学过异常之后,可以利用这个异常做一些特定的处理。例如,要求在屏幕输入数字,在程序中获得之后进行计算等操作。这需要在程序中进行字符与数字的转换处理,如果出现异常,则要求重新输入。这个重新输入的操作就可以在异常里面进行相应的处理。异常有时候可以利用起来,能够很好地为我们的程序服务。

本章总结

本章主要讲解了以下内容。

异常定义:什么是异常,发生异常会产生什么情况。

异常分类:异常类的层次结构,主要的异常类型,大体上可分成受检查异常和不受检查异常,以及对于这两种情况异常的处理方式。

异常处理:主要处理语句有 try、catch、finally、throws、throw 语句;对于不受检查的异常我们可以选择抛出或者进行捕捉处理,也可以不加理会。但是,对于受检查的异常,我们必须进行处理或者把它抛出给调用者处理,否则编译系统会报错。

自定义异常:可以根据具体的情况自定义异常类,通常都是定义一个 Exception 的子类,并在该子类中重写 toString()方法。

一、选择题

1. 如果程序段中有多个 catch 语句,程序会(   )。
   A. 每个 catch 语句都执行一次
   B. 将每个符号条件的 catch 语句都执行一次
   C. 找到适合的异常类型后就不再执行其他的 catch 语句
   D. 找到适合的异常类型后继续执行后面的 catch 语句

2. 下列关于 finally 的说法正确的是(   )。
   A. 如果程序在前面的 catch 语句中找到了匹配的异常类型,将不执行 finally 语句块
   B. 无论程序是否找到匹配的异常类型,都会执行 finally 语句块中的内容
   C. 如果在前面的 catch 语句中找到了多个匹配的异常类型,将不执行 finally 语句块
   D. 只要有 catch 语句块,任何时候都不会执行 finally 语句块

3. 给定下面的代码片段:

```java
public void Test() {
  try {
      method();
      System.out.println("Hello World");
    }
  catch (ArrayIndexOutOfBoundsException e)
```

```
    {
      System.out.println("Exception?");
    }
    catch(Exception e)
    {
      System.out.println("Exception1");
    }
    finally{
      System.out.println("Thank you!");
      }
    }
```

如果函数 method 正常运行并返回,那么将会显示下面的(   )信息。

    A. Hello World   B. Exception

    C. Exception1   D. Thank you!

4. 关于有多个 catch 语句块的异常捕获顺序的说法正确的是(   )。

    A. 父类异常和子类异常同时捕获

    B. 先捕获父类异常

    C. 先捕获子类异常

    D. 依照 catch 语句块的顺序进行捕获,只捕获其中的一个

5. 下面写法正确的是(   )。

    A. try{…}finally{…}

    B. try{…}catch{…}finally{…}

    C. try{…}catch(Exception e){…}catch(ArithmeticException a){…}

    D. try{…}

6. 下面程序输出是(   )。

```
public class X{
  public static void main(String[] arg){
    try {throw new MyException();}
    catch(Exception e){
      System.out.println("It's caught!");
      }
    finally{
      System.out.println("It's finally caught!");      }
    }
  }
class MyException extends Exception{}
```

    A. It's finally caught!   B. It's caught!

    C. It's caught!   D. 无输出

7. 下面程序中在 oneMethod()方法运行正常的情况下将显示( )。

```
public void test(){
    try{oneMethod();
        System.out.println("情况 1");
    }catch(ArrayIndexOutOfBoundException e){
      System.out.println("情况 2");
    }catch(Exception e){
      System.out.println("情况 3");
    }finally{
      System.out.println("finally");

    }
}
```

A. 情况 1　　　　　B. 情况 2　　　　　C. 情况 3　　　　　D. finally

二、简答题

1. Java 中,关键字 try、catch、finnally、throw 和 throws 各有何作用?
2. 如下代码输出结果是什么? 为什么?

```
public class test {
    public static void main(String args[]) {
        int i=1, j=1;
        try {
            i++;
            j--;
            if(i/j >1)
                i++;
        }
        catch(ArithmeticException e) {
            System.out.println(0);
        }
        catch(ArrayIndexOutOfBoundsException e) {
            System.out.println(1);
        }
        catch(Exception e) {
            System.out.println(2);
        }
        finally {
            System.out.println(3);
        }
```

```
        System.out.println(4);
    }
}
```

3. 在 Java 中是如何处理异常的?

4. 当需要捕获多个可能发生的异常时,对各个 catch 块的顺序有什么要求,为什么?

第三篇　Java 高级篇

第 **8** 章 图形用户界面设计

本章学习目的与要求

对于一个好的应用程序来说,用户友好的界面是不可或缺的部分。本章将学习如何进行 Java 图形用户界面的程序设计。通过本章的学习,应该理解 Java 图形界面设计的概念,会使用 AWT 及 Swing 的常用组件建立用户界面,掌握对事件进行监听及处理事件的方法。

本章主要内容

本章主要介绍以下内容:
- 图形用户界面程序设计概念。
- AWT 及 Swing。
- 容器与布局管理器。
- AWT 与 Swing 的常用组件。
- 事件处理委托模型。

8.1 GUI 程序概述

图形用户界面(Graphical User Interface,GUI)设计是应用程序设计一个不可或缺的部分,而设计的应用程序界面是否友好成为衡量一个应用程序优劣的一个重要因素。一个设计良好的图形用户界面,能够帮助用户更好地理解和使用软件。

8.1.1 AWT 简介

Java 在最初发布的时候,提供了一套抽象窗口工具集(Abstract Window Toolkit,AWT),该工具集提供了一套与本地图形界面进行交互的接口。AWT 中的图形函数与操作系统所提供的图形函数之间有着一一对应的关系。也就是说,当利用 AWT 来构件图形用户界面的时候,实际上是在利用本地操作系统所提供的图形库。因为不同操作系统的图形库各自提供的功能是有所差异的,因此在一个平台上存在的某种功能在另外一个平台上可能根本不存在。而 Java 被设计为一种跨平台的语言,为了实现达到其"一次编译,到处运行"的概念,AWT 只好通过牺牲部分功能来实现其平台无关性。也就是说,AWT 所提供的图形设计功能是多种通用型操作系统所提供的图形功能的一个交集,因此也就决定了其功能的局限性。AWT 是依靠本地方法来实现其功能的,通常把 AWT 组件称为重量级组件。

AWT 中主要由组件、容器、布局管理器、事件处理模型、图形图像工具和数据传送类等组成。各个组件类位于 java.awt 包中,java.awt 包主要类的层次关系如图 8-1 所示。

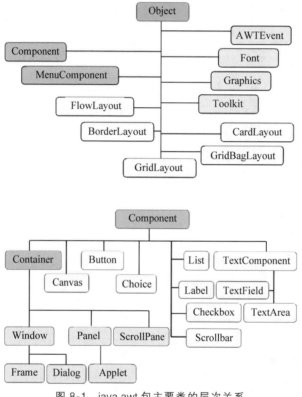

图 8-1　java.awt 包主要类的层次关系

8.1.2　Swing 简介

Swing 是 AWT 的扩展,是在 AWT 的基础上发展起来的一套新的图形界面系统,它提供了 AWT 所能够提供的所有功能,并且用纯 Java 代码对 AWT 的功能进行了大幅度的扩充。由于 Swing 组件是用纯 Java 代码来实现的,因此在一个平台上设计的组件可以在其他平台上使用且具有相同的效果。在 Swing 中没有使用本地方法来实现图形功能,我们通常把 Swing 组件称为轻量级组件。

Swing 组件类一般位于 java 扩展包 javax.swing 中,其命名一般都以英文字母 J 开头,例如 JFrame、JButton 等。

在进行图形界面设计时,一般都遵循下列步骤:

(1) 选择容器。

(2) 确定布局。

(3) 向容器中添加组件。

(4) 进行事件处理。

8.2 容器与布局

8.2.1 容器

在进行图形用户界面设计的时候,GUI 的各个组件需要放置在容器(Container)中进行管理。AWT 的容器分为两类:内部容器和外部容器。其中,外部容器是可以独立存在的,如 Frame;而内部容器一般嵌套在外部容器或其他内部容器中使用,如 Panel 类。容器类一般具有下列功能:

(1) 管理组件。容器类提供了一组用于管理组件的方法。例如,可以使用容器类提供的 add()方法向容器中添加组件;remove()方法移除组件;paintComponents()方法绘制组件;getComponent()方法获取组件;printComponents()方法打印组件等。

(2) 设置布局。每个容器都和一个布局管理器相关联,用以确定组件在容器中的布局。可以通过 setLayout()方法为容器设置一种布局。

比较常用的容器有框架(Frame)和面板(Panel),Frame 是带有标题和边框的顶层窗口,其默认的布局是 BorderLayout;Panel 提供了放置其他组件的一个空间,也可以放置其他面板,面板默认的布局是 FlowLayout。

8.2.2 布局管理

在设计图形用户界面时,必须决定界面中的各个组件如何摆放,并且要展示给用户,Java 通过布局管理器来实现对布局的管理。Java 提供了多种布局,例如 FlowLayout、BorderLayout、GridLayout、CardLayout、GridBagLayout 等。下面分别介绍几种布局管理器。

1. FlowLayout 布局管理器

FlowLayout 布局的原则是将各个组件按照添加的顺序,从左到右、从上到下进行放置,如果本行放不下所有组件,则放入下一行。Panel 容器的默认布局就是 FlowLayout 布局。

【例 8-1】 FlowLayout 布局程序示例。

```
package sample;
import java.awt.*;
import java.awt.event.WindowAdapter;
import java.awt.event.WindowEvent;


public class MyFlowLayout {
```

```
    private Frame f;
    private Button button1, button2, button3;

    public static void main(String args[]) {
        MyFlowLayout mflow = new MyFlowLayout();
        mflow.go();
    }

    public void go() {
        f = new Frame("FlowLayout 效果");
        f.addWindowListener(new WindowAdapter() {
            public void windowClosing(WindowEvent evt) {
                f.setVisible(false);
                f.dispose();
                System.exit(0);
            }
        });
        //f.setLayout(new FlowLayout());
        f.setLayout(new FlowLayout(FlowLayout.LEADING, 20, 20));
        button1 = new Button("第一个按钮");
        button2 = new Button("第二个按钮");
        button3 = new Button("第三个按钮");
        f.add(button1);
        f.add(button2);
        f.add(button3);
        f.setSize(200,200);
        f.pack();
        f.setVisible(true);
    }
}
```

程序运行结果如图 8-2 所示。

图 8-2　FloyLayout 布局

2. BorderLayout 布局管理器

BorderLayout 布局类似于地图上的方向,用东、西、南、北、中来安排组件的布局,分别用 EAST、WEST、SOUTH、NORTH 和 CENTER 来代表各个方向,以上北下南、左西右东占据界面的四边,CENTER 占据剩余中间部分。

【例 8-2】 BorderLayout 布局程序示例。

```java
package sample;

import java.awt.*;
import java.awt.event.WindowAdapter;
import java.awt.event.WindowEvent;

public class MyBorderLayout {
    Frame f;
    Button east, south, west, north, center;

    public static void main(String args[]) {
        MyBorderLayout mb = new MyBorderLayout();
        mb.go();
    }

    public void go() {
        f = new Frame("BorderLayout 演示");
        f.addWindowListener(new WindowAdapter(){
            public void windowClosing(WindowEvent evt) {
                f.setVisible(false);
                f.dispose();
                System.exit(0);
            }
        });

        f.setBounds(0, 0, 300, 300);
        f.setLayout(new BorderLayout());

        north = new Button("上");
        south = new Button("下");
        east = new Button("右");
        west = new Button("左");
        center = new Button("中");

        f.add(BorderLayout.NORTH, north);
        f.add(BorderLayout.SOUTH, south);
        f.add(BorderLayout.EAST, east);
        f.add(BorderLayout.WEST, west);
        f.add(BorderLayout.CENTER, center);

        f.setVisible(true);
    }
}
```

程序运行结果如图 8-3 所示。

图 8-3　BorderLayout 布局

3. GridLayout 布局管理器

GirdLayout 是一种网格布局,将容器划分成若干行和列的结构,在各个网格中放置组件。在网格布局中的各个组件具有相同的宽和高,其放置顺序也是从左向右开始填充,一行占满后开始填充下一行,仍然是从左到右的顺序。

【例 8-3】　GirdLayout 布局程序示例。

```java
package sample;
import java.awt.*;
import java.awt.event.*;

public class MyGridLayout {
    private Frame f;
    private Button[] btn;

    public static void main(String args[]) {
        MyGridLayout grid = new MyGridLayout();
        grid.go();
    }

    public void go() {
        f = new Frame("GridLayout 演示");
        f.addWindowListener(new WindowAdapter(){
            public void windowClosing(WindowEvent evt) {
                f.setVisible(false);
                f.dispose();
                System.exit(0);
            }
        });

        f.setLayout(new GridLayout(3, 3, 10, 10));
```

```
    btn =new Button[9];
    for(int i =0; i <=8; i++) {
        int j =i +1;
        btn[i] =new Button("" +j);
        f.add(btn[i]);
    }


    //f.pack();
    f.setSize(100, 100);
    f.setVisible(true);
    }
}
```

程序运行结果如图 8-4 所示。

4. CardLayout 布局管理器

CardLayout 是一种卡片式的布局管理方式,这些卡片层叠在一起,每层放置一个组件,每次只有最外层的组件露出来。每层也可以采用面板来实现复杂的布局。

图 8-4 GridLayout 布局

【例 8-4】 CardLayout 布局程序示例。

```
package sample;
import java.awt.*;
import java.awt.event.*;
public class MyCardLayout {
    public static void main(String args[]) {
        new MyCardLayout().go();
    }


    public void go() {
        final Frame f =new Frame("CardLayout演示");
        f.addWindowListener(new WindowAdapter(){
            public void windowClosing(WindowEvent evt) {
                f.setVisible(false);
                f.dispose();
                System.exit(0);
            }
        });


        f.setSize(300, 100);
        f.setLayout(new CardLayout());


        final Frame f1 =f;
        for(int i =1; i <=5; ++i) {
```

```
            Button b =new Button("Button " +i);
            b.setSize(100, 25);
            b.addActionListener(new ActionListener() {
                public void actionPerformed(ActionEvent ae) {
                    CardLayout cl =(CardLayout) f1.getLayout();
                    cl.next(f1);
                }
            });
            f.add(b, "button" +i);
        }
    f.setVisible(true);
    }
}
```

程序运行效果如图 8-5 所示。

图 8-5　CardLayout 布局

5. GridBagLayout 布局管理器

GridBagLayout 布局相对前面几种布局管理器更加复杂,是 GirdLayout 布局的一种改进。但与 GirdLayout 不同,在这种布局中,一个组件可以跨越多个网格,这样就可以灵活地构建出更为复杂的布局。在使用这种布局管理器时,需要使用 GridBagConstraints 类来指定 GridBagLayout 布局管理器所布置组件的约束。GridBagConstraints 类中定义了很多常量用于设置 GridBagLayout 的布局约束。在使用这种布局方式时,首先用 GridBagConstraints 类创建
一个实例对象,然后设置该实例中各个属性的约束条件,再将该约束与某个具体的组件联系
起来,最后将组件加入容器中。

【例 8-5】 GridBagLayout 布局程序示例。

```java
package sample;

import java.awt.*;
import java.util.*;
import java.awt.event.*;

public class MyGridBagLayout extends Panel {

    protected void makebutton(String name,
                              GridBagLayout gridbag,
                              GridBagConstraints c) {
        Button button = new Button(name);
        gridbag.setConstraints(button, c);
        add(button);
    }

    public void go() {
        GridBagLayout gridbag = new GridBagLayout();
        GridBagConstraints c = new GridBagConstraints();

        setFont(new Font("Helvetica", Font.PLAIN, 14));
        setLayout(gridbag);

        c.fill = GridBagConstraints.BOTH;
        c.weightx = 1.0;
        makebutton("Button001", gridbag, c);
        makebutton("Button2", gridbag, c);
        makebutton("Button3", gridbag, c);
        c.gridwidth = GridBagConstraints.REMAINDER;      //end row
        makebutton("Button4", gridbag, c);
        c.weightx = 0.0;                                 //reset to the default
        makebutton("Button5", gridbag, c);              //another row
        c.gridwidth = 2; //GridBagConstraints.RELATIVE;  //next-to-last in row
        makebutton("Button6", gridbag, c);
        c.gridwidth = GridBagConstraints.REMAINDER;      //end row
        makebutton("Button007", gridbag, c);
        c.gridwidth = 1;                                 //reset to the default
        c.gridheight = 2;
```

```
            c.weighty =1.0;
            makebutton("Button8", gridbag, c);
            c.weighty =1.0;                              //reset to the default
            c.gridwidth =GridBagConstraints.REMAINDER;   //end row
            c.gridheight =1;                             //reset to the default
            makebutton("Button9", gridbag, c);
            makebutton("Button10", gridbag, c);
            setSize(300, 100);
        }

        public static void main(String args[]) {
            final Frame f =new Frame("GridBagLayout 演示");
                f.addWindowListener(new WindowAdapter(){
                    public void windowClosing(WindowEvent evt) {
                        f.setVisible(false);
                        f.dispose();
                        System.exit(0);
                    }
                });
            MyGridBagLayout gb =new MyGridBagLayout();
            gb.go();
            f.add("Center", gb);
            f.pack();
            f.setVisible(true);
        }
    }
```

程序运行结果如图 8-6 所示。

图 8-6　GridBagLayout 布局

8.3　常用组件

在本节中,将介绍一些 AWT 与 Swing 中的常用组件的创建方法,可以使用这些组件配合 8.2 节所介绍的布局管理器组合出丰富多彩的图形用户界面。这些界面再加入 8.3 节将要介绍的事件处理,就构成了完整的用户界面的编程。

8.3.1　AWT 组件

1. 标签

标签(label)是一种放在面板上的常用组件,用来表示静态文本。下面程序片段演示了标签的用法。

```
import java.awt.*;
import java.applet.Applet;
public class LabelExam extends Applet {
  public void init() {
    setLayout(new FlowLayout(FlowLayout.CENTER, 15, 15));
    Label userName =new Label("用户名");
    Label pwd =new Label("密码");
    add(userName);
    add(pwd);
  }
  ...
}
```

2. 按钮

按钮(button)在图形界面设计中会经常被使用,单击按钮时,ActionEvent 事件会发生,该事件产生时,由 ActionListener 接口进行监听和处理。

按钮组件的构造方法如下:

```
Button btn =new Button("确定");
```

3. 下拉式菜单

当有大量选项时,下拉式菜单(Choice)能够节约界面显示空间,每次可以选择其中的一项。其使用方法如下:

```
Choice cityChooser =new Choice();
cityChooser.add("北京");
cityChooser.add("上海");
cityChooser.add("天津");
cityChooser.add("重庆");
```

4. 文本框

文本框(TextField)用于单行文本的输入,可以接收来自用户的键盘输入。在构造一个文本框时可以有多种选择:空文本框、空的指定长度的文本框、带有初始值的文本框、带有初始值并指定长度的文本框。下面程序片段演示了其用法。

```
TextField type1;
TextField type2;
TextField type3;
TextField type4;
type1 =new TextField();
type2 =new TextField(15);
type3 =new TextField("输入搜索内容");
type4 =new TextField("输入搜索内容", 40);
```

5. 文本区

当需要输入多行文本时,可以使用文本区(TextArea)。文本区在构造时类似于文本框,也有 4 种类型可以选择。这里需要注意的是,如果指定了文本区的大小,则文本区的行数和列数必须同时被指定。例如:

```
TextArea ta;
ta =new TextArea("10 * 45 的文本区", 10, 45);
```

6. 列表

列表(List)与下拉式菜单都含有多个选项,但与下拉式菜单不同的是,列表框的所有选项都是可见的,如果由于选项过多而超出了列表的可见区范围,则会在列表框旁边产生一个滚动条。

```
...
List cityLst =new List(3, false);          //显示行数为 3 行,不允许多选
cityLst.add("北京");
cityLst.add("天津");
cityLst.add("上海");
cityLst.add("重庆");
container.add(cityLst);
...
```

7. 复选框

复选框(Checkbox)是一个开/关选项(on/off),用于对某一项进行选取。当复选框被选择时,会产生 ItemEvent 事件,使用 ItemListener 对其进行监听。另外,可以使用 getState()方法来获取复选框当前状态。下面代码片段在网格布局中创建了一组复选框。

```
setLayout(new GridLayout(3, 1));
add(new Checkbox("one", null, true));
add(new Checkbox("two"));
add(new Checkbox("three"));
```

8. 复选框组

复选框组(CheckboxGroup)的功能类似于单选框,即在某一时刻当选择其中的某一项时,将该项状态置为 on,同时强制该组中其他处于 on 状态的选项置为 off。下面代码片段演示了复选框组的使用方法。

```
setLayout(new GridLayout(3, 1));
CheckboxGroup cbg =new CheckboxGroup();
add(new Checkbox("one", cbg, true));
add(new Checkbox("two", cbg, false));
add(new Checkbox("three", cbg, false));
```

9. 画布

画布(Canvas)组件表示屏幕上一个空白矩形区域,应用程序可以在该区域内绘图,或者可以从该区域捕获用户的输入事件。

应用程序必须为 Canvas 类创建子类,以获得某些功能(如创建自定义组件),这时必须重写 paint()方法。下面代码片段演示了画布的使用方法。

```
import java.awt.*;
import java.applet.Applet;
public class CanvasTest extends Applet {
  ...
  CanvasExam c;
  ...
  public void init() {
    c =new CanvasExam();
    c.reshape(0, 0, 100, 100);
    leftPanel.add("Center", c);
    ...
  }
}
class CanvasExam extends Canvas {
  public void paint(Graphics g) {
    g.drawRect(0, 0, 99, 99);
    g.drawString("Canvas", 15, 40);
  }
}
```

10. 菜单

开发菜单(Menu)时,一般需要使用到 3 个类:MenuBar 类、Menu 类和 MenuItem 类。

1) MenuBar 类

菜单不能直接被添加到容器中的某一位置,只能添加到 MenuBar 类中,然后将 MenuBar 对象与框架(Frame)对象相关联,可以调用框架的 setMenuBar()方法实现关联。

下面代码片段演示了其使用方法。

```
Frame fr =new Frame("MenuBar");
MenuBar mb =new MenuBar();
fr.setMenuBar(mb);
fr.setSize(150,100);
fr.setVisible(true);
```

2) Menu 类

菜单(Menu)可以被添加到 MenuBar 对象中或其他 Menu 对象中。下面代码片段演示了其使用方法。

```
Frame fr =new Frame("MenuBar");
MenuBar mb =new MenuBar();
fr.setMenuBar(mb);
Menu menuFile =new Menu("文件");
Menu menuEdit =new Menu("编辑");
mb.add(menuFile);
mb.add(menuEdit);
fr.setSize(150,150);
fr.setVisible(true);
```

3) MenuItem 类

MenuItem 是菜单项,处于菜单树中的最底层,菜单中的所有项都必须是 MenuItem 对象或其子类的对象。单击某个菜单项时,会发出 ActionEvent 动作对象,因此可以为 MenuItem 对象注册 ActionListener 监听器,以实现对应的操作。

【例 8-6】 菜单使用示例。

```
/*
 * MenuTest.java
 */

package sample;
import java.awt.*;
import java.awt.event.*;

class MenuTest extends Frame {
    PopupMenu pop;
    public MenuTest() {
        super("Golf Caddy");
        addWindowListener(new WindowAdapter() {
            public void windowClosing(WindowEvent evt) {
                setVisible(false);
                dispose();
```

```
            System.exit(0);
        }
    });
    this.setSize(300,300);
    this.add(new Label("Choose club."), BorderLayout.NORTH);

    Menu woods =new Menu("Woods");
    woods.add("1 W");
    woods.add("3 W");
    woods.add("5 W");

    Menu irons =new Menu("Irons");
    irons.add("3 iron");
    irons.add("4 iron");
    irons.add("5 iron");
    irons.add("7 iron");
    irons.add("8 iron");
    irons.add("9 iron");
    irons.addSeparator();
    irons.add("PW");
    irons.insert("6 iron", 3);

    MenuBar mb =new MenuBar();
    mb.add(woods);
    mb.add(irons);
    this.setMenuBar(mb);

    pop =new PopupMenu("Woods");
    pop.add("1 W");
    pop.add("3 W");
    pop.add("5 W");

    final TextArea p =new TextArea(100, 100);

    p.setBounds(0,0,100,200);
    p.setBackground(Color.green);
    p.add(pop);
    p.addMouseListener(new MouseAdapter() {
        public void mouseReleased(java.awt.event.MouseEvent evt) {
            if(evt.isPopupTrigger()) {
                System.out.println("popup trigger");
                System.out.println(evt.getComponent());
                System.out.println("" +evt.getX()+" " +evt.getY());
                pop.show(p, evt.getX(), evt.getY());
            }
```

```
            }
    });
    this.add(p, BorderLayout.CENTER);
}

public static void main (String [] args) {
    new MenuTest().setVisible(true);
}
}
```

程序运行结果如图 8-7 所示。

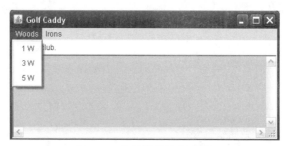

图 8-7　菜单程序运行结果

11. 对话框

对话框(Dialog)继承于 Window 类,属于容器类,与其他组件有所区别,其边界一般用于从用户处获得某种形式的输入。对话框的默认布局为 BorderLayout。对话框可以分为模式对话框和无模式(默认)对话框。

12. 文件对话框

在编写程序时,经常会遇到对文件的保存或打开,这时可以使用文件对话框(FileDialog)进行操作。文件对话框是模式对话框,因此当应用程序调用 show()方法来显示对话框时,它将阻塞其余应用程序,直到用户选择一个文件。下面代码片段演示了其使用方法。

```
FileDialog d = new FileDialog(ParentFr, "FileDialog");
d.setVisible(true);
String filename = d.getFile();
```

8.3.2　Swing 组件

Swing 组件类一般都以 J 开头,同类组件的使用方法同 AWT 组件用法类似。

1. 面板

面板(JPanel)位于 javax.swing 包中,是轻量级容器。其使用方法类似于 Panel。JPanel 的默认布局是 FlowLayout。

2. 滚动窗口

滚动窗口(JScrollPane)是带滚动条的面板,其效果类似于图 8-8 的形式。

3. 选项板

选项板(JTabbedPane)允许用户通过单击具有给定标题或图标的选项卡,在一组组件之间进行切换。可以通过 addTab()和 insertTab()方法将选项卡/组件添加到 JTabbedPane 对象中。选项卡通过索引来表示,其中第一个选项卡的索引为 0,最后一个选项卡的索引为选项卡数减 1。

图 8-8　滚动窗口效果

4. 工具栏

工具栏(JToolBar)按钮一般对应着菜单中的某一项,便于用户进行常用的操作。JToolBar 提供了一个用来显示常用的 Action 或控件的组件。对于大多数的屏幕外观,用户可以将工具栏拖到单独的窗口中。

5. 按钮

按钮(JButton)是最常用的组件之一,按钮上可以带图标或标签。其构造方法如下:
- JButton():创建不带有设置文本或图标的按钮
- JButton(Action a):创建一个按钮,其属性从所提供的 Action 中获取
- JButton(Icon icon):创建一个带图标的按钮
- JButton(String text):创建一个带文本的按钮
- JButton(String text,Icon icon):创建一个带初始文本和图标的按钮

6. 复选框

复选框(JCheckBox)提供一个"开/关"(on/off)量,边上显示一个文本标签。

7. 单选框

单选框(JRadioButton)能够实现一个单选按钮,该按钮项可以被选择或取消选择,并可显示其状态。与 ButtonGroup 对象配合使用可创建一组按钮,一次只能选择其中的一个。创建一个 ButtonGroup 对象并使用 add()方法将 JRadioButton 对象包含在此组中。需要说明的是,ButtonGroup 进行的是逻辑分组,不是物理分组。要创建按钮面板,仍需要创建一个 JPanel 或类似的容器对象并将 Border 添加到其中,以便将面板与周围的组件分开。

8. 选择框

选择框(JComboBox)类似于文本框与列表框的组合,既可以选择其中的一项,也可以进行编辑。

9. 标签

标签(JLabel)对象可以显示文本、图像或二者的组合。可以设置其垂直和水平对齐方式。默认情况下,标签在其显示区内垂直居中对齐;只显示文本的标签是开始边对齐;只显示图像的标签则水平居中对齐。还可以指定文本相对于图像的位置。默认情况下,文本位

于图像的结尾边上,文本和图像都垂直对齐。

10. 菜单

菜单(JMenu)的使用与 AWT 中的 Menu 类似,与之不同的是,它可以通过 setJMenuBar(MenuBar)方法将菜单放置在容器中的任何位置。

11. 进度条

进度条(JProgressBar)是以可视化形式显示某些任务进度的组件。在任务的完成进度中,进度条显示该任务完成的百分比,通常由一个矩形表示,该矩形开始是空的,随着任务的完成逐渐被填充。此外,进度条还可以显示此百分比的文本表示形式。

12. 滑动条

滑动条(JSlider)可以让用户以图形方式在有界区间内通过移动滑块来选择值。滑块可以显示主刻度标记以及主刻度之间的次刻度标记。刻度标记之间的值的个数由 setMajorTickSpacing()方法和 setMinorTickSpacing()方法来控制,而刻度标记的绘制则由 setPaintTicks()方法控制。

13. 表格

表格(JTable)用来显示和编辑常规二维单元表。JTable 有很多用来自定义其显示和编辑的工具,同时提供了这些功能的默认设置,从而可以轻松地进行简单表的设置。例如,一个 10 行 10 列的表,可以通过下面的方式设置。

```
TableModel dataModel = new AbstractTableModel() {
public int getColumnCount() { return 10; }
public int getRowCount() { return 10;}
public Object getValueAt(int row, int col) { return new Integer(row * col); }
};
JTable table = new JTable(dataModel);
JScrollPane scrollpane = new JScrollPane(table);
```

【例 8-7】 表格程序示例。

```
package sample;
import javax.swing.JTable;
import javax.swing.table.AbstractTableModel;
import javax.swing.JScrollPane;
import javax.swing.JFrame;
import javax.swing.SwingUtilities;
import javax.swing.JOptionPane;
import java.awt.*;
import java.awt.event.*;
public class TableDemo extends JFrame {
  private boolean DEBUG = true;
  public TableDemo() {                              //构造方法
    super("RecorderOfWorkers");                     //调用父类构造方法生成窗口
```

```
MyTableModel myModel =new MyTableModel();           //myModel 存放数据
JTable table =new JTable(myModel);                  //数据来源是 myModel 对象
table.setPreferredScrollableViewportSize(new Dimension(500, 70));
                                                    //表格尺寸


//产生一个带滚动条的面板
JScrollPane scrollPane =new JScrollPane(table);
//将带滚动条的面板添加入窗口中
getContentPane().add(scrollPane, BorderLayout.CENTER);
addWindowListener(new WindowAdapter() {             //注册窗口监听器
  public void windowClosing(WindowEvent e) {
    System.exit(0);
  }
});
}
//把要显示在表格中的数据存入字符串数组和 Object 数组中
class MyTableModel extends AbstractTableModel {
    //表格中第一行所要显示的内容存放在字符串数组 columnNames 中
    final String[] columnNames ={"First Name",
                                 "Position",
                                 "Telephone",
                                 "MonthlyPay",
                                 "Married"};
    //表格中各行的内容保存在二维数组 data 中
    final Object[][] data ={
      {"Zhang San", "Executive",
      "01066660123", new Integer(8000), new Boolean(false) },
      {"Li Si", "Secretary",
      "01069785321", new Integer(6500), new Boolean(true) },
      {"Wang Wu", "Manager",
      "01065498732", new Integer(7500), new Boolean(false) },
      {"Da Xiong", "Safeguard",
      "01062796879", new Integer(4000), new Boolean(true) },
      {"Kang Fu", "Salesman",
      "01063541298", new Integer(7000), new Boolean(false) }
    };
    //下述方法是重写 AbstractTableModel 中的方法,其主要用途是被 JTable 对象调用,以便
    //在表格中正确地显示出来

    //获得列的数目
    public int getColumnCount() {
      return columnNames.length;
    }
    //获得行的数目
```

```
public int getRowCount() {
  return data.length;
}

//获得某列的名字
public String getColumnName(int col) {
  return columnNames[col];
}

//获得某行某列的数据
public Object getValueAt(int row, int col) {
  return data[row][col];
}
//判断每个单元格的类型
public Class getColumnClass(int c) {
  return getValueAt(0, c).getClass();
}
//将表格声明为可编辑的
public boolean isCellEditable(int row, int col) {

  if (col < 2) {
    return false;
  } else {
    return true;
  }

}
//改变某个数据的值
public void setValueAt(Object value, int row, int col) {
  if (DEBUG) {
      System.out.println("Setting value at " + row + "," + col
                         +" to " + value
                         +" (an instance of "
                         +value.getClass() + ")");
  }
  if (data[0][col] instanceof Integer
    && !(value instanceof Integer)) {
  try {
    data[row][col] = new Integer(value.toString());
    fireTableCellUpdated(row, col);
  } catch (NumberFormatException e) {
    JOptionPane.showMessageDialog(TableDemo.this,
      "The \"" + getColumnName(col)
      +"\" column accepts only integer values.");
  }
```

```
        } else {
            data[row][col] =value;
            fireTableCellUpdated(row, col);
        }
        if (DEBUG) {
            System.out.println("New value of data:");
            printDebugData();
        }
    }
    private void printDebugData() {
        int numRows =getRowCount();
        int numCols =getColumnCount();
        for (int i=0; i <numRows; i++) {
            System.out.print(" row " +i +":");
            for (int j=0; j <numCols; j++) {
                System.out.print(" " +data[i][j]);
            }
            System.out.println();
        }
    }
    public static void main(String[] args) {
        TableDemo frame =new TableDemo();
        frame.pack();
        frame.setVisible(true);
    }
}
```

程序运行结果如图 8-9 所示。

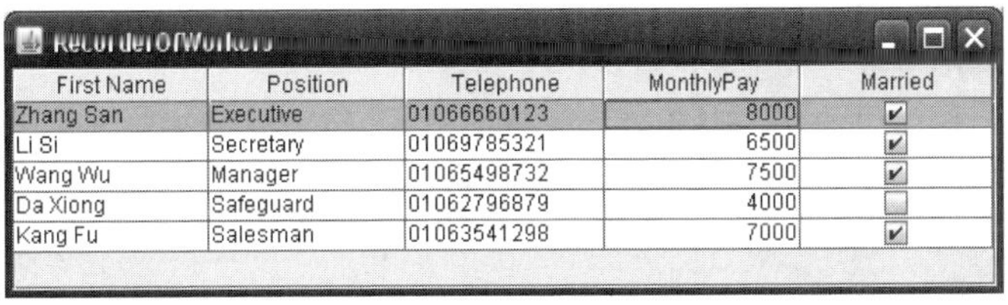

First Name	Position	Telephone	MonthlyPay	Married
Zhang San	Executive	01066660123	8000	✔
Li Si	Secretary	01069785321	6500	✔
Wang Wu	Manager	01065498732	7500	✔
Da Xiong	Safeguard	01062796879	4000	
Kang Fu	Salesman	01063541298	7000	✔

图 8-9　表格组件效果图

14. 树

树(JTree)可以将分层数据集以树状的形式表现出来,使用户操作方便,直观易用。下面通过一个程序实例来演示树的使用方法。

【例 8-8】　树程序实例。

```
package sample;
import java.awt.*;
import java.awt.event.*;
```

```java
import javax.swing.*;
import javax.swing.tree.*;
class Branch{
    DefaultMutableTreeNode r;
    //DefaultMutableTreeNode是树的数据结构中的通用节点,节点也可以有多个子节点
    public Branch(String[] data){
        r=new DefaultMutableTreeNode(data[0]);
        for(int i=1;i<data.length;i++)
        r.add(new DefaultMutableTreeNode(data[i]));
        //给节点 r 添加多个子节点
    }
    public DefaultMutableTreeNode node(){          //返回节点
        return r;
    }
}
public class TreesDemo extends JPanel{
    String [][]data={
                    {"Colors","Red","Blue","Green"},
                    {"Flavors","Tart","Sweet","Bland"},
                    {"Length","Short","Medium","Long"},
                    {"Volume","High","Medium","Low"},
                    {"Temperature","High","Medium","Low"},
                    {"Intensity","High","Medium","Low"}
                    };
    static int i=0;                               //i 用于统计按钮单击的次数
    DefaultMutableTreeNode root,child,chosen;
    JTree tree;
    DefaultTreeModel model;
    public TreesDemo(){
        setLayout(new BorderLayout());
        root=new DefaultMutableTreeNode("root");  //根节点进行初始化
        tree=new JTree(root);                     //树进行初始化,其数据来源是 root 对象
        add(new JScrollPane(tree));               //把滚动面板添加到 Trees 中
        model=(DefaultTreeModel)tree.getModel();  //获得数据对象 DefaultTreeModel
        JButton test=new JButton("Press me");     //按钮 test 进行初始化
        test.addActionListener(new ActionListener(){  //按钮 test 注册监听器
            public void actionPerformed(ActionEvent e){
                if (i<data.length){               //按钮 test 单击的次数小于 data 的长度
                    child=new Branch(data[i++]).node();  //生成子节点
                    chosen=(DefaultMutableTreeNode)  //选择 child 的父节点
                    tree.getLastSelectedPathComponent();
                    if(chosen==null){
                        chosen=root;
                    }
```

```
                model.insertNodeInto(child,chosen,0);  //把 child 添加到 chosen
        }
    }
});
    test.setBackground(Color.blue);                     //按钮 test 设置背景色为蓝色
    test.setForeground(Color.white);                    //按钮 test 设置前景色为白色
    JPanel p=new JPanel();                              //面板 p 初始化
    p.add(test);                                        //把按钮添加到面板 p 中
    add(p,BorderLayout.SOUTH);                          //把面板 p 添加到 Trees 中
}
public static void main(String args[]){
    JFrame jf=new JFrame("JTree demo");
    //把 Trees 对象添加到 JFrame 对象的中央
    jf.getContentPane().add(new TreesDemo(), BorderLayout.CENTER);
    jf.setSize(200,500);
    jf.setVisible(true);
}
}
```

程序运行结果如图 8-10 所示。

图 8-10　树组件效果图

8.4　事件处理

前面几节中介绍了 Java 图形用户界面设计中的容器、布局、组件等概念,能够设计一些简单的图形用户界面,但前面所设计的界面只是表层的显示,并没有向其中添加事件处理,因此这些组件并不能完成实际的功能。若使用户界面元素能够响应用户的操作(如鼠标或键盘操作),就必须为组件加上事件处理。本节将介绍事件处理的基本概念以及事件处理的编程方法。

8.4.1　事件处理概念

应用程序在运行时,应该对用户的操作(如使用键盘、鼠标)给予响应。对于用户的一

个操作(如按下某个按钮,或按了键盘上的回车键等),我们可以把它看成一个"事件"(Event),发出事件的组件(如按钮、滚动条等)称为"事件源"(Event Source)。同时,对于事件源来说,需要有"事件监听器"(Event Listener)对其进行监听,以便在事件源产生事件时,能够及时通知响应的处理程序对事件进行处理。

Java 采用一种事件委托模型(Event Delegation Model)来处理事件过程。可以向事件源中注册一些事件监听器,当事件源产生事件的时候,事件源会向所有为该事件注册的监听器发送通知,然后将事件委托给不同的事件处理者处理。

Java 将事件封装成"事件对象",所有事件对象都继承于 java.util.EventObject 类,而事件对象本身也可以派生子类,例如 ActionEvent、WindowEvent 等。

事件源不同,产生的事件类型也不同。例如,按下按钮可以触发一个动作事件(ActionEvent),而窗口可以发出窗口事件(WindowEvent)。

AWT 中的事件可以分为低级(low-level)事件和语义(semantic)事件。低级事件是指基于组件、容器等的事件,例如按下鼠标、移动鼠标、抬起鼠标、转动鼠标滚轮、窗口状态变化等。语义事件是指表达用户某种动作意图的事件,例如单击某个按钮、调节滚动条滑块、选择某个菜单项或列表项、在文本框中按下回车键等。

常用的比较低级事件有:

```
KeyEvent()
MouseEvent()
MouseWheelEvent()
FocusEvent()
WindowEvent()
```

常用的比较语义事件有:

```
ActionEvent()
ItemEvent()
AdjustmentEvent()
TextEvent()
```

AWT 事件类的继承关系图如图 8-11 所示。

8.4.2 监听器和适配器

8.4.1 节介绍过,当一个事件源产生一个事件时,只有为事件源注册了处理该类事件的监听器,应用程序才能对用户的操作做出响应。根据事件类型的不同,处理每类事件的监听器也有所差别。一个事件监听器可以处理一类事件,要使监听器具有处理某一类事件的能力,就需要让监听器实现响应事件的监听器接口,即一个监听器对象是一个实现了特定监听器接口(listener interface)的类的实例。

例如,当用户单击一个按钮时,会发出一个动作事件(ActionEvent)对象,要处理这个动作事件,需要为该按钮注册动作事件监听器,如下面代码片段所示:

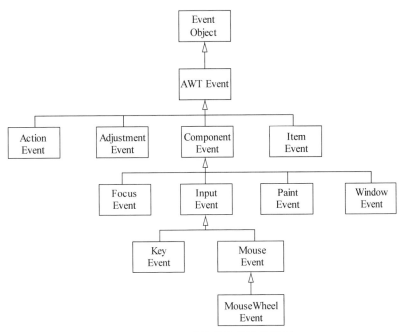

图 8-11   AWT 事件类的继承关系图

```
ActionListener listener = new MyListener();
JButton btn = new JButton("Hi");
btn.addActionListener(listener);
```

由于要处理由按钮发出的动作事件,因此事件监听器 MyListener 应该实现 ActionListener
接口。

```
class MyListener implements ActionListener {
    ...
    public void actionPerformed(ActionEvent event) {
      //对按钮事件做出响应
      ...
    }
}
```

程序例 8-9 是一个完整的处理按钮发出的动作事件的程序实例。

【例 8-9】 通过按钮改变面板颜色。

```
import java.awt.*;
import java.awt.event.*;
import javax.swing.*;


public class ButtonTest
{
```

```java
    public static void main(String[] args) {
        ButtonFrame frame = new ButtonFrame();
        frame.setDefaultCloseOperation(JFrame.EXIT_ON_CLOSE);
        frame.setVisible(true);
    }
}

/**
    A frame with a button panel
*/
class ButtonFrame extends JFrame {
    public ButtonFrame() {
        setTitle("ButtonTest");
        setSize(DEFAULT_WIDTH, DEFAULT_HEIGHT);

        //add panel to frame
        ButtonPanel panel = new ButtonPanel();
        add(panel);
    }

    public static final int DEFAULT_WIDTH = 300;
    public static final int DEFAULT_HEIGHT = 200;
}

/**
    A panel with three buttons.
*/
class ButtonPanel extends JPanel {
    public ButtonPanel() {
        //create buttons
        JButton yellowButton = new JButton("Yellow");
        JButton blueButton = new JButton("Blue");
        JButton redButton = new JButton("Red");

        //add buttons to panel
        add(yellowButton);
        add(blueButton);
        add(redButton);

        //create button actions
        ColorAction yellowAction = new ColorAction(Color.YELLOW);
        ColorAction blueAction = new ColorAction(Color.BLUE);
        ColorAction redAction = new ColorAction(Color.RED);

        //associate actions with buttons
```

```
        yellowButton.addActionListener(yellowAction);
        blueButton.addActionListener(blueAction);
        redButton.addActionListener(redAction);
    }

    /**
        An action listener that sets the panel's background color.
    */
    private class ColorAction implements ActionListener {
        public ColorAction(Color c) {
            backgroundColor =c;
        }

        public void actionPerformed(ActionEvent event) {
            setBackground(backgroundColor);
        }

        private Color backgroundColor;

    }
}
```

程序运行结果如图 8-12 所示。

图 8-12　按钮组件演示效果

可以通过单击面板上的按钮来改变面板颜色。

表 8-1 给出了一部分监听器接口、方法及事件源。

表 8-1　部分监听器接口、方法及事件源

事 件 源	接 口	方 法
Action	ActionListener	actionPerformed(ActionEvent)
Item	ItemListener	itemStateChanged(ItemEvent)
Container	ContainerListener	componentAdded(ContainerEvent)
		componentRemoved(ContainerEvent)
Mouse button	MouseListener	mouseClicked(MouseEvent)
		mouseEntered(MouseEvent)
		mouseExited(MouseEvent)

续表

事 件 源	接 口	方 法
Mouse button	MouseListener	mousePressed(MouseEvent)
		mouseReleased(MouseEvent)
key	keyListener	keyPressed(KeyEvent)
		keyReleased(KeyEvent)
		keyTyped(KeyEvent)
Focus	FocusListener	focusGained(FocusEvent)
		focusLost(FocusEvent)
Adjustment	AdjustmentListener	adjustmentValueChanged(AdjustmentEvent)
Component	ComponentListener	componentHidden(ComponentEvent)
		componentMoved(ComponentEvent)
		componentResized(ComponentEvent)
		componentShown(ComponentEvent)
Window	WindowListener	windowActivated(WindowEvent)
		windowClosed(WindowEvent)
		windowClosing(WindowEvent)
		windowDeactivated(WindowEvent)
		windowDeiconified(WindowEvent)
		windowIconified(WindowEvent)
		windowOpened(WindowEvent)
Mouse motion	MouseListener	mouseDragged(MouseEvent)
		mouseMoved(MouseEvent)
Text	TextListener	textValueChanged(TextEvent)

通过实现监听器接口来编写一个监听器类的时候，接口中所定义的所有抽象方法都需要被实现，即使对处理某个事件的方法不感兴趣，仍然要编写一个空方法体。这样在某些情况下就会使程序员感到烦琐。为了解决上述问题，AWT 提供了与监听器接口配套的适配器类(Adapter)。对于监听器接口里定义的每个抽象方法，在适配器类中都有一个空的实现方法。这样做的好处是，程序员在编写监听器类的时候，可以直接继承监听器接口所对应的适配器类，覆盖感兴趣的方法，而对于不感兴趣的方法则无须实现，这样就减少了编程的工作量。

java.awt.event 中的适配器类如下：

- ComponentAdapter：接收组件事件的抽象适配器类。
- ContainerAdapter：接收容器事件的抽象适配器类。
- FocusAdapter：接收键盘焦点事件的抽象适配器类。

- KeyAdapter：接收键盘事件的抽象适配器类。
- MouseAdapter：接收鼠标事件的抽象适配器类。
- WindowAdapter：接收窗口事件的抽象适配器类。

程序例 8-10 是一个个人简历界面程序的综合实例。

【例 8-10】 图形用户界面综合程序实例。

```java
/**
 * Resume.java
 */
package sample;
import java.awt.*;
import java.awt.event.*;

public class Resume extends Frame implements ItemListener {

    /** Initializes the applet Resume */
    public static void main(String[] args) {
        final Resume res = new Resume();
        res.addWindowListener(new WindowAdapter() {
            public void windowClosing(WindowEvent evt) {
                res.setVisible(false);
                res.dispose();
                System.exit(0);
            }
        });
        res.setLayoutManager();
        res.initComponents();
        res.pack();
        res.setVisible(true);
    }

    public void setLayoutManager() {
        setLayout(new FlowLayout());
    }

    /** This method is called from within the init() method to
     * initialize the form.
     * WARNING: Do NOT modify this code. The content of this method is
     * always regenerated by the FormEditor.
     */
    private void initComponents() {//GEN-BEGIN:initComponents
        choice2 = new java.awt.Choice();
        choice2.add("Objective");
        choice2.add("Qualification");
```

```
choice2.add("Experience");
choice2.add("Skillset");
choice2.add("Education");
choice2.add("Training");
choice2.addItemListener(this);
choice2.select(0);
panel1 = new java.awt.Panel();
panel2 = new java.awt.Panel();
textArea2 = new java.awt.TextArea();
panel3 = new java.awt.Panel();
textArea1 = new java.awt.TextArea();
panel4 = new java.awt.Panel();
textArea3 = new java.awt.TextArea();
panel5 = new java.awt.Panel();
textArea4 = new java.awt.TextArea();
panel6 = new java.awt.Panel();
textArea5 = new java.awt.TextArea();
panel7 = new java.awt.Panel();
textArea6 = new java.awt.TextArea();

choice2.setFont(new java.awt.Font("Dialog", 0, 11));
choice2.setName("choice2");
choice2.setBackground(java.awt.Color.white);
choice2.setForeground(java.awt.Color.black);


add(choice2);

panel1.setLayout(new java.awt.CardLayout());
panel1.setFont(new java.awt.Font("Dialog", 0, 11));
panel1.setName("panel20");
panel1.setBackground(new java.awt.Color(204, 204, 204));
panel1.setForeground(java.awt.Color.black);

panel2.setFont(new java.awt.Font("Dialog", 0, 11));
panel2.setName("panel21");
panel2.setBackground(new java.awt.Color(153, 153, 153));
panel2.setForeground(java.awt.Color.black);

textArea2.setBackground(new java.awt.Color(216, 208, 200));
textArea2.setName("text4");
textArea2.setEditable(false);
textArea2.setFont(new java.awt.Font("Courier New", 0, 12));
textArea2.setColumns(80);
textArea2.setForeground(new java.awt.Color(0, 0, 204));
textArea2.setText("Seeking a challenging position as a JAVA Programmer.\n");
```

```java
        textArea2.setRows(20);
        panel2.add(textArea2);


        panel1.add(panel2, "Objective");

        panel3.setFont(new java.awt.Font("Dialog", 0, 11));
        panel3.setName("panel22");
        panel3.setBackground(new java.awt.Color(153, 153, 153));
        panel3.setForeground(java.awt.Color.black);


        textArea1.setBackground(new java.awt.Color(216, 208, 200));
        textArea1.setName("text3");
        textArea1.setEditable(false);
        textArea1.setFont(new java.awt.Font("Courier New", 1, 12));
        textArea1.setColumns(80);
        textArea1.setForeground(java.awt.Color.black);
        textArea1.setText(" * 7 years C/C++experience, UNIX/Windows\n * 7 years
experience in RDBMS, including Oracle, Informix and Sybase\n * 3 years programming
experience in JAVA on UNIX/WINDOWS \ n * 2 years experience in designing and
developing in J2EE\n * ");
        textArea1.setRows(20);
        panel3.add(textArea1);
        panel1.add(panel3, "Qualification");


        panel4.setFont(new java.awt.Font("Dialog", 0, 11));
        panel4.setName("panel23");
        panel4.setBackground(new java.awt.Color(153, 153, 153));
        panel4.setForeground(java.awt.Color.black);


        textArea3.setBackground(new java.awt.Color(216, 208, 200));
        textArea3.setName("text5");
        textArea3.setEditable(false);
        textArea3.setFont(new java.awt.Font("Courier New", 0, 12));
        textArea3.setColumns(80);
        textArea3.setForeground(java.awt.Color.blue);
        textArea3.setText(
    "Technical Support / Systems Engineer\nSun Microsystems Inc. China Ltd. PRC
\n");
        textArea3.setRows(20);
        panel4.add(textArea3);
        panel1.add(panel4, "Experience");
        panel5.setFont(new java.awt.Font("Dialog", 0, 11));
        panel5.setName("panel24");
        panel5.setBackground(new java.awt.Color(153, 153, 153));
```

```
        panel5.setForeground(java.awt.Color.black);

        textArea4.setBackground(new java.awt.Color(216, 208, 200));
        textArea4.setName("text6");
        textArea4.setEditable(false);
        textArea4.setFont(new java.awt.Font("Courier New", 0, 12));
        textArea4.setColumns(80);
        textArea4.setForeground(java.awt.Color.blue);
        textArea4.setText("Programming: C++, JAVA, XML \n");
        textArea4.setRows(20);
        panel5.add(textArea4);
        panel1.add(panel5, "Skillset");
        panel6.setFont(new java.awt.Font("Dialog", 0, 11));
        panel6.setName("panel25");
        panel6.setBackground(new java.awt.Color(153, 153, 153));
        panel6.setForeground(java.awt.Color.black);

        textArea5.setBackground(new java.awt.Color(216, 208, 200));
        textArea5.setName("text7");
        textArea5.setEditable(false);
        textArea5.setFont(new java.awt.Font("Courier New", 0, 12));
        textArea5.setColumns(80);
        textArea5.setForeground(java.awt.Color.blue);
        textArea5.setText("University of Science and Technology of China");
        textArea5.setRows(20);
        panel6.add(textArea5);
        panel1.add(panel6, "Education");
        panel7.setFont(new java.awt.Font("Dialog", 0, 11));
        panel7.setName("panel26");
        panel7.setBackground(new java.awt.Color(153, 153, 153));
        panel7.setForeground(java.awt.Color.black);

        textArea6.setBackground(new java.awt.Color(216, 208, 200));
        textArea6.setName("text8");
        textArea6.setEditable(false);
        textArea6.setFont(new java.awt.Font("Courier New", 0, 12));
        textArea6.setColumns(80);
        textArea6.setForeground(java.awt.Color.blue);
        textArea6.setText(
            "Sun Microsystems Inc. 1998-2011\nAttended training course \n");
        textArea6.setRows(20);
        panel7.add(textArea6);

        panel1.add(panel7, "Training");
    add(panel1);
```

```
}//GEN-END:initComponents

public void itemStateChanged(ItemEvent evt) {
    CardLayout card =(CardLayout)panel1.getLayout();
    card.show(panel1, (String)evt.getItem());
}
//Variables declaration -do not modify//GEN-BEGIN:variables
private java.awt.Choice choice2;
private java.awt.Panel panel1;
private java.awt.Panel panel2;
private java.awt.TextArea textArea2;
private java.awt.Panel panel3;
private java.awt.TextArea textArea1;
private java.awt.Panel panel4;
private java.awt.TextArea textArea3;
private java.awt.Panel panel5;
private java.awt.TextArea textArea4;
private java.awt.Panel panel6;
private java.awt.TextArea textArea5;
private java.awt.Panel panel7;
private java.awt.TextArea textArea6;
//End of variables declaration//GEN-END:variables

}
```

程序运行结果如图 8-13 所示。

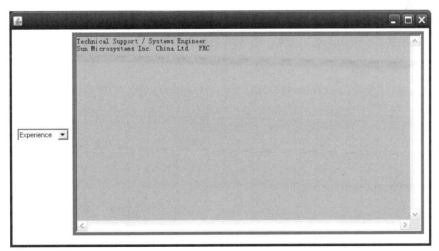

图 8-13　个人简历界面

8.4.3　事件处理编程方法

下面简单总结一下事件处理的编程方法。利用委托模型进行事件处理编程，需要完成两方面的工作：一是编写监听器类，完成事件处理方法的代码；二是在组件上注册监听器。

在编写监听器类时，可以采用实现监听器接口的方式，也可以采用继承适配器类的方式，还可以使用匿名内部类来完成这项工作。

8.5 项目案例

8.5.1 学习目标

（1）充分理解容器与布局的概念和用法。

（2）熟练操作 AWT、SWING 组件的用法。

（3）熟悉 GUI 界面的事件监听机制。

8.5.2 案例描述

编写一个系统注册的窗口，可以在这个窗口实现用户账号、密码、重复密码的输入操作，单击"注册"按钮实现注册功能。

8.5.3 案例要点

本案例采用 JFrame 中嵌套一个容器 Container，容器中再嵌套一个 JPanel，所有的显示内容存放在 JPanel 中。这个 JPanel 上可以存放要显示的表单内容：用户账号、密码、重复密码、注册按钮、退出按钮等操作。本案例注册界面如图 8-14 所示。

图 8-14　案例注册界面

8.5.4 案例实施

（1）编写一个注册窗口类：RegistFrame.java。

这个类继承自 JFrame 类，包含一些表单内容的属性。

```java
public class RegistFrame extends JFrame{
    private JTextField userText;
    private JPasswordField password;
    private JPasswordField repassword;
    private JLabel tip;
}
```

（2）编写没有参数的构造方法。

```java
public RegistFrame(){
    this.setTitle("用户注册");                      //设置注册窗口标题

    Container container =this.getContentPane();
    container.setLayout(new BorderLayout());        //设置容器布局是 border 布局
    JPanel registPanel =new JPanel();
    JLabel userLabel =new JLabel("用户账号:");
    JLabel passwordLabel =new JLabel("用户密码:");
```

```
            JLabel repasswordLabel=new JLabel("重复密码:");
            userText =new JTextField(15);
            password =new JPasswordField(15);
            repassword=new JPasswordField(15);
            JButton regist=new JButton("注册");
            JButton exitButton =new JButton("退出");
            registPanel.add(userLabel);
            registPanel.add(new JScrollPane(userText));
            registPanel.add(passwordLabel);
            registPanel.add(new JScrollPane(password));
            registPanel.add(repasswordLabel);
            registPanel.add(new JScrollPane(repassword));
            registPanel.add(regist);
            registPanel.add(exitButton);

            setResizable(false);                                    //设置窗口大小不可变
            setSize(260, 180);
            setLocation(300, 100);
            JPanel tipPanel =new JPanel();
            tip =new JLabel();                                      //用于显示提示信息
            tipPanel.add(tip);

            container.add(BorderLayout.CENTER, registPanel);
            container.add(BorderLayout.NORTH, tip);

            exitButton.addActionListener(new ExitActionListener());  //退出按钮添加监听
            regist.addActionListener(new RegistActionListener());    //注册按钮添加监听
            this.addWindowListener(new WindowCloser());              //窗口关闭的监听
        }
```

（3）用内部类实现监听功能。

```
/**
 * 退出按钮事件监听
 * @author Administrator
 *
 * /
    class ExitActionListener implements ActionListener {

        public void actionPerformed(ActionEvent event) {
            setVisible(false);
            dispose();
        }
    }
```

```java
/**
 * 注册按钮事件监听
 * @author Administrator
 *
 * /
class RegistActionListener implements ActionListener{
    public void actionPerformed(ActionEvent arg0) {
        //用户注册操作
        boolean bo=false;
        if(bo){
            tip.setText("注册成功!");
        }else{
            tip.setText("用户名已存在!");
        }
    }

}

/**
 * "关闭窗口"事件处理内部类
 * @author Administrator
 *
 * /
class WindowCloser extends WindowAdapter {

    public void windowClosing(WindowEvent e) {
        setVisible(false);
        dispose();
    }
}
```

（4）编写测试类。

```java
public class Test{
    public static void main(String[] args){
        RegistFrame rf=new RegistFrame();
        rf.setVisible(true);
    }
}
```

8.5.5　特别提示

（1）本实例的窗口程序是通过固定大小的格式来操作布局的，用户可以通过其他的布局格式实现同样的功能。

（2）本实例中的事件监听是用内部类的方法实现的，这个知识点在前面几章已经做了相应的介绍。

8.5.6 拓展与提高

这个实例是从艾斯医药系统中摘出来的一个注册窗口的例子,在艾斯医药系统中的一个主窗口是本系统的主要展示窗体,给读者留作练习及提高,样式如图 8-15 所示。

图 8-15 案例展示窗口

本章总结

本章主要讲解了以下内容:
* AWT 及 Swing 的相关概念。
* 容器与布局管理器,讲解了 FlowLayout、BorderLayout、GridLayout、CardLayout 和 GridBagLayout 布局。
* AWT 的常用组件,包括标签(Label)、按钮(Button)、下拉式菜单(Choice)、文本框(TextField)、文本区(TextArea)、列表(List)、复选框(Checkbox)、复选框组(CheckboxGroup)、画布(Canvas)、菜单(Menu)、对话框(Dialog)和文件对话框(FileDialog)。
* Swing 的常用组件,包括面板(JPanel)、滚动窗口(JScrollPane)、选项板(JTabbedPane)、工具栏(JToolBar)、按钮(JButton)、复选框(JCheckBox)、单选框(JRadioButton)、选择框(JComboBox)、标签(JLabel)、菜单(JMenu)、进度条(JProgressBar)、滑动条(JSlider)、表格(JTable)、表格(JTable)和树(JTree)。
* 事件处理委托模型。

一、选择题

1. 为了监听列表框状态是否被修改,应该注册哪种类型的监听器? (   )

   A. ItemListener   B. ListSelectionListener

   C. KeyListener   D. ActionListener

2. (多选)下列 Swing 组件中,可以用 setBorder( )方法设置边框的是(   )。

   A. JFrame   B. JDialog   C. JPanel   D. JScrollPane

3. 当单击选择组框中的一个选项时,一定被触发的事件是( )。

    A. ActionEvent   B. ItemEvent   C. KeyEvent   D. ListSelectionEvent

二、简答题

1. Java 进行图形界面设计时的一般步骤是什么?

2. AWT 中有哪几种布局管理器?

3. 框架(Frame)和面板(Panel)的默认布局管理器是什么?

4. 监听器和适配器的作用是什么? 为什么要引入适配器?

本章学习目的与要求

一般来说,程序可以分为 3 部分:输入、处理和输出。因此,输入和输出是组成程序的重要部分。通过本章的学习,将理解"流"和序列化的概念,熟悉 java.io 包的层次结构,掌握常用输入和输出类的使用方法,以及对文件和目录的操作,还应该了解对象序列化的实现机制。

本章主要内容

本章主要介绍以下内容:
- Java I/O 处理的相关概念(包括字节流、字符流)。
- Java I/O 的类框架结构。
- 常用的输入和输出类。
- 如何将对象进行"流化"操作。

9.1 输入和输出流概述

9.1.1 流的概念

我们编写的程序大部分都需要跟外界进行数据交换,这种数据交换在 Java 语言中是通过"流"(Stream)的形式实现的。"流"是一个十分形象的概念,当程序需要进行数据的读取时,就会开启一个通向数据源的流,这个数据源可以是文件、内存或者网络连接;同样,当程序需要进行数据写入时,就会开启一个通向目的地的流,这个目的地也可以是文件、内存或网络连接,如图 9-1 所示。不论是读取数据还是写入数据,都需要先建立起一个能够让数据传送的通道,被处理的数据经格式化后就可以在这个通道中像"流"一样进行传送。我们把这些被格式化后的数据序列称为数据流。

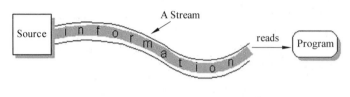

(a) 读取时通向数据源的流

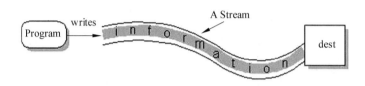

(b) 写入时通向目的地的流

图 9-1 流概念示意图

在 Java 中,数据流根据读写单位的不同,可以分为字节流和字符流。

9.1.2 字节流

如果数据被格式化为以字节(8 位)为基本单位的数据流,就称为字节流。Java 最初设计的输入和输出类都是针对字节流的,这些类分别派生自抽象类 InputStream 和 OutputStream,用来处理数据输入和数据输出。通过字节输入流,可以从数据源依次读取一系列以字节为单位的数据;通过字节输出流,可以把一系列以字节为单位的数据写入目的地。字节流如图 9-2 所示。

图 9-2 字节流

抽象类 InputStream 是表示字节输入流的所有类的超类,它定义了对于字节输入流处理的共同操作方法。InputStream 类定义的方法如表 9-1 所示。

表 9-1 InputStream 类定义的方法

方 法	方 法 说 明
abstract int read()	从输入流中读取数据的下一个字节。返回值是 0~255 的整数值。如果已经到达输入流末尾而没有可用的字节,则返回−1
int read(byte[] b)	从输入流中读取一定数量的字节,并将其存储在缓冲区字节数组 b 中。以整数形式返回实际读取的字节数。如果已经到达输入流末尾而没有可用的字节,则返回−1
int read(byte[] b, int off, int len)	将输入流中的数据字节读入 byte 数组。将读取的第一个字节存储在元素 b[off] 中,第二个字节存储在 b[off+1] 中,依次类推。读取的字节数最多等于 len。以整数形式返回实际读取的字节数。如果已经到达输入流末尾而没有可用的字节,则返回−1

续表

方　　法	方　法　说　明
void close()	关闭此输入流并释放与该流关联的所有系统资源
long skip(long n)	跳过和丢弃此输入流中数据的 n 个字节。返回值为跳过的实际字节数。出于各种原因,skip 方法结束时跳过的字节数可能小于该数(如已到达文件末尾)
boolean markSupported()	测试此输入流是否支持 mark 和 reset 方法。是否支持 mark 和 reset 是特定输入流实例的不变属性。InputStream 的 markSupported 方法返回 false
void mark(int readlimit)	在此输入流中标记当前的位置。readlimit 参数告知此输入流在标记位置失效之前允许读取的字节数。InputStream 的 mark 方法不执行任何操作
void reset()	将此流重新定位到最后一次对此输入流调用 mark 方法时的位置
int available()	返回此输入流下一个方法调用可以不受阻塞地从此输入流读取(或跳过)的估计字节数

表 9-1 中,read()方法是一个抽象方法,所有派生于 InputStream 类的具体子类都必须实现该方法。除了 mark()方法和 markSupported()方法外,其他方法都会抛出 IO 异常(IOException)。

抽象类 OutputStream 是表示字节输出流的所有类的超类,它定义了对于字节输出流处理的共同操作方法。OutputStream 类定义的方法如表 9-2 所示。

表 9-2　OutputStream 类定义的方法

方　　法	方　法　说　明
abstract void write(int b)	将指定的字节写入此输出流
void write(byte[] b)	将 b.length 个字节从指定的 byte 数组写入此输出流
void write(byte[] b, int off, int len)	将指定 byte 数组中从偏移量 off 开始的 len 个字节写入此输出流
void flush()	刷新此输出流并强制写出所有缓冲的输出字节
void close()	关闭此输出流并释放与此流有关的所有系统资源

9.1.3　字符流

如果数据被格式化为以字符(16 位)为基本单位的数据流,就称为字符流。字符流与字节流的主要区别在于,它是以字符作为数据流的基本单位,而不是以字节为单位的,如图 9-3 所示。Java 虚拟机内部采用统一的 Unicode 编码,Unicode 字符都是双字节的。在 Java I/O 类中,处理字符流的类分别派生自抽象类 Reader 和 Writer。Reader 类定义了一组与 InputStream 类相似的方法,Writer 类定义了一组与 OutputStream 类相似的方法。

图 9-3　字符流

9.2　java.io 包层次结构

对于程序员来说,创建一个完善的输入输出系统是一项十分艰巨的任务,让人欣慰的是,Java 为程序员提供了一组非常丰富的用于 I/O 操作的类库。Java 类库的设计者在设计这个类库时采用了设计模式中的装饰模式(Decorator)。这种模式的使用,使 Java 程序员对于 I/O 类的使用更具有灵活性,我们在后面的学习中会体会到这样做的优点。

在 9.1 节中提到了 InputStream、OutputStream、Reader 和 Writer 4 个抽象类,它们是进行 Java I/O 流操作的 4 个基类,更多灵活丰富的功能是由派生于它们的子类来完成的。java.io 包层次结构如图 9-4 所示。

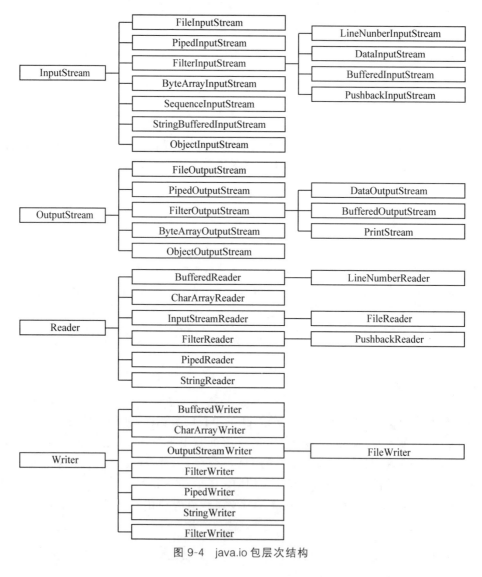

图 9-4　java.io 包层次结构

对于上面列出的诸多 I/O 流的派生类,我们可以通过多种方式进行组合使用,但在实际开发中,大概也只用到其中的几种组合方式。下面通过一个程序来介绍其使用方法,在程序之后的文本部分会对按照程序中注释的标号进行相关说明。

【例 9-1】 Java 输入输出程序实例。

```java
import java.io.*;
public class IOExample {
    public static void main(String [] args)
    throws IOException {
        //1 从文件按行缓冲读取数据
        BufferedReader in = new BufferedReader(
            new FileReader("IOExample.java"));
        String str;
        String str2 = new String();
        while((str=in.readLine()) !=null){
            str2 = str2 + str + "\n";
        }
        in.close();
        //2 从内存输入
        StringReader reader = new StringReader(str2);
        int outChar;
        while((outChar=reader.read()) !=-1){
            System.out.print((char)outChar);
        }
        //3 从标准输入读取数据
        BufferedReader stdIn = new BufferedReader(
            new InputStreamReader(System.in));
        System.out.print("输入一行数据:");
        System.out.println("您输入的是:"+stdIn.readLine());
        //4 输出到文件
        try {
            BufferedReader sIn = new BufferedReader(
                new StringReader(str2));
            PrintWriter fileOut = new PrintWriter(
                new BufferedWriter(new FileWriter("IOExample.out")));
                int lineNo = 1;
                while((str=sIn.readLine()) !=null){
                    fileOut.println((lineNo++) + ":" + str);
                }
                fileOut.close();
        } catch(EOFException ex){
            System.err.println("到达流末尾");
        }
    }
}
```

1. 从文件缓冲输入

要从一个文件进行字符输入,可以使用 FileReader 子类,构造该类对象时可以将 String 或一个 File 对象作为文件名传入。为了提高效率,一般在读取时进行缓冲,因此将产生的引用传给一个 BufferedReader 构造器。BufferedReader 继承于 Reader 抽象类,该类具有缓冲作用。其方法有:

- void close():关闭流并且释放与之关联的所有资源。
- void mark(int readAheadLimit):标记流中当前位置。
- boolean markSupported():判断此流是否支持标记。
- int read():读取单个字符。
- int read(char[] cbuf, int off, int len):将字符读入数组的指定部分。
- String readLine():读取一行文本,返回文本字符串。
- boolean ready():判断流是否已准备好被读取。
- void reset():将流重置到最新的标记。
- long skip(long n):跳过字符。

字符串 str2 保存了从文件中读取的文本内容。这里需要注意的是,必须添加上换行符 (\n),因为 readLine()方法已将换行符删除,str2 中保存的内容在后续的操作中会使用到。当文件读取完毕时,readLine()方法会返回空值 null,可以将它作为 while 循环结束的标志,之后调用 close()方法关闭文件。

2. 从内存输入

第一部分中从文件读取的内容保存在 str2 中,我们用该字符串创建了一个 StringReader 对象,调用该类中的 read()方法按字符进行读取,并将其打印到控制台。细心的读者会发现,在输出到控制台时对输出的内容用了强制类型转换,因为 read()方法的返回值是 int 型,因此只有转换成 char 型才能正确打印。

3. 标准输入输出

这部分代码演示了如何从标准输入设备读取一行数据,然后将其在标准输出设备输出。在 Java 中,提供了 System.in、System.out 和 System.err 3 个对象用于标准输入、标准输出和标准错误输出。其中,System.out 和 System.err 已经被包装成了 printStream 对象,因此可以直接使用这两个对象进行输出操作,但 System.in 却是一个未经包装的 InputStream,因此,在使用 System.in 进行读取之前必须对它进行包装。通常情况下,我们会利用 readLine()方法读取一行数据,为此需要把 System.in 包装成 BufferedReader,而 BufferedReader 需要 Reader 作为构造器参数,这里借助于 InputStreamReader 把一个 InputStream 对象转换成 Reader 对象。在 Java 的 I/O 类库中,InputStreamReader 和 OutputStreamReader 的设计采用了设计模式中的桥(bridge)模式,可以将 InputStream 或 OutputStream 转换成 Reader 或 Writer,它们是字节流和字符流进行转化的桥梁。

4. 文件输出

这部分把之前读取的内容输出到 IOExample.out 文件。先创建了一个与文件连接的 FileWriter,为了使用缓冲功能,再用 BufferedWriter 将其包装起来,然后再用 PrintWriter

将其格式化输出。用 PrintWriter 创建的数据文件,可以作为普通文本文件读取。

上面这个例子中,演示了 java.io 包中部分类的使用方法,从中可以看出,有时需要达到某种目的,需要将 Java I/O 类包装好几层,这样做看似形式上有些复杂,但使用时有很大的灵活性,可以自由地将不同类的功能进行组合,这正是装饰模式(Decorator)在 I/O 系统中的应用。

9.3 常用的输入和输出类

前面已对 java.io 包的层次结构有了初步认识,下面介绍一些常用的输入和输出类。在学习这部分内容时,可以将输入类与输出类、处理字节流的类与处理字符流的类对比学习,总结其共性及差异,以便灵活运用。

9.3.1 常用的输入类

输入类一般继承于 InputStream 和 Reader 类,分别用于字节流和字符流的输入操作。常用的输入类 FileInputStream、ByteArrayInputStream、PipedInputStream、BuffredInputStream、DataInputStream、FileReader、CharArrayReader、StringReader、PipedReader、BufferedReader 等。下面选取其中的部分类进行介绍。

1. FileInputStream 类

FileInputStream 是文件输入流类,当生成该类的对象时,将指定的文件打开,同时与打开的文件输入流建立连接,用于从文件中获取输入字节。如果要打开的文件不存在,将抛出 FileNotFoundException 异常。其构造方法如下:

- FileInputStream(String name) throws FileNotFoundException
- FileInputStream(File file) throws FileNotFoundException

FileInputStream 类继承于 InputStream 类,因此 InputStream 类中的方法也同样存在于 FileInputStream 类中(参见表 9-1)。

2. ByteArrayInputStream 类

ByteArrayInputStream 类从字节数组或者数组的一部分来读取字节,其构造方法如下:

- ByteArrayInputStream(byte[] buf)
- ByteArrayInputStream(byte[] buf, int offset, int length)

第一个构造方法使用 buf 作为其缓冲区数组;第二个构造方法使用 buf 作为其缓冲区数组,offset 指明了要读取的字节在缓冲区的起点,length 为读取的最大字节数。

3. PipedInputStream 类

PipedInputStream 类是管道输入流类,它与管道输出流类(PipedOutputStream)配合使用,可以读取管道输出流输出的字节。其构造方法如下:

- PipedInputStream():创建不含连接的管道输入流。
- PipedInputStream(int pipeSize):创建不含连接的管道输入流,指定管道缓冲区的大小。

- PipedInputStream(PipedOutputStream src)：创建管道输入流，使其连接到管道输出流 src。
- PipedInputStream(PipedOutputStream src，int pipeSize)：创建连接到管道输出流 src 的管道输入流，并指定管道缓冲区的大小。

PipedInputStream 类的其他实例方法如下：

- void connect(PipedOutputStream src)：与管道输出流 src 建立连接。
- int read()：读取管道输入流中的下一字节。
- int read(byte[] b，int off，int len)：将最多 len 个字节数据从管道输入流读入 byte 数组，off 为字节数组 b 的初始偏移量。
- protected void receive(int b)：接收数据字节。

4. DataInputStream 类

数据输入流类允许应用程序以与机器无关方式，从底层输入流中读取基本的 Java 数据类型。通常情况下，数据输入流是和数据输出流(DataOutputStream)配合使用的，也就是由数据输出流写入数据，再由数据输入流读取这些数据。

DataInputStream 的构造方法如下：

- DataInputStream(InputStream in)

在构造一个数据输入流对象时，需要指定一个 InputStream 作为参数，并将该字节流作为读取数据的数据源。DataInputStream 类还提供了一组读取各种数据的实例方法：

- int   read(byte[] b) throws IOException
- int   read(byte[] b，int off，int len) throws IOException
- boolean   readBoolean() throws IOException
- byte   readByte() throws IOException
- char   readChar() throws IOException
- double   readDouble() throws IOException
- float   readFloat() throws IOException
- int   readInt() throws IOException
- long   readLong() throws IOException
- short   readShort() throws IOException
- String   readUTF() throws IOException

9.3.2 常用的输出类

输出类一般继承于 OutputStream 和 Writer 类，分别用于字节流和字符流的输出操作。常用的输出有 FileOutputStream、ByteArrayOutputStream、PipedOutputStream、BufferdOutputStream、DataOutputStream、PrintStream、FileWriter、CharArrayWriter、StringWriter、PipedWriter、BufferedWriter、PrintWriter 等。下面选取其中的部分类进行介绍。

1. FileOutputStream 类

FileOutputStream 是文件输出流类，用于将字节数据写入文件。如果要打开的文件不存在,将会试图创建一个新的文件。若无法创建,则会抛出 FileNotFoundException 异常。若生成对象时,构造方法的参数指定的是一个目录,不是一个常规文件,或因为其他原因无法打开时,也会抛出 FileNotFoundException 异常。其构造方法如下:

- FileOutputStream(String name) throws FileNotFoundException
- FileOutputStream(String name,boolean append) throws FileNotFoundException
- FileOutputStream(File file) throws FileNotFoundException
- FileOutputStream(File file,boolean append) throws FileNotFoundException

程序例 9-2 结合前面介绍的 FileInputStream,实现文件的复制功能。源文件与目标文件名通过命令行参数传递。

【例 9-2】 用 FileInputStream 实现文件复制。

```java
import java.io.*;
public class FileInputOutputExam{
    public static void main(String [] args){
        if(args.length !=2){
            System.out.println("请指定 2 个参数,源文件和目标文件名称!");
            System.exit(-1);
        }
        FileInputStream in =null;
        FileOutputStream out =null;
        try{
            in =new FileInputStream(args[0]);
        } catch(FileNotFoundException ex){
            System.out.println("无法打开源文件或该文件不存在!");
            System.exit(-2);
        }
        try{
            out =new FileOutputStream(args[1]);
        }catch(FileNotFoundException ex){
            System.out.println("无法打开目标文件或该文件无法创建!");
            System.exit(-3);
        }
        int c;
        try{
            while((c=in.read()) !=-1){
                out.write(c);
            }
            in.close();
            out.close();
        } catch(IOException ioEx){
            ioEx.printStackTrace();
        }
    }
}
```

2. ByteArrayOutputStream 类

ByteArrayOutputStream 类向字节数组输出字节,其构造方法如下:

- ByteArrayOutputStream()
- ByteArrayOutputStream(int size)

第一个构造方法创建一个 byte 数组输出流,其缓冲区初始为 32 字节,缓冲区容量可随需要自动增加;第二个构造方法同样创建一个字节数组输出流,参数 size 指定缓冲区大小。其他实例方法包括:

- void write(int b):将指定的字节写入数组输出流。
- void write(byte[] b, int off, int len):从偏移量 off 开始的 len 个字节写入数组输出流。
- void writeTo(OutputStream out):将数组输出流的全部内容写入指定的输出流对象中。
- byte[] toByteArray():创建一个新分配的字节数组。
- String toString():使用平台默认的字符集,通过解码字节将缓冲区内容转换为字符串。
- String toString(String charsetName):使用指定的字符集,将缓冲区内容转换为字符串。

3. PipedOutputStream 类

PipedOutputStream 类是管道输出流类,它与管道输入流类(PipedInputStream)配合使用,可以连接到管道输入流来创建通信管道,作为输出端向管道输出字节数据。管道输入流和输出流通常用在线程间的通信。

管道输出流的构造方法如下:

- PipedOutputStream():创建管道输出流(未与管道输入流进行连接)。
- PipedOutputStream(PipedInputStream snk):创建管道输出流,连接到指定管道输入流。

PipedOutputStream 类的其他实例方法如下。

- void write(int b) throws IOException:将指定字节写入传送的输出流。
- void write(byte[] b, int off, int len) throws IOException:将 len 个字节从初始偏移量为 off 的指定字节数组写入该管道输出流。
- void connect(PipedInputStream snk)throws IOException:连接一个管道输入流。
- void flush() throws IOException:刷新输出流,将所有缓冲的待输出字节强制写出。

例 9-3 演示了线程间利用管道流进行通信。关于线程概念,在后面将详细讲解。

【例 9-3】 利用管道流通信。

```
import java.io.*;

public class PipedStreamExam{
    public static void main(String [] args){
```

```
        try{
            PipedInputStream pipeIn =new PipedInputStream();
            PipedOutputStream pipeOut =new PipedOutputStream();
            //建立连接
            pipeOut.connect(pipeIn);
            Thread outputThread =new OutputThread(pipeOut);
            Thread inputThread =new InputThread(pipeIn);
            outputThread.start();
            inputThread.start();
        }catch(IOException ex){
            System.err.println("IO 异常发生!");
        }
    }
}


class OutputThread extends Thread{
    private PipedOutputStream out;
    public OutputThread(PipedOutputStream out){
        this.out =out;
    }

    public void run(){
        try{
            for(int i=1; i<=20; i++){
                out.write(i);
                System.out.println("输出第"+i+"个数据。");
                Thread.sleep(200);
            }
            System.out.println("-==== 数据输出完毕!=====");
            out.close();
        } catch(Exception ex){
            System.err.println("输出时发生错误!");
        }
    }
}

class InputThread extends Thread{
    private PipedInputStream in;
    public InputThread(PipedInputStream in){
        this.in =in;
    }

    public void run(){
        int receiveInt;
```

```
    try{
        while((receiveInt=in.read()) !=-1) {
            System.out.println("----->读取到数据:"+receiveInt);
            Thread.sleep(600);
        }

        System.out.println("=====数据读取完毕!=====");
    } catch(Exception ex){
        System.err.println("输入时发生错误!");
    }
  }
}
```

4. DataOutputStream 类

数据输出流类一般与数据输入流类配合使用,它可以将 Java 基本数据类型以某种方式写到输出流中,然后数据输入流可以进行读取。

与 DataInputStream 类相似,DataOutputStream 类的构造方法需要一个字节输出流作为参数:

* DataOutputStream(OutputStream out)

相应地,DataOutputStream 类提供以下一组对各种数据写出的方法:

* void write(int b) throws IOException
* void write(byte[] b, int off, int len) throws IOException
* void writeBoolean(boolean v) throws IOException
* void writeByte(int v) throws IOException
* void writeBytes(String s) throws IOException
* void writeChar(int v) throws IOException
* void writeChars(String s) throws IOException
* void writeDouble(double v) throws IOException
* void writeFloat(float v)
* void writeInt(int v) throws IOException
* void writeLong(long v) throws IOException
* void writeShort(int v) throws IOException
* void writeUTF(String str) throws IOException

程序例 9-4 演示了用数据输出流进行数据的输出,然后用数据输入流进行读取的过程。类 DataOutputExample.java 用于输出,类 DataInputExample.java 用于数据读取。

【例 9-4】 数据输入和输出流的使用。

```
import java.io.*;

public class DataOutputExample {
    public static void main(String args[]) {
```

```
        try {
            FileOutputStream fout = new FileOutputStream(args[0]);
            DataOutputStream dataOut = new DataOutputStream(fout);
            double data;
            for(int i=0; i<10; i++) {
                data = Math.random();
                System.out.println(data);
                dataOut.writeDouble(data);
            }
            dataOut.close();
            fout.close();
        } catch (IOException e) {
            System.err.print(e);
        }
    }
}
```

```
import java.io.*;

public class DataInputExample {
    public static void main(String args[]) {
        try {
            FileInputStream fin = new FileInputStream(args[0]);
            DataInputStream dataIn = new DataInputStream(fin);
            while(fin.available() > 0){
                System.out.println(dataIn.readDouble());
            }
            dataIn.close();
            fin.close();
        } catch (IOException e) {
            e.printStackTrace();
        }
    }
}
```

先执行 DataOutputExample.class。

```
E:\>java DataOutputExample Data.txt
```

再执行 DataInputExample.class。

```
E:\>java DataInputExample Data.txt
```

9.4 文件和目录的操作

由于很多时候 I/O 操作都需要与文件系统交互,因此本节再对文件和目录的操作进行单独介绍。在本节中要讨论两个类：File 类和 RandomAccessFile 类。

1. File 类

File 类所代表的不仅限于文件,它既可以代表一个文件的名称,又可以代表某一目录下面的一组文件的名称。File 类提供了一组丰富的方法来操作文件和目录,例如访问文件的属性、更改文件名称、创建和删除文件或目录、列出目录下包含的文件等。注意,File 类并不提供对于文件进行读写操作的方法。

File 类的构造方法如下：

- File(String pathname)
- File(String parent，String child)
- File(File parent，String child)

可以使用如下语句在 Windows 平台下创建一个 File 对象：

- File myDir = new File("d:\\fileEx")；//假设 d:\\fileEx 为一个目录
- File myFile = new File("relativePath\\FileExample.java")；
- File myFile2 = new File("\\myDir"，"FileExample.java")；
- File myFile3 = new File(myDir,"FileExample.java")；

这里需要指出的是,不论在构造器参数中所指定的路径或文件是否在文件系统中真的存在,都不会对 File 对象的创建产生影响。

File 类的实例方法可以对文件或目录进行操作,下面通过一个程序实例来学习。

【例 9-5】 File 类对文件及目录操作。

```java
import java.io.*;
import java.text.SimpleDateFormat;

public class FileExample {

    public void fileInfo(File f) throws IOException{
        //取得文件名
        System.out.println("文件名:"+f.getName());
        //测试文件是否可以被读取
        System.out.println("文件是否可被读取:"+(f.canRead()?"是":"否"));
        //测试文件是否可以被修改
        System.out.println("文件是否可被修改:"+(f.canWrite()?"是":"否"));
        //取得文件绝对路径
        System.out.println("文件的绝对路径:"+f.getAbsolutePath());
        //取得文件长度,以字节为单位
        System.out.println("文件长度:"+f.length()+"字节");
        //lastModified()方法返回从 1970 年 1 月 1 日起的毫秒数,对其格式化后输出
```

```
        SimpleDateFormat sdf=new SimpleDateFormat("yyyy-MM-dd hh:mm:ss");
        System.out.println("文件最后被修改时间:"+sdf.format(f.lastModified()));
    }

    public void dirInfo(File f) throws IOException{
        System.out.println("目录名:"+f.getName());
        //得到一个字符串数组,包含该目录下的子目录及文件
        System.out.println("该目录下包含如下子目录和文件:");
        String [] dirArr =f.list();
        for(int i =0; i <dirArr.length; i++){
            System.out.println("   "+(i+1) +":" +dirArr[i]);
        }
    }

    public static void main(String [] args) throws IOException {
        if(args.length <=0){
            System.out.println("请通过命令行参数指定文件或目录名!");
            System.exit(0);
        }else {
            File file =new File(args[0]);
            if(file.isFile()){
                new FileExample().fileInfo(file);
            } else if(file.isDirectory()){
                new FileExample().dirInfo(file);
            } else {
                //创建一个新文件
                file.createNewFile();
            }
        }
    }
}
```

上述代码根据从命令行参数接收的文件名或目录名创建一个 File 对象,然后对其进行判定,如果指定的是一个文件,将打印出文件名称、读写限制、绝对路径、文件长度及最后的修改时间;如果指定的是一个目录,将打印出目录的名称及该目录下包含的子目录和文件名;如果指定的路径或文件不存在,将创建一个同名的文件。

假设 FileExample.java 文件放在 E 盘根目录下,在控制台输入:

```
E:\>java FileExample FileExample.java
```

将得到如下运行结果:

```
文件名:FileExample.java
文件是否可被读取:是
```

```
文件是否可被修改:是
文件的绝对路径:E:\\FileExample.java
文件长度:1307 字节
文件最后被修改时间:2010-09-28 10:06:21
```

File 类中的其他部分实例方法如下:

- String getParent():返回父目录的路径名;如没有指定父目录,则返回 null。
- String getPath():返回路径名。
- boolean exists():测试文件或目录是否存在。
- boolean delete():删除文件或目录。
- boolean renameTo(File dest):重命名此抽象路径名表示的文件。
- boolean mkdir():创建此抽象路径名指定的目录。
- boolean mkdirs():创建此抽象路径名指定的目录,包括所有必需但不存在的父目录。

2. RandomAccessFile 类

有时会用文件来保存一些记录集,再次访问这些记录时并不是将文件从头读到尾,而是一条记录一条记录地读取或修改,RandomAccessFile 类为我们提供了这样的功能。RandomAccessFile 类实现了 DataInput 和 DataOutput 接口,但它并不存在于 java.io 的继承层次中,事实上 RandomAccessFile 类是个独立的类,直接派生于 Object 类。它既可以用于输入,也可以用于输出,可以对文件进行随机访问,其所有方法都是从头编写的,与 java.io 包中其他 I/O 类有本质的区别。需要注意的是,RandomAccessFile 类的操作只针对文件。

可以通过下面方法打开随机访问文件:

```
RandomAccessFile raf =new RandomAccessFile(String name, String mode);
                                                              //指定文件名
RandomAccessFile raf =new RandomAccessFile(File file, String mode);
                                                            //指定文件对象
```

其中,参数 mode 代表对该文件的访问模式,可以取以下字符串值作为 mode 的值。

- "r":只读,对该对象的任何写操作将抛出 IOException。
- "rw":读写,如文件不存在,则尝试创建该文件。
- "rws":读写,并对文件的内容或元数据的每个更新都同步写入底层存储设备。
- "rwd":读写,并对文件内容的每个更新都同步写入底层存储设备。

RandomAccessFile 类除了具有前面介绍的 I/O 类的常用方法外,还添加了一些方法。

getFilePointer()方法可以用来查找当前所处的文件位置,seek()方法可以用于在文件内移到新的位置,length()方法可以用于判断文件的最大尺寸。

下面通过一个简单的程序实例,用 RandomAccessFile 类来读写学生记录。

先构造一个 Student 类记录学生信息,再使用 RandomAccessFile 类存取学生记录。

【例 9-6】 用 RandomAccessFile 类存取学生记录。

```
class Student {
    private String name;
    private int score;
    public Student() {
        setName("noname");
    }
    public Student(String name, int score) {
        setName(name);
        this.score = score;
    }
    public void setName(String name) {
        StringBuilder builder = null;
        if(name != null) {
            builder = new StringBuilder(name);
        } else {
            builder = new StringBuilder(15);
        }
        builder.setLength(15);          //最长 15 个字符
        this.name = builder.toString();
    }

    public void setScore(int score) {
        this.score = score;
    }
    public String getName() {
        return name;
    }
    public int getScore() {
        return score;
    }
    //每个数据固定写入 34 字节
    public static int size() {
        return 34;
    }
}
import java.io.*;
import java.util.*;

public class RandomAccessFileExam {
    public static void main(String[] args) {
        Student[] students = {
                            new Student("Tom",    90),
                            new Student("Rose",   95),
                            new Student("Jerry",  88),
```

```
                          new Student("Jack",        84)
        };
    try {
        File file = new File(args[0]);
        //以读写模式建立 RandomAccessFile 对象
        RandomAccessFile randomAccessFile =
            new RandomAccessFile(file, "rw");
        for(int i=0; i<students.length; i++) {
            //写入数据
            randomAccessFile.writeChars(students[i].getName());
            randomAccessFile.writeInt(students[i].getScore());
        }
        Scanner scanner = new Scanner(System.in);
        System.out.print("读取第几条学生记录?");

        int num = scanner.nextInt();
        //使用 seek()方法操作存取位置
        randomAccessFile.seek((num-1) * Student.size());
        Student student = new Student();
        //读出数据
        student.setName(readName(randomAccessFile));
        student.setScore(randomAccessFile.readInt());
        System.out.println("姓名:" +student.getName());
        System.out.println("分数:" +student.getScore());
        //关闭文件
        randomAccessFile.close();
    } catch(ArrayIndexOutOfBoundsException e) {
        System.out.println("请指定文件名称");
    } catch(IOException e) {
        e.printStackTrace();
    }
}

private static String readName(RandomAccessFile randomAccessfile)
    throws IOException {
    char[] name = new char[15];
    for(int i = 0; i < name.length; i++){
        name[i] = randomAccessfile.readChar();
    }
    //将空字符取代为空格符并返回
    return new String(name).replace('\0', ' ');
}
}
```

RandomAccessFile 类适用于已知大小的记录组成的文件,因此上述程序中把每条学生记录的长度都固定为 34 字节,便于对数据进行操作。

假设上述两个类都放在 E:\,先将两个类编译,然后在 E:\>提示符后输入,如下所示:

```
E:\>java RandomAccessFileExam student.txt
```

将看到下述结果:

```
读取第几条学生记录?2
姓名:Rose
分数:95
```

9.5 对象流和对象序列化

9.5.1 序列化概述

我们在处理数据流时,不仅仅限于基本的数据类型,很多时候也需要把对象进行“流”化处理,处理后的数据流称为“对象流”。对象的序列化是指将实现了序列化接口(Serializable 接口)的对象转化成字节序列进行保存或传输,而以后还能够根据该字节序列将对象完全还原。

Java 引入序列化的概念可以解决 Java 中的远程方法调用(Remote Method Invocation,RMI),RMI 支持存储于不同地址空间的程序级对象之间彼此通信,实现远程对象之间的无缝远程调用。当向远程对象发送消息时,需要通过对象序列化传输参数及返回值。另外,对于 Java Beans 状态信息的保存和恢复,也需要对象序列化的支持。

9.5.2 序列化实现机制

1. 序列化的实现

要使一个类的对象能够被序列化,只需让该类实现 Serializable 接口,这个接口只是一个标记接口,即该接口中没有任何抽象方法。一个类实现 Serializable 接口只是为了标记该类是可以被序列化的。

要将一个对象进行序列化操作,通常首先创建某种输出流对象(如 FileOutputStream 对象),然后用这个输出流对象来构造一个对象输出流,这时就可以用 writeObject(Object obj)方法将对象写出到输出流中;相反,如果要将一个被序列化的对象还原,则需要一个输入流对象(如 FileInputStream 对象)来构造一个对象输入流,再调用 readObject()方法直接从输入流中读取对象。

【例 9-7】 用流对象读写文件。

```
import java.io.*;
/**
 * 员工类,可序列化
```

```
    */
class Employee implements Serializable{
    int employeeId_;
    String name_;
    int age_;
    String department_;
    public Employee(int employeeId, String name,
                    int age, String department){
        this.employeeId_ =employeeId;
        this.name_ =name;
        this.age_ =age;
        this.department_ =department;
    }

    public void showEmployeeInfo(){
        System.out.println("employeeId:" +employeeId_);
        System.out.println("name:" +name_);
        System.out.println("age:" +age_);
        System.out.println("department:" +department_);
        System.out.println("-----信息输出完毕-----");
    }
}
/**
 * 对可序列化对象操作
 */
public class ObjectSerializeExam{
    public static void main(String [] args){
        //建立两个员工对象
        Employee e1 =new Employee(100101,"Tom",41,"HR");
        Employee e2 =new Employee(100102,"Jerry",22,"Sales");
        try{
            //建立对象输出流将对象写出到文件 employee.data
            FileOutputStream fos =new FileOutputStream("employee.data");
            ObjectOutputStream oos =new ObjectOutputStream(fos);
            oos.writeObject(e1);
            oos.writeObject(e2);
            oos.close();
            //建立对象输入流将对象从文件 employee.data 中还原
            FileInputStream fis =new FileInputStream("employee.data");
            ObjectInputStream ois =new ObjectInputStream(fis);
            e1 =(Employee)ois.readObject();
            e2 =(Employee)ois.readObject();
            ois.close();
            //显示对象信息
```

```
            e1.showEmployeeInfo();
            e2.showEmployeeInfo();
        } catch(Exception ex){
            ex.printStackTrace();
        }
    }
}
```

2. transient 关键字

有时出于安全性考虑,需要对被序列化的对象进行人为控制,即对象中的某些敏感部分(如私有属性、密码等)不进行序列化操作,对象的其他部分进行序列化操作,这时可以使用 transient 来修饰那些不想被序列化的敏感部分。如果在一个属性前面用 transient 关键字来修饰,就意味着关闭掉了该属性的序列化操作。

使用 transient 关键字对序列化操作进行控制是必要的。因为一旦一个对象被序列化处理,那么即使有些信息是私有的(private),人们仍可以通过读取文件或者拦截网络传输的方式来访问这些信息,这种操作有时是不安全的,因此需要手工控制。

3. Externalizable 接口

如果不采用默认的序列化机制,而是要自己负责全部的序列化控制,则可以通过实现 Externalizable 接口(而不是 Serializable 接口)来达到这样的目的。Externalizable 接口继承于 Serializable 接口,同时又添加了两个自己的方法:writeExternal()和 readExternal()。这两个方法会分别在对象序列化和还原的过程中自动被调用,以执行手工控制。

9.6   项目案例

9.6.1   学习目标

(1) 准确理解及掌握输入输出流的概念。
(2) 熟练运用输入输出流进行大量数据的传递。
(3) 了解及掌握对象流的概念以及实现方法。
(4) 了解及掌握对象序列化的概念以及实现方法。

9.6.2   案例描述

本案例中,我们把用户的信息以文件的形式存放在项目当中,通过流的方式来完成对用户信息的读写操作。

9.6.3   案例要点

(1) 本案例中要熟悉自己的信息文件的存放路径,避免因路径不正确而引起的异常。
(2) 本案例中文件的数据格式、文件中的数据存放以行为单位,每一行代表一个对象的信息。

（3）从文件读出的信息要把它们封装到我们的实体类里面，以备调用。

（4）如果要对文件进行写操作，需要我们的实体类必须序列化。

9.6.4　案例实施

（1）新建一个 db 文件 user.db 并放在项目根目录下，内容如下（代表"用户名、密码、权限"）。

```
user1,123,0
user2,456,0
user3,123,0
user4,789,0
```

（2）新建一个文件存取的类：ProductDataAccessor.java。

```java
public class ProductDataAccessor {
    /////////////////////////////////////////////////////////
    //
    //用户文件格式如下
    //用户账号,用户密码,权限
    //----------------------------
    //
    protected static final String USER_FILE_NAME = "user.db";
    private HashMap userTable;
    public HashMap getUserTable() {
        return this.userTable;
    }

    /**
     * 默认构造方法
     *
     */
    public ProductDataAccessor() {
        load();
    }

    /**
     * 读取数据的方法
     */
    public void load() {
        userTable = new HashMap();
        ArrayList productArrayList = null;
        StringTokenizer st = null;
        User userObject;
        String line = "";
        String userName, password, authority;
        try {
            line = "";
```

```
            log("读取文件: " +USER_FILE_NAME +"...");
            BufferedReader inputFromFile2 =new BufferedReader(new FileReader
(USER_FILE_NAME));
            while ((line =inputFromFile2.readLine()) !=null) {
                st =new StringTokenizer(line, ",");
                userName =st.nextToken().trim();
                password =st.nextToken().trim();
                authority =st.nextToken().trim();
                userObject =new User(userName, password, Integer
                        .parseInt(authority));
                if (!userTable.containsKey(userName)) {
                    userTable.put(userName, userObject);
                }
            }
            inputFromFile2.close();
            log("文件读取结束!");
            log("准备就绪!\n");
        } catch (FileNotFoundException exc) {
            log("没有找到文件 \"" +USER_FILE_NAME +"\".");
            log(exc);
        } catch (IOException exc) {
            log("发生异常: " +USER_FILE_NAME);
            log(exc);
        }
    }

    /**
     * 保存数据
     */
    public void save(User user) {
        log("读取文件: " +USER_FILE_NAME +"…");
        try {
            String userinfo =user.getUsername() +"," +user.getPassword()+"," +
user.getAuthority();
            RandomAccessFile fos =new RandomAccessFile(USER_FILE_NAME, "rws");
            fos.seek(fos.length());
            fos.write(("\n" +userinfo).getBytes());
            fos.close();
        } catch (FileNotFoundException e) {
            e.printStackTrace();
        } catch (IOException e) {
            e.printStackTrace();
        }
    }
```

```
    /**
     * 日志方法
     */
    protected void log(Object msg) {
        System.out.println("ProductDataAccessor 类: " +msg);
    }

    public HashMap getUsers() {
        this.load();
        return this.userTable;
    }
}
```

（3）编写测试类 Test.java。

```
public class Test{
    public static void main(String[] args){
        ProductDataAccessor pda=new ProductDataAccessor();
        HashMap user=pda.getUserTable();
        Set set=user.keySet();
        for(Object o:set){        //新型 for 循环
            User u=(User)user.get((String)o);
            System.out.println(u);
        }
    }
}
```

9.6.5　特别提示

（1）在对数据进行读操作时不需要任何的其他辅助操作，但是在写操作的时候需要对应的实体类实现序列化操作。

（2）对象流的操作会在后面的 Socket 编程时进行详细的阐述。

9.6.6　拓展与提高

在艾斯医药系统中，还需要一个对象就是产品对象。需要另外一个 db 文件来进行数据的存放，产品的信息包括：产品名称、化学文摘登记号、结构图、公式、价格、数量、类别。读者可通过对其读写操作来拓展和提高。另外，本案例中只是给出了数据流读的操作和测试，读者可以自己实现对应的写操作。

本章总结

本章主要讲解了以下内容：
- Java I/O 中字节流、字符流的概念。
- Java I/O 的类框架的层次结构。

- 常用的输入输出类，包括 FileInputStream 类、ByteArrayInputStream 类、PipedInputStream 类、DataInputStream 类、FileOutputStream 类、ByteArrayOutputStream 类、PipedOutputStream 类和 DataOutputStream 类。
- 对于文件和目录的操作，包括 File 类和 RandomAccessFile 类的使用方法。
- 对于对象进行"流化"操作。

一、选择题

1. (多选)能够创建一个从文本文件 ex09.txt 中读入数据的 InputStream 流的语句是(　　)。
   A. InputStream is =new InputStreamFileReader("ex09.txt", "read");
   B. InputStream is =new FileInputStream("ex09.txt");
   C. FileInputStream fis =new FileInputStream(new File("ex09.txt"));
   D. FileInputStream fis =new FileReader(new File("ex09.txt"));

2. 下列表达式中，能够创建一个 DataOutputStream 流的表达式是(　　)。
   A. new DataOutputStream(new Writer("o.txt"));
   B. new DataOutputStream(new OutputStream("o.txt"));
   C. new DataOutputStream(new FileOutputStream("o.txt"));
   D. new DataOutputStream(new FileWriter("o.txt"));

二、简答题

1. 字节流和字符流有什么区别?
2. 常用的输入类有哪些?
3. 常用的输出类有哪些?
4. 什么是对象的序列化操作?

第 10 章　多线程编程

本章学习目的与要求

在现实世界中，经常会遇到执行并行任务的情况（如火车、航空售票系统）。本章将要学习的 Java 多线程编程为模拟现实中的并行问题提供了良好的环境。通过本章的学习，了解线程的相关概念、线程的创建及启动方法，掌握线程的同步与互斥。

本章主要内容

本章主要介绍以下内容：
- 线程相关概念。
- 线程的创建、启动方法。
- 线程状态及状态间的转换。
- 线程优先级及调度策略。
- 线程同步与互斥。

10.1　线程概念

随着计算机硬件性能的不断提高，PC 操作系统的设计也与时俱进，逐渐将原来只有在大型计算机和服务器上才具有的一些特性（如多任务和分时设计）引入微型计算机操作系统中。多任务是指同时运行两个或两个以上的程序，而每个程序似乎都独立运行在自己的 CPU 上。这样做大大提高了程序的执行效率，也充分挖掘了 CPU 的潜能。在这种能够执行多任务的操作系统中，一般都涉及进程的概念。

所谓"进程"就是一个自包含的执行程序。每个进程都有自己独立的地址空间和系统资源。多任务的操作系统，通过周期性地将 CPU 的时间分配给不同的任务而达到"同时"运行多个进程（程序）的目的。

　　将上述多任务的原理应用到程序的更低一层中进行发展就是多线程。一般而言,"线程"(thread)是线程控制流的简称,它是进程内部的一个控制序列流,一个进程中可以有多个线程,每个线程执行不同的任务,而这些线程也可以像多个进程一样并发执行。能够同时运行两个或两个以上线程的程序称为多线程程序。

　　要使多个进程或多个线程看起来是"同时"运行的,操作系统就要通过某种底层机制将CPU 的时间进行分配,但这些事情一般不需要程序员去考虑,因此这也使多线程编程的任务变得更加容易。

　　多线程和多进程之间是有区别的,最主要的区别是每个进程都有属于自己的代码和数据空间,而线程则共享这些数据。这样做也存在一些安全隐患。但是,由于创建和注销线程比进程所需的开销要少得多,而且线程间的通信比进程间通信要快得多,因此,目前多线程技术得到了所有操作系统的支持。

　　多线程在实际应用中用途很大,例如一个用户可以在下载数据的同时浏览新闻或听歌曲。Java 支持多线程编程,而且其本身对多线程也有很多应用,例如后台使用一个线程进行"垃圾回收"。

10.2　线程创建及启动

　　可以通过两种方法创建一个线程：一种方法是通过扩展 Thread 类来创建线程;另一种方法是通过实现 Runnable 接口来创建线程。下面分别介绍这两种方法。

1. 通过扩展 Thread 类创建线程

　　可以通过扩展 Thread 类,并覆盖 Thread 类中的 run()方法来创建一个线程。其中,run()方法中的代码就是让线程完成的工作。下面先来看 Thread 类中所定义的方法,然后再通过一个程序示例来说明如何采用这种方式来创建一个线程。

　　Thread 类的声明如下：

```
public class Threadextends Objectimplements Runnable
```

　　Thread 类有下面几个构造方法：
- Thread()
- Thread(String name)
- Thread(Runnable target)
- Thread(Runnable target，String name)
- Thread(ThreadGroup group，String name)
- Thread(ThreadGroup group，Runnable target)
- Thread(ThreadGroup group，Runnable target，String name)
- Thread(ThreadGroup group，Runnable target，String name，long stackSize)

　　Thread 类中的静态方法如下：
- static int activeCount()：返回当前线程的线程组中活动线程的数目。
- static Thread currentThread()：返回对当前正在执行的线程对象的引用。

- static void dumpStack()：将当前线程的堆栈跟踪打印至标准错误流。
- static int enumerate(Thread[] tarray)：将当前线程的线程组及其子组中的每一个活动线程复制到指定的数组中。
- static Map<Thread,StackTraceElement[]> getAllStackTraces()：返回所有活动线程的堆栈跟踪的一个映射。
- static Thread.UncaughtExceptionHandler getDefaultUncaughtExceptionHandler()：返回线程由于未捕获到异常而突然终止时调用的默认处理程序。
- StackTraceElement[] getStackTrace()：返回一个表示该线程堆栈转储的堆栈跟踪元素数组。
- static boolean holdsLock(Object obj)：当且仅当当前线程在指定的对象上保持监视器锁定时，才返回 true。
- static boolean interrupted()：测试当前线程是否已经中断。
- static void setDefaultUncaughtExceptionHandler (Thread. UncaughtExceptionHandler eh)：设置当线程由于未捕获到异常而突然终止并且没有为该线程定义其他处理程序时所调用的默认处理程序。
- static void sleep(long millis)：在指定的毫秒数内让当前正在执行的线程休眠（暂停执行），此操作受到系统计时器和调度程序精度和准确性的影响。
- static void sleep(long millis, int nanos)：在指定的毫秒数加指定的纳秒数内让当前正在执行的线程休眠（暂停执行），此操作受到系统计时器和调度程序精度和准确性的影响。
- static void yield()：暂停当前正在执行的线程对象，并执行其他线程。

Thread 类的实例方法如下：

- void checkAccess()：判定当前运行的线程是否有权修改该线程。
- ClassLoader getContextClassLoader()：返回该线程的上下文 ClassLoader。
- long getId()：返回该线程的标识符。
- String getName()：返回该线程的名称。
- int getPriority()：返回线程的优先级。
- Thread.State getState()：返回该线程的状态。
- ThreadGroup getThreadGroup()：返回该线程所属的线程组。
- Thread.UncaughtExceptionHandler getUncaughtExceptionHandler()：返回该线程由于未捕获到异常而突然终止时调用的处理程序。
- void interrupt()：中断线程。
- boolean isAlive()：测试线程是否处于活动状态。
- boolean isDaemon()：测试该线程是否为守护线程。
- boolean isInterrupted()：测试线程是否已经中断。
- void join()：等待该线程终止。
- void join(long millis)：等待该线程终止的时间最长为 millis 毫秒。
- void join(long millis, int nanos)：等待该线程终止的时间最长为 millis 毫秒 + nanos 纳秒。

- void run（）：如果该线程是使用独立的 Runnable 运行对象构造的，则调用该 Runnable 对象的 run()方法；否则，该方法不执行任何操作并返回。
- void setContextClassLoader(ClassLoader cl)：设置该线程的上下文 ClassLoader。
- void setDaemon(boolean on)：将该线程标记为守护线程或用户线程。
- void setName(String name)：改变线程名称，使之与参数 name 相同。
- void setPriority(int newPriority)：更改线程的优先级。
- void setUncaughtExceptionHandler(Thread.UncaughtExceptionHandler eh)：设置该线程由于未捕获到异常而突然终止时调用的处理程序。
- void start()：使该线程开始执行，Java 虚拟机调用该线程的 run()方法。
- String toString()：返回该线程的字符串表示形式，包括线程名称、优先级和线程组。

下面程序演示了如何通过扩展 Thread 类创建线程。

【例 10-1】 扩展 Thread 类创建线程。

```java
public class MySimpleThread extends Thread {
    public void run(){
        for(int i=0; i<5; i++){
            for(int j=0; j<8; j++){
                System.out.print(getName()+"["+j+"]   ");
            }
            System.out.println();
        }
        System.out.println("-----" +getName() +" ends-----");
    }

    public static void main(String [] args){
        Thread thread1 =new MySimpleThread();
        thread1.setName("T1");
        Thread thread2 =new MySimpleThread();
        thread2.setName("T2");
        thread1.start();
        thread2.start();
        System.out.println("====="+Thread.currentThread().getName()+" ends=
====");
    }
}
```

下面是程序的一种输出结果：

```
=====main ends=====
T1[0]   T1[1]   T1[2]   T1[3]   T1[4]   T1[5]   T1[6]   T1[7]
T1[0]   T1[1]   T1[2]   T2[0]   T1[3]   T2[1]   T1[4]   T2[2]   T1[5]   T2[3]   T1[6]
T2[4]   T1[7]
```

```
T2[5]   T1[0]   T2[6]   T1[1]   T1[2]   T1[3]   T1[4]   T1[5]   T1[6]   T1[7]
T1[0]   T1[1]   T1[2]   T1[3]   T2[7]
T1[4]   T2[0]   T1[5]   T2[1]   T2[2]   T1[6]   T2[3]   T1[7]
T2[4]   T1[0]   T2[5]   T1[1]   T2[6]   T1[2]   T1[3]   T1[4]   T1[5]   T1[6]   T1[7]
-----T1 ends-----
T2[7]
T2[0]   T2[1]   T2[2]   T2[3]   T2[4]   T2[5]   T2[6]   T2[7]
T2[0]   T2[1]   T2[2]   T2[3]   T2[4]   T2[5]   T2[6]   T2[7]
T2[0]   T2[1]   T2[2]   T2[3]   T2[4]   T2[5]   T2[6]   T2[7]
-----T2 ends-----
```

该程序几点需要说明如下：

首先，启动一个线程应该调用 start()方法，而不是直接调用 run()方法。启动 start()方法后，具体该线程何时执行以及分配多长时间执行，都交由操作系统去分配，而不是由程序员来控制。

在线程执行过程中，可以调用 Thread 类的静态方法 currentThread()来查看当前是哪个线程正在执行。

另外，从程序中可以看出，Java 程序的入口 main()方法其实也是由 Java 虚拟机启动的一个线程来调用的，其默认名字为 main。

多次运行该程序会得到不同的运行结果，因为每次操作系统为不同线程分配的时间片是不固定的，因此多次运行程序可以看出多线程程序的特点。

2. 通过实现 Runnable 接口创建线程

除了通过扩展 Thread 类来创建线程外，也可以通过实现 Runnable 接口来创建一个线程。从 Thread 类的定义可以看出，其实 Thread 类也实现了 Runnable 接口。这种创建线程的方式在某些情况下是必要的。例如，某个类继承了另一个类，而该类又需要进行多线程编程，但 Java 中只支持单一继承，这时就可以通过实现 Runnable 接口的方式来达到目的。

与 Thread 类一样，Runnable 接口位于 java.lang 包中，该接口只有一个 run()方法需要实现。一个类实现 Runnable 接口后，如果要创建一个线程，需要先创建该类的一个实例，然后通过将该实例作为参数传递给 Thread 类的一个构造方法来创建一个 Thread 类实例。下面是利用实现 Runnable 接口创建线程的程序。

【例 10-2】 实现 Runnable 接口创建线程。

```java
public class MySimpleRunnable implements Runnable {
    public void run(){
        for(int i=0; i<5; i++){
            for(int j=0; j<8; j++){
                System.out.print(Thread.currentThread().getName()+"["+j+"]   ");
            }
            System.out.println();
        }
    }
```

```
        System.out.println("-----"+Thread.currentThread().getName()+" ends
    -----");
    }
    public static void main(String [] args){
        Thread T1 =new Thread(new MySimpleThread());
        Thread T2 =new Thread(new MySimpleThread());
        T1.start();
        T2.start();
        System.out.println("====="+Thread.currentThread().getName()+" ends=
    ====");
    }
}
```

最后,对以上两种创建线程的方式进行总结。一个线程对象是 Thread 类或其派生类的一个实例,不论哪种创建方式,都需要直接或间接实现 Runnable 接口,并且实现 run()方法,run()方法存放着线程要完成工作的代码。线程的启动是调用 start()方法,而不是直接显式调用 run()方法。

10.3 线程状态及转化

从 10.2 节的程序运行结果可以发现,通过 start()方法启动一个线程后,这个线程不一定会立即执行。一个线程在执行过程中,有可能会暂停执行,而去执行其他的线程,经过一段时间后又回过头来继续执行。这一过程说明线程在执行过程中具有多种不同的状态,几种状态之间在特定的条件下会相互转化。

一个线程总是处于下面 4 个状态中的某一个状态:新建状态、可运行状态、阻塞状态、死亡状态。

下面具体解释几种状态。

1. 新建状态

当使用 New 关键字新创建一个线程时,例如 10.2 节中的例子 New MySimpleThread(),这时线程处于新建状态(new thread)。处于新建状态的线程并没有真正执行程序代码,它只是一个空的线程对象,系统甚至没有分配资源给它。分配线程所需的资源是 start()方法要完成的工作。

2. 可运行状态

一旦一个线程调用了 start()方法,线程就进入可运行(runnable)状态。处于可运行状态的线程未必真的在运行,这时系统已经为该线程分配了它所需要的资源,至于何时运行取决于操作系统何时为该线程分配时间,因为只有操作系统才有权决定 CPU 的时间分配。当线程被分配到时间开始执行时,这个线程进入运行中状态。Java 文档将运行中的线程看作处于 Runnable 状态,即运行中状态不是一个独立的状态。因此需要注意的是,处于可运行状态的线程有可能在运行,也有可能没在运行。

3. 阻塞状态

阻塞(blocked)状态也可以称作不可运行状态,即由于某种原因使线程不能执行的一种状态。这时即便是 CPU 正处在空闲状态,也无法执行该线程。导致一个线程进入阻塞状态可能有如下几个原因:

(1) 线程调用了 sleep()方法。

(2) I/O 流中发生了线程阻塞。

(3) 线程调用了 wait()方法。

(4) 线程调用了 suspend()方法(已过时)。

(5) 线程要锁住一个对象,但该对象已被另一个线程锁住。

一个处于可运行状态的线程,如果发生上述几种情况就会进入到阻塞状态。处于阻塞状态的线程要想重新回到可运行状态,需要分别满足以下几种不同的特定条件:

(1) 如果由于调用 sleep()方法而进入阻塞状态,则当睡眠时间到达所规定的毫秒数,就可以离开该状态。

(2) 如果由于等待 I/O 操作而进入阻塞状态,那么当这个 I/O 操作完成后,就可以离开该状态。

(3) 如果由于调用了 wait()方法而进入阻塞状态,那么只有等另一个线程调用了 notify()或 notifyAll()方法后,才能离开该状态。

(4) 如果由于调用 suspend()方法被挂起,则需调用 resume()方法后才能离开该状态。

(5) 如果正在等待其他线程拥有的对象锁,则只有该线程放弃锁后,才能离开该状态。

由此可以看出,线程进入到阻塞状态后,需要某种特定事件将它重新唤醒,而唤醒的事件取决于导致该线程进入阻塞状态的原因。

4. 死亡状态

线程进入死亡(dead)状态一般有以下两种原因:

(1) 线程执行完毕,自然死亡。

(2) 异常终止 run()方法(如调用 stop()方法)。

上面介绍了线程的 4 种状态以及状态之间的转化条件。在程序中,可以使用 isAlive()方法来检测一个线程是否处于活动状态(线程活动状态只处于可运行状态或阻塞状态)。该方法返回一个布尔值,如果返回 true,则说明线程处于活动状态;如果线程处于新建状态或死亡状态,则返回 false。这里需要注意的是,利用 isAlive()方法检测线程状态时,无法区分一个处于活动状态的线程到底是处于可运行状态还是阻塞状态,也无法区分一个线程是新建状态还是死亡状态。

10.4 线程优先级及调度策略

CPU 在执行多个线程时,其执行顺序是不固定的。如果有多个线程都在等待被执行,那么调度程序如何来决定让哪一个线程先执行呢? 本节将讨论线程的优先级和调度策略。

Java 自身有一个线程调度器,它负责监听所有线程,当操作系统支持多线程时,Java 将利用系统提供的多线程支持。在调度线程时,线程调度器要参考两个因素:线程优先级

(priority)以及后台线程标志(daemon flag)。

优先级能告诉调度器该线程的重要程度。在 Java 语言中,每个线程都具有一个优先级,从 1 到 10。缺省时,一个线程与其父线程具有相同的优先级。也可以在程序中使用 setPriority()方法来对线程的优先级进行设置。在 Thread 类中有 3 个代表优先级的静态常量: MAX_PRIORITY、MIN_PRIORITY 和 NORM_PRIORITY,分别代表最高优先级(级别 10)、最低优先级(级别 1)和分配给线程的默认优先级(级别 5)。需要注意的是,虽然 Java 中设置了 10 个优先级,但很多系统平台的优先级少于 10 个(如 Windows NT 中只有 7 个优先级),因此,Java 虚拟机中的优先级在映射到操作系统的优先级时,有可能出现 JVM 中多个优先级映射为操作系统中相同级别的优先级。所以,在进行多线程编程时,不能简单地完全依赖优先级。

在理想状态下,线程调度程序在选取一个要执行的线程时,总是选取处于可运行状态下的具有最高优先级的线程来运行。

一个正在运行的线程可以通过 yield()方法主动放弃其执行权,让调度器去调度其他的已经处于可运行状态的线程。注意,调用 yield()方法后,该线程处于可运行状态,但如果这时处于可运行状态的其他线程的优先级都低于该线程,则 yield()方法不会起作用。

sleep()方法强制当前运行的线程睡眠若干毫秒,这时线程由可运行状态变为阻塞状态,至少在这段时间内,该线程不会被立即选中执行,睡眠时间过后再转入可运行状态。

一个线程还可以在其他线程上调用 join()方法,其结果是该线程等待一段时间,一直到第二个线程执行结束再继续执行。在调用 join()方法时,也可以加上一个超时参数,设置一个毫秒数,其含义是如果到了所设定的毫秒数第二个线程还没有结束,join()方法也将返回。

线程调度器在调度线程时除了看线程的优先级外,还参考一个要素,就是后台线程标志。所谓的"后台线程"(daemon thread)是一种服务线程,它并不是一个程序必不可少的部分。因此,如果所有的非后台线程结束时,程序也就终止了。换句话说,必须有非后台线程还在运行,程序才不会终止。要想将一个线程设置成后台线程,应该在启动这个线程之前调用 setDaemon()方法。isDaemon()方法可以用来判定一个线程是否是一个后台线程。另外,在一个后台线程中创建的任何线程将自动被设置为后台线程。

10.5 线程同步与互斥

前面列举的线程都是相互独立的,不同线程之间无须共享数据。在很多实际应用中,两个或两个以上的线程需要共享相同的数据,这时线程就需要考虑到其他线程的状态和行为,否则可能产生意想不到的结果。

10.5.1 基本概念

在介绍相关概念之前,首先来看一段代码(例 10-3)。

【例 10-3】 模拟预订车票程序。

```
class BookingClerk {
    int remainder =10;
```

```java
    void booking(int num) {
        if(num <= remainder) {
            System.out.println("预定"+num+"张票");
            try{
                Thread.sleep(1000);
                remainder = remainder - num;
            } catch(InterruptedException e) {
                remainder = remainder - num;
            }
        } else {
            System.out.println("剩余票不足,无法接受预定");
        }
        System.out.println("还剩"+remainder+"张票");
    }
}
class BookingTest implements Runnable{
    BookingClerk bt;
    int num;
    BookingTest(BookingClerk bt, int num) {
        this.bt = bt;
        this.num = num;
        new Thread(this).start();
    }

    public void run() {
        bt.booking(num);
    }
    public static void main(String [] args) {
        BookingClerk bt = new BookingClerk();
        new BookingTest(bt,7);
        new BookingTest(bt,5);
    }
}
```

图 10-1 是预订票程序的一种可能的运行结果。

图 10-1 预订票程序的一种可能的运行结果

　　显然,这是数据不完整产生的错误。发生这种错误的原因是有些资源在同一时刻应该只能被一个线程所利用。为了保证程序运行的正确性,那些需要被多个线程共享的数据需要被加以限制,即一次只允许一个线程来使用它。我们把这种一次只允许一个线程使用的资源称为"临界资源",访问这种临界资源的代码称为"临界区"。不同线程在进入临界区时应该是互斥的,即各个线程不能同时进入临界区。

　　Java 中采用对象锁的机制来处理临界区的互斥问题。Java 引入了 synchronized 关键字,可以用来修饰实例方法,一旦一个方法被该关键字修饰,这个方法就称为"同步方法"。同步方法在其执行期间是不会被中断的。每个对象具有一把锁,我们将其称为"对象锁",当线程没有访问同步方法时,对象锁的状态是打开的。如果线程要进入对象中的同步方法,即被 synchronized 修饰的实例方法,需要先检查其对象锁的状态,如果锁是打开的,则线程可以进入该同步方法,同时关闭对象锁,此时线程持有该对象锁。如果这时其他线程也要访问该同步方法,就会进入阻塞状态,到对象的锁等待池中等待,直到前面的线程退出同步方法释放对象锁后,才能继续执行。

　　需要说明的是,上述开锁、关锁的操作以及线程状态的切换都是系统自动完成的,并不需要由程序员去控制,程序员需要做的只是用 synchronized 关键字设置好临界区,其他的事情交给系统做就可以了。

　　一个线程可以同时持有多个对象锁,但在任何时候,一个对象锁只能被一个线程持有。

　　现在可以将例 10-3 的程序加以修改,用 synchronized 关键字声明 booking()方法为同步方法。

```
synchronized void booking(int num) {
...
}
```

　　再次运行该程序,它不会再出现之前的错误。改进后的预订票程序的运行结果如图 10-2 所示。

图 10-2　改进后的预订票程序的运行结果

10.5.2　线程同步

　　多个相互合作的线程彼此间需要交换数据,则必须保证各线程运行步调一致。一个线程在没有得到与其合作的线程发来的信息之前,处于等待状态,一直到信息到来时才被唤醒继续执行。如果相互合作的程序配合得不好,程序运行结果将会产生问题。下面看一个程序例,在该程序中没有处理好多线程的资源共享问题,后面会对其进行改进。

【例 10-4】 未处理好同步问题的队列。

```java
package sample;
public class QueueOld {
  protected Object[] data;
  protected int writeIndex;
  protected int readIndex;
  protected int count;
  public QueueOld(int size) {
    data =new Object[size];
  }
  public void write(Object value) {
    data[writeIndex++] =value;
    System.out.println("write data is: " +value);
    writeIndex %=data.length;
    count +=1;
  }
  public void read() {
    Object value =data[readIndex++];
    System.out.println("read data is: " +value);
    readIndex %=data.length;
    count -=1;
  }
  public static void main(String[] args) {
    QueueOld q =new QueueOld(5);
    new Writer(q);
    new Reader(q);
  }
}
class Writer implements Runnable{
  QueueOld queue;
  Writer(QueueOld target){
    queue =target;
    new Thread(this) .start();
  }
  public void run(){
    int i =0;
    while(i <100){
      queue.write(new Integer(i));
      i++;
    }
  }
}
class Reader implements Runnable{
  QueueOld queue;
```

```
  Reader(QueueOld source){
    queue = source;
    new Thread(this).start();
  }
  public void run(){
    int i = 0;
    while(i < 100){
      queue.read();
      i++;
    }
  }
}
```

程序部分运行结果如下:

```
write data is: 0
write data is: 1
write data is: 2
write data is: 3
write data is: 4
write data is: 5
write data is: 6
write data is: 7
read data is: 5
write data is: 8
read data is: 6
write data is: 9
read data is: 7
write data is: 10
read data is: 8
write data is: 11
read data is: 9
write data is: 12
...
```

从运行结果可以看出,读写数据时发生了混乱的现象。下面将对程序进行改进,解决好线程间的同步问题。

【例 10-5】 改进后的队列。

```
package sample;
public class Queue {
  protected Object[] data;
  protected int writeIndex;
  protected int readIndex;
```

```java
    protected int count;
  public Queue(int size) {
    data =new Object[size];
  }
  public synchronized void write(Object value) {
    while(count >=data.length) {
      try{
        wait();
      }catch(InterruptedException e) {}
    }
    data[writeIndex++] =value;
    System.out.println("write data is: " +value);
    writeIndex %=data.length;
    count +=1;
    notify();
  }
  public synchronized void read() {
    while(count <=0){
      try{
        wait();
      }catch(InterruptedException e) {}
    }
    Object value =data[readIndex++];
    System.out.println("read data is: " +value);
    readIndex %=data.length;
    count -=1;
    notify();
  }
  public static void main(String[] args) {
    Queue q =new Queue(5);
    new Writer(q);
    new Reader(q);
  }
}
class Writer implements Runnable{
  Queue queue;
  Writer(Queue target){
    queue =target;
    new Thread(this) .start();
  }
  public void run() {
    int i =0;
    while(i <100){
      queue.write(new Integer(i));
```

```
      i++;
    }
  }
}
class Reader implements Runnable{
  Queue queue;
  Reader(Queue source){
    queue = source;
    new Thread(this).start();
  }
  public void run(){
    int i = 0;
    while(i < 100){
      queue.read();
      i++;
    }
  }
}
```

程序部分运行结果如下：

```
write data is: 0
read data is: 0
write data is: 1
write data is: 2
write data is: 3
write data is: 4
write data is: 5
read data is: 1
read data is: 2
write data is: 6
write data is: 7
read data is: 3
read data is: 4
read data is: 5
read data is: 6
read data is: 7
write data is: 8
write data is: 9
write data is: 10
write data is: 11
write data is: 12
read data is: 8
read data is: 9
```

```
read data is: 10
read data is: 11
read data is: 12
write data is: 13
write data is: 14
write data is: 15
...
```

从运行结果可以看出,改进后的程序读写数据是同步的。

在进行多线程编程时,有可能由于处理不当而出现"死锁"现象。如果几个线程相互等待而都无法被唤醒正常执行,而每个线程又不会放弃自己占有的资源,那么就导致了"死锁"。Java 并不能避免死锁,因此,必须由程序员在编程时避免出现死锁问题。

10.6 项目案例

10.6.1 学习目标

(1) 了解线程的概念。
(2) 熟悉线程的创建、启动等的操作。
(3) 熟练掌握线程的同步操作。

10.6.2 案例描述

在艾斯医药系统中,需要可以有多个客户端同时访问服务器,此时就需要用到线程的知识,用户每发送一个请求,服务器端就需要启动一个线程对这个请求进行回应。本项目案例中通过一个类 Handler 继承 Thread 类,实现对多个客户端请求的操作。

10.6.3 案例要点

这个 Handler 类是用来对客户端的请求进行处理的,客户端可以有不同的请求类型,这时候需要在这个类中进行判断,该判断部分在这个支持多线程类的 run()方法里面写出。

10.6.4 案例实施

编写 Handler 类

Handler 类程序代码如下:

```java
public class Handler extends Thread {

    protected Socket clientSocket;

    private int opCode;

    protected boolean done;
```

```java
public Handler() {
}

public void run() {

    try {
        while (!done) {

            log("等待命令……");

            switch (opCode) {
            case ProtocolPort.OP_GET_PRODUCT_CATEGORIES:
                opGetProductCategories();
                break;
            case ProtocolPort.OP_GET_PRODUCTS:
                opGetProducts();
                break;
            case ProtocolPort.OP_GET_USERS:
                opGetUsers();
                break;
            case ProtocolPort.OP_ADD_USERS:
                opAddUser();
                break;
            default:
                System.out.println("错误代码");
            }

        }
    } catch (Exception exc) {
        log(exc);
    }

}

private void opGetUsers() {
    System.out.println("获得用户的信息……");
}

protected void opGetProductCategories() {
    System.out.println("根据类别获得产品的信息……");
}

protected void opGetProducts() {
    System.out.println("获得所有产品的信息……");
}

public void opAddUser() {
```

```
        System.out.println("添加用户的信息……");
    }

    public void setDone(boolean flag) {
        done = flag;
    }

    protected void log(Object msg) {
        System.out.println("处理器: " + msg);
    }
}
```

10.6.5　特别提示

由于网络编程的技术现在还没有接触到,在这里艾斯医药系统的多线程实例无法在此处测试。

10.6.6　拓展与提高

在学习完网络编程之后,请读者继续完成此项目案例的开发和测试。

本章总结

本章主要讲解了线程和进程的概念,线程的创建和启动方法,线程的新建状态、可运行状态、阻塞状态和死亡状态以及状态间的转换,线程优先级及调度策略。并且举例说明了线程同步与互斥问题。

习　题　⑩

1. 线程和进程的区别是什么?
2. 创建线程的方法有哪两种?　如何启动一个线程?
3. 线程有哪几种状态?　各状态之间是如何转换的?
4. 什么叫"临界资源"?　什么叫"临界区"?　什么叫"同步方法"?
5. Java 中的同步方法是如何处理临界区的互斥问题的?

本章学习目的与要求

Java 由于互联网的兴起而流行和普及,也必将随着互联网的发展而更加强大,因此有必要了解 Java 网络编程的相关知识。在本章中,将简单学习 Java 网络编程的相关概念,会用 Java 编写简单的基于 TCP/IP 和 UDP/IP 的网络程序。

本章主要内容

本章主要介绍以下内容:
- Java 网络编程概念。
- TCP/IP 及 UDP/IP。
- 开发 TCP/IP 网络程序。
- 开发 UDP/IP 网络程序。

11.1 网络编程概述

所谓网络编程,就是计算机通过互联网和网络协议与其他计算机进行通信。比较流行的网络编程模型有 C/S(Client/Server,客户机/服务器)和 B/S(Browser/Server,浏览器/服务器)结构。网络编程需要解决两个主要问题:一是如何对网络上的一台或多台主机进行定位;二是如何可靠、高效地进行数据传输。要解决上述问题,相互通信的计算机必须遵循一定的网络协议,较为广泛使用的协议有 TCP/IP 和 UDP/IP。在这两个协议中,对于主机的定位主要由 IP 层实现,而我们进行编程时一般不需要关注 IP 层,而是更多地关注传输层的 TCP 和 UDP。

11.2 理解 TCP/IP 及 UDP/IP

TCP(Transfer Control Protocol)是面向连接的协议,以保证传输的可靠性。发送方和接收方的 Socket 之间需要建立连接,以保证得到的是一个顺序、无差错的数据流。一旦两个 Socket 成功建立连接,它们就可以进行双向数据传输,每一方既可以作为发送方,也可以作为接收方。

与 TCP 协议不同,UDP(User Datagram Protocol)是一种无连接协议,因此每个数据报向目的地传送的路径并不固定,它可能通过任何可能的路径到达目的地。至于每个数据报是否能最终到达以及内容的正确性都是无法保证的。

综上所述,对于数据可靠性要求高的数据传输,可以采用 TCP,而对于数据可靠性要求不高的情况(如视频会议等),则可以选用占用资源较小的 UDP。

11.3 使用 ServerSocket 和 Socket 开发 TCP/IP 网络程序

在进行 TCP/IP 程序设计前,需要先理解 Socket 的概念。Socket 通常也称为套接字,用于描述 IP 地址和端口,是一个通信链的句柄。Socket 非常类似于电话插座。以一个国家级电话网为例,电话的通话双方相当于相互通信的两个进程,区号是它的网络地址;区内一个单位的交换机相当于一台主机,主机分配给每个用户的局内号码相当于 Socket 号。任何用户在通话之前,首先要占有一部电话机,相当于申请一个 Socket;同时要知道对方的号码,相当于对方有一个固定的 Socket。然后向对方拨号呼叫,相当于发出连接请求(假如对方不在同一区内,还要拨对方区号,相当于给出网络地址)。对方假如在场并空闲(相当于通信的另一主机开机且可以接受连接请求),拿起电话话筒,双方就可以正式通话,相当于连接成功。双方通话的过程,是一方向电话机发出信号和对方从电话机接收信号的过程,相当于向 Socket 发送数据和从 Socket 接收数据。通话结束后,一方挂起电话机相当于关闭 Socket,撤销连接。

使用 Socket 编程包括下面 3 个基本步骤:

(1) 创建 Socket。

(2) 打开连接到 Socket 上的 I/O 流,遵照某种协议对 Socket 进行读写操作。

(3) 关闭 Socket。

下面我们分别介绍。

1. 创建 Socket

Java 中提供了 Socket 和 ServerSocket 两个类,分别用于表示双向连接的客户端和服务器端,这两个类位于 java.net 包中。

创建一个客户端的 Socket 可以使用下列语句:

```
try {
    Socket socket =new Socket("127.0.0.1", 4700);
```

```
} catch (IOException ioEx) {
    ioEx.printStackTrace();
}
```

其中,Socket 构造方法的第一个参数代表网络地址,在这里是 TCP/IP 中默认的本机地址,第二个参数代表端口号。在选用端口时,应尽量选取大于 1023 的端口号,因为前 1024 个端口为系统保留端口(如 HTTP 服务的端口为 80,FTP 服务的端口号为 23)。

创建一个服务器端的 ServerSocket 可以使用如下语句:

```
ServerSocket server =null;
try {
    server =new ServerSocket(4700);
} catch (IOException ioEx) {
    System.out.println("无法监听:" +ioEx);
}
```

2. 打开 I/O 流进行读写操作

Socket 类提供了两个方法用于得到输入流和输出流,分别是 getInputStream( )和 getOutputStream( ),这两个方法的返回值类型为 InputStream 和 OutputStream,对于得到的输入流和输出流,可以按照第 9 章介绍的内容对其进行包装和转换,以便于数据的读和写操作。例如:

```
PrintStream oStream =new PrintStream(
    new BufferedOutputStream(socket.getOutputStream()));
DataInputStream iStream =new DataInputStream(socket.getInputStream());
PrintWriter out =new new PrintWriter(socket.getOutputStream(), true);
BufferedReader in =new BufferedReader(new InputStreamReader(socket
.getInputStream()));
```

3. 关闭 Socket

Socket 被创建后会占用系统资源,因此,在使用完 Socket 对象后应将其关闭。关闭 Socket 的方法是 close()方法。需要注意的是,在关闭 Socket 对象之前,要先将与 Socket 相关联的所有输入流和输出流关闭,然后再关闭 Socket。例如:

```
oStream.close( );
iStream.close( );
socket.close( );
```

4. 使用 Socket 进行简单 C/S 结构程序设计

下面看一个简单的客户端与服务器端交互的程序实例,以体会上述各个概念。程序分为两部分,一部分是客户端程序,一部分是服务器端程序。

【例 11-1】 使用 Socket 编写 C/S 结构网络程序。

```
//客户端程序
package sample;
import java.io.*;
import java.net.*;
public class TalkClient {
    public static void main(String args[]) {
      try{
        Socket socket=new Socket("127.0.0.1",4700);
        //向本机的 4700 端口发出客户请求
        BufferedReader sin=new BufferedReader(new InputStreamReader(System
.in));
        //由系统标准输入设备构造 BufferedReader 对象
        PrintWriter os=new PrintWriter(socket.getOutputStream());
        //由 Socket 对象得到输出流,并构造 PrintWriter 对象
        BufferedReader is=new BufferedReader(
          new InputStreamReader(socket.getInputStream()));
        //由 Socket 对象得到输入流,并构造相应的 BufferedReader 对象
        String readline;
        readline=sin.readLine();        //从系统标准输入读入一个字符串
        while(!readline.equals("bye")){
        //若从标准输入读入的字符串为 "bye"则停止循环
          os.println(readline);
          //将从系统标准输入读入的字符串输出到 Server
          os.flush();
          //刷新输出流,使 Server 马上收到该字符串
          System.out.println("Client:"+readline);
          //在系统标准输出上打印读入的字符串
          System.out.println("Server:"+is.readLine());
          //从 Server 读入一个字符串,并打印到标准输出上
          readline=sin.readLine();        //从系统标准输入读入一个字符串
        }                                //继续循环
        os.close();                      //关闭 Socket 输出流
        is.close();                      //关闭 Socket 输入流
        socket.close();                  //关闭 Socket
      }catch(Exception e) {
        System.out.println("Error"+e);//出错,则打印出错信息
      }
    }
}

//服务器端程序
package sample;
import java.io.*;
```

```
import java.net.*;
import java.applet.Applet;
public class TalkServer{
    public static void main(String args[]) {
      try{
        ServerSocket server=null;
        try{
          //创建一个 ServerSocket 在端口 4700 监听客户请求
          server=new ServerSocket(4700);
        }catch(Exception e) {
          System.out.println("can not listen to:"+e);
        //出错,打印出错信息
        }
        Socket socket=null;
        try{
          socket=server.accept();
          //使用 accept()阻塞等待客户请求,有客户请求到来
          //则产生一个 Socket 对象,并继续执行
        }catch(Exception e) {
          System.out.println("Error."+e);
          //出错,打印出错信息
        }
        String line;
        BufferedReader is=new BufferedReader(
            new InputStreamReader(socket.getInputStream()));
        //由 Socket 对象得到输入流,并构造相应的 BufferedReader 对象
        PrintWriter os=new PrintWriter(socket.getOutputStream());
        //由 Socket 对象得到输出流,并构造 PrintWriter 对象
        BufferedReader sin=new BufferedReader(new InputStreamReader(System
.in));
        //由系统标准输入设备构造 BufferedReader 对象
        System.out.println("Client:"+is.readLine());
        //在标准输出上打印从客户端读入的字符串
        line=sin.readLine();
        //从标准输入读入一个字符串
        while(!line.equals("bye")){
        //如果该字符串为 "bye",则停止循环
          os.println(line);
          //向客户端输出该字符串
          os.flush();
          //刷新输出流,使 Client 马上收到该字符串
          System.out.println("Server:"+line);
          //在系统标准输出上打印读入的字符串
          System.out.println("Client:"+is.readLine());
```

```
                    //从 Client 读入一个字符串,并打印到标准输出上
             line=sin.readLine();
             //从系统标准输入读入一个字符串
     }                        //继续循环
     os.close();             //关闭 Socket 输出流
     is.close();             //关闭 Socket 输入流
     socket.close();         //关闭 Socket
     server.close();         //关闭 ServerSocket
  }catch(Exception e){
     System.out.println("Error:"+e);
     //出错,打印出错信息
  }
 }
}
```

运行该程序,分别启动服务器端程序和客户端程序,在单机上程序运行效果如图 11-1
所示。

(a) 服务器端程序运行结果

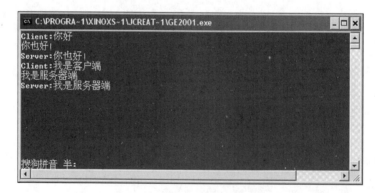

(b) 客户端程序运行结果

图 11-1　客户端与服务器端进行通信

读者也可以在真实网络环境中运行该程序,可以对客户端和服务器端观察得更清楚。
接下来再看一个客户端从服务器端获取时间的程序实例。

【例 11-2】 客户端获取服务器端时间。

```java
//客户端程序
package sample;
import java.net.*;
import java.io.*;

public class DateClient {
    public static void main(String args[]) {
        if (args.length !=1) {
            System.out.println("usage: DateClient <server-name>");
            System.exit(1);
        }
        String serverName =args[0];
        Socket s =null;
        try {
            //1.create a Socket connection
            s =new Socket(serverName, 7000);
            System.out.println("Client " +
                s);

            //2. Read (write) with socket
            BufferedReader reader;
            reader =new BufferedReader(
                new InputStreamReader(
                    s.getInputStream()));
            System.out.println(serverName +" says " +
                reader.readLine());
        } catch (Exception e) {
            System.out.println(e);
        } finally{
          try{
            //3. close connection
            s.close();
          }catch(Exception e) {};
            }
    }
}

//服务器端程序
package sample;
import java.net.*;
import java.io.*;
import java.util.Date;
```

```
public class DateServer {

    //int port;
    //ServerSocket serverSocket;

    public DateServer(int port) throws Exception {
        //serverSocket = new ServerSocket(port);
    }

    public static void main(String[] args) {
    //public void run() throws Exception {
        //while (true) {
        ServerSocket ServerSocket1 = null;
        Socket clientSocket = null;
        try{
            //DateServer ds = new DateServer(7000);
            System.out.println("Waiting for a connection...");

            //1. create a socket (accept)
            ServerSocket1 = new ServerSocket(7000);
            clientSocket = ServerSocket1.accept();
            System.out.println("Connected to " +
                clientSocket);

            //2. write(read) data
            PrintWriter out = new PrintWriter(
                new OutputStreamWriter(
                    clientSocket.getOutputStream()));
            Date date = new Date();
            out.println(date.toString());
            out.close();
        //}
        }catch(Exception e) {}
        finally{
            try{

            //3. close connection
            ServerSocket1.close();
            clientSocket.close();
            }catch(Exception e) {}
        }
    }
}
```

程序运行结果如图 11-2 所示。

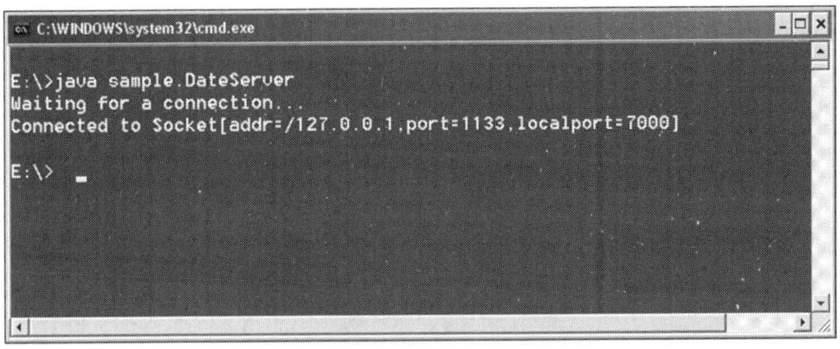

(a) 服务器端程序运行结果

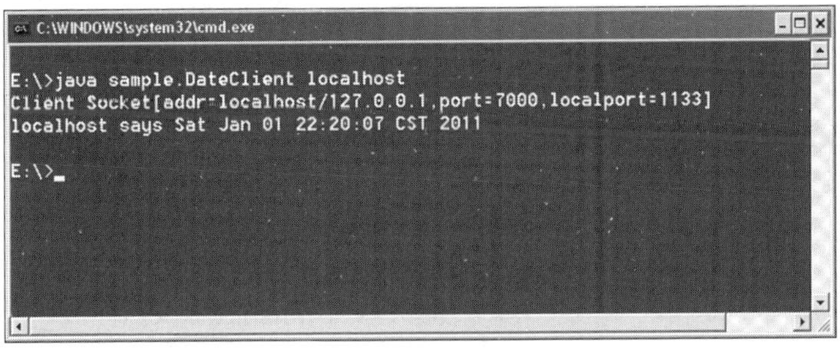

(b) 客户端程序运行结果

图 11-2 客户端获取服务器时间

11.4 使用 DatagramPacket 和 DatagramSocket 开发 UDP/IP 网络程序

在 11.2 节中介绍了两个常用的网络协议——TCP 协议和 UDP 协议。虽然 UDP 协议不如 TCP 协议应用广泛,但随着当前网络的发展,越来越多的场合需要很强的实时交互性(如网络会议、网络游戏等),这时 UDP 的优势也显现出来。接下来将讨论 Java 的 UDP 网络传输。

DatagramSocket 类和 DatagramPacket 类是用来支持数据报通信的两个类,它们位于java.net 包中。DatagramSocket 类用于建立通信连接,DatagramPacket 类用于表示数据报。

用数据报方式编写客户端/服务器程序时,需要先建立一个 DatagramSocket 对象,用来接收或发送数据报,接下来再使用 DatagramPacket 类作为数据传输的载体。

下面通过程序实例来说明这种编程方式,程序例 11-3 使用 UDP 协议从服务器端获取当前时间,可以和 11.3 节程序进行比较,观察 TCP 与 UDP 在编写程序上的区别。

【例 11-3】 使用 UDP 协议从服务器端获取时间。

```
//客户端程序
package sample;
import java.io.*;
```

```java
import java.net.*;

public class UDPClient {

    public void go() throws IOException, UnknownHostException {
        DatagramSocket datagramSocket;
        DatagramPacket outDataPacket; //Datagram packet to the server
        DatagramPacket inDataPacket; //Datagram packet from the server
        InetAddress serverAddress; //Server host address
        byte[] msg =new byte[100]; //Buffer space.
        String receivedMsg; //Received message in String form.

        //Allocate a socket by which messages are sent and received.
        datagramSocket =new DatagramSocket();
        System.out.println("At UDPClient,datagramSocket is: "
                        +datagramSocket.getPort()
                        +"local port is: "
                        +datagramSocket.getLocalPort());

        //Server is running on this same machine for this example.
        //This method can throw an UnknownHostException.
        serverAddress =InetAddress.getLocalHost();

        //Set up a datagram request to be sent to the server.
        //Send to port 8000.
        outDataPacket =new DatagramPacket(msg, 1, serverAddress, 8000);

        //Make the request to the server.
        datagramSocket.send(outDataPacket);

        //Set up a datagram packet to receive server's response.
        inDataPacket =new DatagramPacket(msg, msg.length);

        //Receive the time data from the server
        datagramSocket.receive(inDataPacket);

        //Print the data received from the server
        receivedMsg =new String
            (inDataPacket.getData(), 0, inDataPacket.getLength());
        System.out.println(receivedMsg);

        //close the socket
        datagramSocket.close();
    }
```

```java
    public static void main(String args[]) {
        UDPClient udpClient = new UDPClient();
        try {
            udpClient.go();
        } catch (Exception e) {
            System.out.println("Exception occured with socket.");
            System.out.println(e);
            System.exit(1);
        }
    }
}
```

```java
//服务器端程序
package sample;
import java.io.*;
import java.net.*;
import java.util.*;

public class UDPServer{
//This method retrieves the current time on the server
    public byte[] getTime(){
        Date d=new Date();
        return d.toString().getBytes();
    }
//Main server loop.
    public void go() throws IOException {
        DatagramSocket datagramSocket;
        DatagramPacket inDataPacket; //Datagram packet from the client
        DatagramPacket outDataPacket; //Datagram packet to the client
        InetAddress clientAddress; //Client return address
        int clientPort; //Client return port
        byte[] msg=new byte[10]; //Incoming data buffer. Ignored.
        byte[] time; //Stores retrieved time

        //Allocate a socket to man port 8000 for requests.
            datagramSocket = new DatagramSocket(8000);
            System.out.println("At UDPServer,datagramSocket is: "
                                +datagramSocket.getPort()
                                +"local is: " +datagramSocket.getLocalPort());
            System.out.println("UDP server active on port 8000");

        //Loop forever
        while(true) {
            //Set up receiver packet. Data will be ignored.
```

```
        inDataPacket =new DatagramPacket(msg, msg.length);
        //Get the message.
        datagramSocket.receive(inDataPacket);
        //Retrieve return address information, including InetAddress
        //and port from the datagram packet just recieved.
        clientAddress =inDataPacket.getAddress();
        clientPort =inDataPacket.getPort();

        //Get the current time.
        time =getTime();

        //set up a datagram to be sent to the client using the
        //current time, the client address and port
        outDataPacket =new DatagramPacket
        (time, time.length, clientAddress, clientPort);

        //finally send the packet
        datagramSocket.send(outDataPacket);
    }
}

public static void main(String args[]) {
    UDPServer udpServer =new UDPServer();
    try {
        udpServer.go();
    } catch (IOException e) {
        System.out.println ("IOException occured with socket.");
        System.out.println (e);
        System.exit(1);
    }
}
}
```

程序运行结果如图 11-3 所示。

(a) 服务器端程序运行结果

图 11-3 使用 UDP 协议从服务器获取时间

(b) 客户端程序运行结果

图 11-3 （续）

11.5 项目案例

11.5.1 学习目标

（1）通过本案例使读者熟悉 TCP 协议的原理。

（2）掌握 ServerSocket 网络编程的代码实现。

（3）掌握网络编程的原理。

11.5.2 案例描述

本案例中，用来完成一个完整的注册流程。用户在注册界面输入信息，并且发送给服务器，服务器验证通过之后把注册的信息保存到文件中。

11.5.3 案例要点

（1）本案例是本书内容的一个简单的总结，涉及书中用到的大部分知识。

（2）本案例要用到前面几章的代码，并有所添加与删除。

11.5.4 案例实施

（1）编写服务器模拟类 ProductDataServer.java。

```java
public class ProductDataServer implements ProtocolPort {
    protected ServerSocket myServerSocket;
    protected ProductDataAccessor myProductDataAccessor;
    protected boolean done;
    public ProductDataServer() {
        this(ProtocolPort.DEFAULT_PORT);
    }
    public ProductDataServer(int thePort) {
        try {
            done = false;
            log("启动服务器 " + thePort);
            myServerSocket = new ServerSocket(thePort);
```

```
            myProductDataAccessor =new ProductDataAccessor();
            log("\n 服务器准备就绪!");
            listenForConnections();
        } catch (Exception exc) {
            log(exc);
            System.exit(1);
        }
    }
    protected void listenForConnections() {
        Socket clientSocket =null;
        Handler aHandler =null;
        try {
            while (!done) {
                log("\n 等待请求...");
                clientSocket =myServerSocket.accept();
                String clientHostName =clientSocket.getInetAddress()
                        .getHostName();
                log("收到连接: " +clientHostName);
                aHandler =new Handler(clientSocket, myProductDataAccessor);
                aHandler.start();
            }
        } catch (Exception exc) {
            log("listenForConnections()中发生异常:  " +exc);
        }
    }
    protected void log(Object msg) {
        System.out.println("ProductDataServer 类: " +msg);
    }

    //主方法,启动服务器
    public static void main(String[] args) {
        ProductDataServer myServer;
        if (args.length ==1) {
            int port =Integer.parseInt(args[0]);
            myServer =new ProductDataServer(port);
        } else {
            myServer =new ProductDataServer();
        }
    }
}
```

(2) Handler 类添加人员的方法处理,需要在 Handler 类中添加一些属性及方法。

```
protected Socket clientSocket;
protected ObjectOutputStream outputToClient;
protected ObjectInputStream inputFromClient;
```

```
    protected ProductDataAccessor myProductDataAccessor;
protected boolean done;
    /**
     * 带两个参数的构造方法
     * @param theClientSocket 客户端 Socket 对象
     * @param theProductDataAccessor 处理商品数据的对象
     * @throws IOException 构造对象时可能发生 IOException 异常
     * /
    public Handler(Socket theClientSocket, ProductDataAccessor
theProductDataAccessor) throws IOException {
        clientSocket = theClientSocket;
        outputToClient = new ObjectOutputStream(clientSocket.getOutputStream());
        inputFromClient = new ObjectInputStream(clientSocket.getInputStream());
        myProductDataAccessor = theProductDataAccessor;
        done = false;
    }
/**
 * 处理用户注册
 * /
public void opAddUser() {
    try {
        User user = (User) this.inputFromClient.readObject();
        this.myProductDataAccessor.save(user);
    } catch (IOException e) {
        log("发生异常:  " + e);
        e.printStackTrace();
    } catch (ClassNotFoundException e) {
        log("发生异常:  " + e);
        e.printStackTrace();
    }
}
```

（3）客户端注册类 RegistFrame 中，给事件监听添加处理。
添加属性：

```
private UserDataClient userDataClient;
```

在注册窗口的构造方法里添加：

```
userDataClient=new UserDataClient();
```

```
public void actionPerformed(ActionEvent arg0) {
    //用户注册操作
    boolean bo=userDataClient.addUser(userText.getText(), password.getText());
    if(bo){
        tip.setText("注册成功!");
    }else{
```

```
            tip.setText("用户名已存在!");
        }
}
```

（4）客户端添加链接服务器的类：UserDataClient.java。

```java
/**
 * 这个类连接数据服务器来获得数据
 *
 */
public class UserDataClient implements ProtocolPort {
/**
 * socket 引用
 */
protected Socket hostSocket;


/**
 * 输出流的引用
 */
protected ObjectOutputStream outputToServer;


/**
 * 输入流的引用
 */
protected ObjectInputStream inputFromServer;


/**
 * 默认构造方法
 * @throws IOException
 */
public UserDataClient() throws IOException {
    this(ProtocolPort.DEFAULT_HOST, ProtocolPort.DEFAULT_PORT);
}


/**
 * 接受主机名和端口号的构造方法
 */
public UserDataClient(String hostName, int port) throws IOException {

    log("连接数据服务器..." +hostName +":" +port);
    try {
        hostSocket =new Socket(hostName, port);
        outputToServer =new ObjectOutputStream(hostSocket.getOutputStream());
        inputFromServer =new ObjectInputStream(hostSocket.getInputStream());
        log("连接成功.");
    } catch (Exception e) {
```

```
            log("连接失败.");
        }

    }


    /**
     * 关闭当前 SocKet
     */
    public void closeSocKet() {
        try {
            this.hostSocket.close();
        } catch (IOException e) {
            e.printStackTrace();
        }
    }


    /**
     * 日志方法
     */
    protected void log(Object msg) {
        System.out.println("UserDataClient 类: " +msg);
    }


    /**
     * 注册用户
     */
    public boolean addUser(String username, String password) {
        HashMap map = this.getUsers();
        if (map.containsKey(username)) {
            return false;
        } else {
            try {
                log("发送请求: OP_ADD_USERS  ");
                outputToServer.writeInt(ProtocolPort.OP_ADD_USERS);
                outputToServer.writeObject(new User(username, password, 0));
                outputToServer.flush();
                log("接收数据...");
                return true;
            } catch (IOException e) {
                e.printStackTrace();
            }

        }
        return false;
```

```
    }
    /**
     * 返回用户
     * @return userTable
     */
    @SuppressWarnings("unchecked")
    public HashMap<String,User>getUsers() {
        HashMap<String,User>userTable =null;

        try {
            log("发送请求: OP_GET_USERS  ");

            outputToServer.writeInt(ProtocolPort.OP_GET_USERS);
            outputToServer.flush();

            log("接收数据...");
            userTable =(HashMap<String,User>) inputFromServer.readObject();

        } catch (ClassNotFoundException e) {
            e.printStackTrace();
        } catch (IOException e) {
            e.printStackTrace();
        } catch (Exception e) {
            e.printStackTrace();
        }
        return userTable;
    }
}
```

（5）编写测试类。首先运行 ProductDataServer.java 启动服务器，等待请求连接；然后运行注册窗口，进行相关操作。

11.5.5　特别提示

（1）上述代码是从完整的系统中摘出的，为了满足每一章的需要，各个章节中有不同的增删操作，读者不可完全照搬上述代码。

（2）本案例的测试必须是先运行服务器，然后才可启动注册页面，否则会出现异常。

11.5.6　拓展与提高

本案例只是给读者一个简单的认识，但本案例给出了整个系统开发的一个完整的流程。另外，艾斯医药系统中还需要对用户、产品进行增删改查操作，请读者完善其他的界面及功能。

本章总结

本章主要讲解了 TCP/IP 和 UDP/IP 的概念,基于 TCP/IP 开发 Java 网络程序,基于 UDP/IP 开发 Java 网络程序。

1. 简述 Web 开发中的 C/S 结构和 B/S 结构。
2. TCP/IP 和 UDP/IP 的主要区别是什么?
3. 使用 Socket 编程的基本步骤是什么?

第 12 章 JDBC 技术

本章学习目的与要求

目前大部分应用程序都涉及对数据库的操作,本章简要介绍 Java 数据库的连接技术,通过本章的学习,应该了解 JDBC 的基本原理以及使用 JDBC 进行数据库程序开发的基本步骤,能够进行简单的 Java 数据库程序设计。

本章主要内容

本章主要介绍以下内容:
- 关系数据库。
- JDBC。
- JDBC 程序开发的基本步骤。
- JDBC 高级特性。

12.1 关系数据库简介

关系数据库系统是支持关系模型的数据库系统。关系模型由关系数据结构、关系操作和完整性约束 3 个部分组成。

在关系数据库模型方面有 3 个使用广泛的关键词:关系、属性和域。关系(relation)是一个由行和列组成的表。关系中的列称为属性(attribute),而域则是允许属性取值的集合。

关系模型的基本数据结构是表,实体(如雇员)的信息在列和行(也称为元组)中进行描述。因此,"关系数据库"中的"关系"是指数据库中的各种表,一个关系是一系列元组。列列举了实体的不同属性(如雇员的住址或电话号码),而行则是由关系描述的实体的具体实例(特定的雇员)。因此,雇员表的每个元组代表了每个雇员的不同属性。

关系数据库中的所有关系(即表)必须遵循某些基本规则:首先一个表中的列的顺序是无关紧要的;其次在一个表中不能有相同的元组或行;最后每个元组将包含每个属性的一个值(注意,可以任何方式安排元组和列的顺序)。

表有一个或一组称为"键"的属性,可以用键唯一确定表中的每个元组。键提供了许多重要的功能。它们通常用于多表数据的联结或组合。键还是创建索引的关键要素,而索引可以加速大表中数据的检索。虽然理论上可以使用很多个列的组合作为键的一部分,但是仅有一个或两个属性的小键比较容易处理。

目前,关系数据库管理系统(RDBMS)在项目开发中被广泛应用。例如,甲骨文公司的Oracle,微软的 SQL Server,开源的 MySQL,等等,都属于关系数据库管理系统。

1. Oracle

Oracle 数据库管理系统是一个以关系型和面向对象为中心管理数据的数据库管理软件系统,它在管理信息系统、企业数据处理、Internet 以及电子商务等领域有着非常广泛的应用。因其在数据安全性与数据完整性控制方面的优越性能,以及跨操作系统、跨硬件平台的数据互操作能力,使得越来越多的用户将 Oracle 数据库作为其应用数据的处理系统。Oracle 数据库是基于"客户机/服务器"模式结构。客户机应用程序执行与用户进行交互的活动,接收用户信息,并向"服务器端"发送请求。服务器系统负责管理数据信息和各种操作数据的活动。

Oracle 有如下 3 个强大的特性:

(1) 支持多用户、大事务量的事务处理。

(2) 数据安全性和完整性的有效控制。

(3) 支持分布式数据处理。

2. Microsoft SQL Server

SQL Server 是一个关系数据库管理系统,是 Microsoft 公司推出的新一代数据管理与分析软件。SQL Server 是一个全面的、集成的、端到端的数据解决方案,它为用户提供了一个安全、可靠和高效的平台,用于企业数据管理和商业智能应用。Microsoft SQL Server 数据库应用也很广泛,产品方便易用,客户界面友好,帮助文档齐全翔实。数据库版本根据用户需要有标准版、企业版之分。

3. MySQL

MySQL 是一个小型关系型数据库管理系统,开发者为瑞典 MySQL AB 公司。目前 MySQL 被广泛地应用在 Internet 上的中小型网站中。与其他的大型数据库(如 Oracle、DB2、SQL Server 等)相比,MySQL 自有它的不足之处,例如规模小、功能有限等,但是这丝毫也没有减少它受欢迎的程度。由于 MySQL 其体积小、速度快、总体拥有成本低,尤其是开放源码这一特点,使得许多中小型网站为了降低网站总体拥有成本而选择了 MySQL 作为网站数据库。

MySQL 是一个多用户、多线程的 SQL 数据库,是客户机/服务器结构的一个应用,它由一个服务器守护程序 mysqld 和很多不同的客户程序以及库组成,是目前市场上运行最快的数据库之一。

12.2　JDBC 简介

JDBC(Java DataBase Connectivity)是 Java 数据库连接。Java 语言本身支持基本 SQL 功能的通用 API,它实现了不依赖于某一特定的数据库管理系统的通用的数据访问和存储结构,因此,JDBC 与 Java 语言本身一样,具有平台无关性,用 JDBC API 可以开发出在多个平台都能正确运行的数据库程序。

JDBC 体系结构如图 12-1 所示。

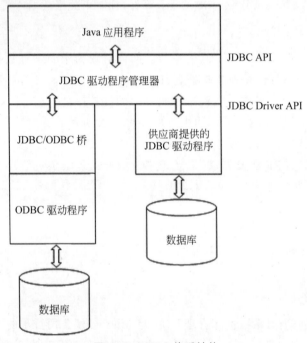

图 12-1　JDBC 体系结构

JDBC 中的驱动程序分为以下 4 类。

(1) 类型Ⅰ:把 JDBC 驱动器转换成 ODBC 驱动驱动器,即利用 JDBC-ODBC 桥进行转换,最终与数据库通信的是 ODBC 驱动器。ODBC 驱动器需要手工安装到每台客户机系统中。

(2) 类型Ⅱ:由一部分 Java 语言代码和一部分本地代码组成。这种驱动方式将 JDBC 调用转换成某种 DBMS 客户端函数库的 API。在使用这类驱动程序时,还需要安装在指定平台上运行的二进制代码。

(3) 类型Ⅲ:纯 Java 客户端,使用与 DBMS 无关的协议,对于数据库的请求会被传递给某个服务器组件,该组件将请求转化为某种特定 DBMS 请求。Java 客户机不依赖于具体的数据库。

(4) 类型Ⅳ:本地协议纯 Java 驱动程序。这种方式直接将 JDBC 请求转换成 DBMS 使用的协议。即在客户机直接访问 DBMS 服务器。

JDBC 开发应用编程接口(Application Programming Interface)包括两部分:

（1）java.sql，Primary features of JDBC。

（2）javax.sql，Extended functionality。

我们主要使用以下对象和接口。

- DriverManager：驱动管理类。
- Connection：数据库连接对象封装接口。
- Statement：陈述语句。
- PreparedStatement：预处理语句。
- CallableStatement：存储过程调用接口。
- ResultSet：结果集接口。

12.3　JDBC 开发基本步骤

Java 应用程序使用 JDBC 进行数据库程序设计，一般遵循下列 3 个步骤：

（1）与数据库建立连接。

（2）执行 SQL 语句。

（3）处理结果。

下列代码给出了使用 JDBC 进行数据库开发的常用方法：

```
Connection con =DriverManager.getConnection("jdbc:odbc:wombat", "login",
"password");
Statement stmt =con.createStatement();
ResultSet rs =stmt.executeQuery("SELECT a, b, c FROM Table1");
while (rs.next()){
  System.out.println(rs.getString("a") +" " +rs.getString("b") +" " +rs
.getString("c"));
}
```

下面对上述步骤进行详细说明。

（1）与数据库建立连接。

DriverManager 类负责数据库驱动程序的选取和与数据库建立连接，但需要注意的是，驱动程序管理器只能激活已经登录的驱动程序。登录驱动程序可以采取两种方式：第一种方式是用驱动程序列表设置系统的属性 jdbc.drivers，需要知道厂商提供的驱动程序类的名字。例如：

```
jdbc.drivers=com.pointbase.jdbc.jdbcDriver:com.dqpi.aDriver
```

第二种方式是可以载入一个驱动程序类来自己登录驱动程序。例如：

```
Class.forName("com.pointbase.jdbc.jdbcDriver")
```

来加载 JDBC/ODBC 桥驱动程序。

（2）执行 SQL 语句。

在执行 SQL 语句时，需要先调用 DriverManager.getConnection（）方法得到一个

Connection 对象,用该对象可以创建 Statement 对象,接下来把需要执行的 SQL 语句放进一个字符串中,然后调用 Statement 对象中的方法来执行 SQL 语句。可以用 executeQuey() 方法执行查询语句,用 executeUpdate()方法修改数据,或是用 execute()方法执行任意一条 SQL 语句。

(3) 处理结果。

如果需要对查询结果进行处理,executeQuery()方法会返回一个 ResultSet 对象,可以直接利用这个对象来访问查询结果,每次会访问一行,如上述代码中的 rs.next()。需要注意的是,该访问指针的初始位置是指向结果集第一行之前的位置,因此在使用前,必须调用 next()方法,让它指向结果集的第一行。有时希望访问一条记录的某一列,Java 提供了一系列方法可以实现这样的需求。例如:

```
rs.getDouble(1);rs.getStirng("name")
```

Java 中的每种数据类型都有相应的方法,例如 getString()、getDouble()等。每个访问方法相应地提供了两种访问形式:一种是以整数作为参数,整数的含义是与这个数对应的列,如 rs.getString(1)即访问第一列的字段;另一种是以字符串作为参数,字符串即为字段的名字,如 rs.getString("name")。虽然使用整数参数的方法效率更高些,但是使用字符串参数的方法更易于代码的维护,程序的可读性也更好。当 get()方法的类型和字段类型不匹配时,会自动进行适当的类型转换。例如,rs.getString("age")会把整数值转换为字符串。

下面程序演示了如何使用 JDBC 进行数据库编程。

【例 12-1】 用 JDBC 进行数据库程序开发。

```
package sample;
import java.sql.*;

public class JDBCExam {
  public static void main(String[] args) {
    try {
        //注册驱动
        Class.forName("org.gjt.mm.mysql.Driver");
        //与数据库建立连接
        Connection con =DriverManager.getConnection(
                        "jdbc:mysql://localhost:3306/test","root","");
        //创建 SQL 语句
        PreparedStatement pstm =con.prepareStatement(
                        "insert into mytable(sex,name, age) values( ?,?,?)");
        //执行 SQL,处理结果
        for(int i =0; i <10; i++) {
            pstm.setString(1, "female");
            pstm.setString(2, "name"+i);
            pstm.setInt(3, i);
            pstm.executeUpdate();
        }
```

```
        //关闭连接,释放资源
        pstm.close();
        con.close();
        System.out.println("Information was inserted into table ");
    }catch(SQLException e) {
        System.out.println("Inserting failed");
        e.printStackTrace(System.out);
        System.out.println("ErrorCode is: "+e.getErrorCode());
        System.out.println("SQLState is: "+e.getSQLState());
    } catch(Exception e) {
        e.printStackTrace(System.out);
    }
  }
}
```

12.4 JDBC 高级特性

除了上面这些基本步骤外,本节再补充介绍一些高级操作。

1. JDBC 异常处理

由于 JDBC 程序会分布在客户端和服务器端等不同位置,JDBC 代码中发生异常的情况相对较多。这就需要我们进行异常处理。

在 JDBC 中,和异常相关的两个类是 SQLException 和 SQLWarning。

1) SQLException 类

SQLException 类用来处理较为严重的异常情况,例如:

- JDBC 程序客户端和服务器端连接断开。
- 传输的 SQL 语句语法错误。
- SQL 中使用了错误的函数。

SQLException 类提供如下方法:

- getNextException():用来返回异常栈中的下一个相关异常。
- getErrorCode():用来返回代表异常的整数代码(error code)。
- getMessage():用来返回异常的描述消息(error message)。

例如,可以使用如下的异常处理:

```
...
catch(SQLException e) {
        System.out.println("ErrorCode is: "+e.getErrorCode());
        System.out.println("SQLState is: "+e.getMessage());
        e.printStackTrace();
    }
...
```

2) SQLWarning 类

SQLWarning 类用来处理不太严重的异常情况,即一些警告性的异常,它提供的方法及其使用方法与 SQLException 类基本类似。

2. 元数据

JDBC 中通过元数据(MetaData)来获取具体的表的相关信息。可以查询数据库中有哪些表,表中有哪些字段,字段的属性,等等。MetaData 中通过一系列 getXXX 函数,将这些信息返回给用户。JDBC 中的 Meta data 包括两类:数据库元数据(Database metadata)和结果集元数据(Result set metadata)。

1) 数据库元数据

当使用 connection.getMetaData()方法时,可以获得数据库的元数据,它包含了关于数据库整体的元数据信息。

2) 结果集元数据

当使用 resultSet.getMetaData()方法时,可以获得结果集元数据,它包含了关于特定查询结果的元数据信息。其中比较重要的一个应用就是获得表的列名、列数等信息。

3. 事务处理

事务处理是一个重要的编程概念,其目的在于简化既要求可靠性又要求可用性的应用程序结构,特别是那些需要同时访问共享数据的应用程序。事务的概念最早用于商务运作的应用程序中,其中它被用于保护集中式数据库中的数据;再往后,事务的概念扩展到分布式计算的更广泛的环境中;今天,事务是构建可靠的分布式应用程序的关键。

1) 保证数据正确性(Integrity)

简单地说,事务是具有如下特征(简称 ACID)的工作单元:

- 原子性(Atomicity):如果因故障而中断,所有结果均撤销。
- 一致性(Consistency):事务的结果保留不变的特性。
- 孤立性(Isolation):中间状态对其他事务是不可见的。
- 持久性(Durability):已完成的事务的结果是持久的。

事务的终止有两种方式:提交(commit)一个事务会使其所有的更改永久不变,而回滚(roll back)一个事务则撤销其所有的更改。

对象管理组织(OMG)为一种面向对象的事务服务,即对象事务服务(Object Transaction Service,OTS),它创建了规范,包括:

- OMG 的对象事务服务(OTS)。
- Sun 公司的 Java Transaction Service(JTS) 和 Java Transaction API(JTA)。
- 开放组(X/Open)的 XA 接口。

Java Transaction Service 是 OTS 的 Java 映射,在 org.omg.CosTransactions 和 org.omg.CosTSPortability 两个包中定义。JTS 对事务分界和事务环境的传播之类的服务提供支持,JTS 功能由应用程序通过 Java Transaction API 访问。

Java Transaction API 指定事务管理器与分布式事务中涉及的其他系统组件之间的各种高级接口,这些系统组件有应用程序、应用程序服务器和资源管理器等。JTA 功能允许事务由应用程序本身、应用程序服务器或一个外部事务管理器来管理。JTA 接口包含在

javax.transaction 和 javax.transaction.xa 两个包中。

XA 接口定义了资源管理器和分布式事务环境中外部事务管理器之间的约定。外部事务管理器可以跨多个资源协调事务。XA 的 Java 映射包含在 Java Transaction API 中。

遗憾的是使用 JTA 处理分布式事务仍然很烦琐且易出错，更多情况下它仅仅是服务器实现者所使用的低级 API，而不为企业级程序员所使用。

下面是使用 JDBC 事务的代码片断：

```
Connection con = DriverManger.getConnection(urlString);
con.setAutoCommit(false);
Statement stm = con.createStatement();
stm.executeUpdate(sqlString);
con.transactionEndMethod(); //con.commit() or con.rollback();
```

例如：

```
try{ con.setAutoCommit(false);//step1
    Statement stm = con.createStatement();
    stm.executeUpdate ("insert into student(name, age, gpa) values
                      ('ywang', 34, 4.8)");
    stm.executeUpdate ("insert into student(name, age, gpa) values
                      ('lliang', 30, 5)");
    con.commit(); //step 2
} catch(SQLException e) {
    try {con.rollback();
    }catch(Exception e){e.printStackTrace();
}
} //step 3
```

2）解决数据同时读取问题（Concurrency Control）

数据库操作过程中可能出现以下 3 种不确定情况：

（1）脏读取（Dirty Reads）： 个事务读取了另一个并行事务未提交的数据。

（2）不可重复读取（Non-repeatable Reads）：一个事务再次读取之前的数据时，得到的数据不一致，被另一个已提交的事务修改。

（3）虚读（Phantom Reads）：一个事务重新执行一个查询，返回的记录中包含了因为其他最近提交的事务而产生的新记录。

标准 SQL 规范中，为了避免上述 3 种情况的出现，当建立同数据库的连接后，可以调用 con.setTransactionIsolation(transaction isolation level)来设定如下的事务隔离级别（transaction isolation level）。

- TRANSACTION_READ_UNCOMMITTED。
- TRANSACTION_READ_COMMITTED。
- TRANSACTION_REPEATABLE_READ。
- TRANSACTION_SERIALIZABLE。

（1）TRANSACTION_READ_UNCOMMITTED：最低等级的事务隔离，仅仅保证了读取过程中不会读取到非法数据。上诉 3 种不确定情况均有可能发生。

（2）TRANSACTION_READ_COMMITTED：大多数主流数据库的默认事务等级，

保证了一个事务不会读到另一个并行事务已修改但未提交的数据,避免了"脏读取"。该级别适用于大多数系统。

(3) Repeatable ReadTRANSACTION_REPEATABLE_READ:保证了一个事务不会修改已经由另一个事务读取但未提交(回滚)的数据。避免了"脏读取"和"不可重复读取"的情况,但是带来了更多的性能损失。

(4) TRANSACTION_SERIALIZABLE:最高等级的事务隔离,上面 3 种不确定情况都将被消除。这个级别将模拟事务的串行执行。

例如:

```
Connection con =DriverManager.getConnection("jdbc:mysql://192.168.0.222/test");
con.setTransactionIsolation(Connection.TRANSACTION_READ_UNCOMMITTED);
```

12.5　项目案例

12.5.1　学习目标

(1) 了解 JDBC 的概念。
(2) 掌握 JDBC 操作的基本步骤,并能够熟练操作。
(3) 可以运用 jdbc 技术从 MySQL 等数据库存取数据。

12.5.2　案例描述

在 Core Java 版本的艾斯医药系统中,并没有用到数据库的操作,所有的数据信息都是以文件的格式存放的。在本案例中要用到数据库的操作。本实例通过在数据库中存放 User 表的信息,用 JDBC 的方式把数据库中的数据取出来。

12.5.3　案例要点

(1) JDBC 的操作步骤。
(2) 执行 JDBC 操作之后,如何获取操作的结果。

12.5.4　案例实施

(1) 安装 MySQL,新建一个数据库 asys,在这个数据库里建一个表 user,字段如表 12-1 所示。

表 12-1　user 表字段

字　段　名	类　　型	长　　度	备　　注
id	int	11	自增主键
username	varchar	20	用户名
password	varchar	20	密码
authority	int	11	级别

（2）编写 SQL 脚本。

```
create database asys;
use asys;
create table user(
    id int not null auto_increment,
    username varchar(20) not null,
    password varchar(20) not null,
    authority int not null,
    primary key(id));
```

（3）向表中插入数据。

```
insert into user(username,password,authority) values('ascent','123456',0);
```

（4）编写测试类 Test.java 并引用 MySQL 驱动包。

```
public class Test {
    public static Connection getConnection() {
        try {
            Class.forName("com.mysql.jdbc.Driver");        //注册驱动
            return
            DriverManager.getConnection(" jdbc: mysql://localhost: 3306/asys?
            user=root&password=");                          //用链接
        } catch (ClassNotFoundException e) {
            e.printStackTrace();
        } catch (SQLException e) {
            e.printStackTrace();
        }
        return null;
    }

    public static void findAllUser() {
        Connection conn =Test.getConnection();
        try {
            PreparedStatement pst =conn.prepareStatement("select * from user");
                                                           //创建一个 Statement
            ResultSet rs =pst.executeQuery();              //执行 SQL 语句
            while (rs.next()) {
                String username =rs.getString("username");
                String password =rs.getString("password");
                System.out.println(username +"     " +password);
            }
        } catch (SQLException e) {
            e.printStackTrace();
        }
    }
```

```
public static void main(String[] args) {
        Test.findAllUser();
    }
}
```

12.5.5　特别提示

（1）JDBC 操作数据库，需要下载对应数据库的驱动程序，此外不同的数据库的连接字符串的写法有所不同。

（2）对数据库的操作，可查阅 Web 开发部分相关资料。

12.5.6　拓展与提高

JDBC 的数据库操作步骤是上述的固定步骤，只不过其实现方法各有不同。例如，数据库连接的字符串可以写在一个单独的文件里。另外，对 user 表的增删改操作请读者自己测试完成。

本章总结

本章中主要讲解了关系数据库的概念，JDBC 的体系结构及 4 种 JDBC 驱动，JDBC 程序开发的基本步骤和高级特性。

1. 什么是 JDBC？　它具有哪些特点？
2. JDBC 有哪 4 种驱动程序？
3. JDBC 进行数据库程序设计遵循哪几个步骤？

图 书 资 源 支 持

感谢您一直以来对清华版图书的支持和爱护。为了配合本书的使用,本书提供配套的资源,有需求的读者请扫描下方的"书圈"微信公众号二维码,在图书专区下载,也可以拨打电话或发送电子邮件咨询。

如果您在使用本书的过程中遇到了什么问题,或者有相关图书出版计划,也请您发邮件告诉我们,以便我们更好地为您服务。

我们的联系方式:

地　　址:北京市海淀区双清路学研大厦 A 座 714

邮　　编:100084

电　　话:010-83470236　010-83470237

客服邮箱:2301891038@qq.com

QQ:2301891038(请写明您的单位和姓名)

资源下载:关注公众号"书圈"下载配套资源。

资源下载、样书申请

书 圈

获取最新书目

观看课程直播